水利部公益性行业科研专项经费项目（201001058）

高原盆地城市水源地脆弱性研究

黄英　王杰　史正涛　刘新有　张雷　编著

 中国水利水电出版社
www.waterpub.com.cn

内 容 提 要

本书针对云南高原盆地城市水源地的特点，系统地总结了高原盆地城市水源地脆弱性的概念和内涵，在调查收集9个典型高原盆地城市水源地气象、水文、土壤、植被和社会经济资料的基础上开展了高原盆地城市水源地脆弱性研究。主要内容包括：云南高原盆地城市水源地特征，变化环境下高原盆地城市水源地水文响应，高原盆地城市水源地水源涵养功能评价，高原盆地城市水源地脆弱性诊断方法，高原盆地城市水源地脆弱性诊断，高原盆地城市水源地脆弱性调控对策。

本书可供水利工程、水文水资源、水利规划与管理、环境管理等相关行业的科技人员、管理人员参考阅读。

图书在版编目（CIP）数据

高原盆地城市水源地脆弱性研究 / 黄英等编著. --
北京：中国水利水电出版社，2014.12
ISBN 978-7-5170-2737-9

Ⅰ. ①高… Ⅱ. ①黄… Ⅲ. ①云贵高原－盆地－城市
水利－水源地－研究 Ⅳ. ①P641

中国版本图书馆CIP数据核字(2014)第293121号

书　　　名	**高原盆地城市水源地脆弱性研究**
作　　　者	黄英　王杰　史正涛　刘新有　张雷　编著
出 版 发 行	中国水利水电出版社
	（北京市海淀区玉渊潭南路1号D座　100038）
	网址：www. waterpub. com. cn
	E - mail：sales@ waterpub. com. cn
	电话：(010) 68367658 （发行部）
经　　　售	北京科水图书销售中心 （零售）
	电话：(010) 88383994、63202643、68545874
	全国各地新华书店和相关出版物销售网点
排　　　版	中国水利水电出版社微机排版中心
印　　　刷	北京嘉恒彩色印刷有限责任公司
规　　　格	170mm×240mm　16开本　15.5印张　295千字
版　　　次	2014年12月第1版　2014年12月第1次印刷
印　　　数	0001—1000册
定　　　价	**48.00元**

前　言

　　水源地作为城市供水水源的载体，对保障水源供给的稳定安全至关重要。近年来随着城市化进程的加快，城市发展对水源地水量、水质和生态环境的要求日益提高。同时在气候变化异常和人类活动干扰逐渐增多的形势下，城市水源地自身结构稳定和生态平衡正在遭受严重的破坏，其脆弱性正在逐渐显现，供水的可靠性、安全性面临严峻的挑战。城市供水安全作为保证国家安全的重要工作之一，越来越受到各级政府和有关部门的高度重视。"高原盆地城市水源地脆弱性诊断研究"作为水利部为解决地方水利科技需求的公益性行业科研经费研究项目，于2010年启动了专题研究工作。本书正是项目组全体人员3年研究成果的结晶。

　　云南省地处云贵高原西南端，境内94%的国土面积为山地，绝大部分城市都位于断陷盆地河流冲洪积扇—湖岸交互地带。全省城市饮用水水源地共273个，其中湖泊型有6个，水库型有142个，河道型有57个，地下水型有68个。水库型水源地在城市供水方面具有举足轻重的地位，占城市总供水量的61.7%，占城市总供水人口的59.9%。由于大多数水库型水源地补给水源仅为山间降水径流，调节性能较差，导致枯水期缺水状态多发。特别是2009年以来云南地区遭遇多年连续干旱，使得原本缺少补给、生态环境脆弱的云南高原盆地城市水源地面临的供水压力空前增大，安全供水也受到极大挑战，高原盆地城市水源地的脆弱性更加显现。本书在系统总结高原盆地城市水源地脆弱性内涵的基础上，开展了人类活动和气候变化下的高原盆地的水文响应、高原盆地城市水源地脆弱性研究，这将对推动水源地的保护产生积极的影响。

　　本书共分7章，第1章总结了水资源脆弱性国内外研究进展，提出了水源地脆弱性未来研究的方向，分析了高原盆地城市水源地脆弱性研究的意义。第2章开展了典型高原盆地城市水源地的降水、径流和输沙的年际、年内变化特征研究。第 3 章利用典型水源地的水文、气象、土地利用、土壤和地形等数据，分析了 SWAT 模型在高原盆地的适用性，研究了不同气候变化和土地利用变化情景下高原盆地城市水源地的径流、蒸散和土壤侵蚀的响应变化。第 4 章在典型高原盆地城市水源地枯枝落叶层、土壤样品采集和室内物理实验的基础上，研究分析了高原盆地城市水源地森林枯落物特征及水源涵养特性、森林枯落物水文效应特征，并对不同林分水源涵养功能进行了评价研究。第 5 章在梳理脆弱性研究进展的基础上，结合高原盆地城市水源地地理环境特征，提出了高原盆地城市水源地脆弱性的概念，构建了水源地脆弱性评价的 14 个指标，采用层次分析法确定了水源地脆弱性评价指标权重。第 6 章以具有典型特点的云南高原盆地城市水源地——松华坝水库水源地为例，应用不同的数学模型对松华坝水库水源地进行诊断比较，优选出一种最适合的方法，并对各水源地分区脆弱度进行了评价。第 7 章在高原盆地城市水源地水源涵养、变化环境下水文响应和脆弱性诊断研究的基础上，结合典型水源地的调研和高原盆地城市水源地存在的问题，提出了城市水源地脆弱性调控的对策。

本书主要由黄英、王杰、史正涛、刘新有、张雷编著，王杰和黄英负责统稿。在本书的编撰过程中，曾建军、陈严武、段琪彩、吴灏、朱俊、苏怀、董铭等人员给予了大量工作上的配合，并得到了云南省水利厅科外处，云南省水文水资源局保山分局、楚雄分局、昭通分局、玉溪分局、曲靖分局、红河分局、普洱分局和各水库管理局等单位领导和专家的大力支持，在此深表谢意。中国水利水电出版社为本书的出版付出了大量工作，在此一并致谢。

本书旨在让国内更多的专家学者来关注和研究高原地区城市供水安全及水源地保护问题，推动该地区水资源的可持续开发利用与保护。由于作者认识水平有限，书中难免存在不足之处，敬请广大专家、读者批评指正。

编著者

2014 年 8 月

目　　录

第1章 绪 论

1.1 研究背景

    水是人类社会生存和发展的物质基础，对于维持良好的生态环境、保证区域经济的健康和可持续发展具有重要的作用。近年来，由于气候变化和人类活动导致的水资源短缺、水环境恶化和旱涝灾害等一系列问题（郝振纯，2011），影响并制约着全球的环境安全与经济发展，受到各国政府的广泛关注。在我国，受气候变化和人类活动的影响，水资源数量呈现逐渐减少的趋势（张利平，2009）；而随着经济和社会的发展，居民生活用水及工农业生产用水呈快速增加的趋势，致使水资源短缺问题突出；模型预测显示，到2030年，中国地区的温度将比当前上升0.88℃（王馥棠，2002），人口将增至16亿；人均水资源量将降到1750m³，在此情景下，我国水资源供需矛盾将进一步加剧，水资源形势更加严峻（郝振纯，2011；张建云，2010；夏军，2011）。城市水源地是城市发展的战略性基础资源，是城市生态系统良性循环的关键性要素。我国正处在城镇化快速发展阶段，伴随着社会经济的飞速发展和人口的急剧增长，部分城市水源地出现了水质污染、水量短缺和水位下降等问题。城市水源地的水量多寡和水质的好坏对城市的发展至关重要，两者之一出现问题，其牵涉面广、影响范围大、负面效应持续时间长，甚至导致局部的社会性问题（史正涛，2008）。有关数据表明，在我国661个设市城市中，常年供水不足的设市城市超过60%，其中1/4表现为严重缺水；水质评价为不安全的设市城市有122个，占设市城市总数的18%，主要分布在山东、内蒙古、吉林、黑龙江等地；水量评价为不安全的设市城市有116个，占设市城市总数的17%，主要分布在河北、吉林、四川、黑龙江、内蒙古等地。在全国4555个城市饮用水水源地中，有638个水质不合格，1233个水量不合格，其中水质是影响我国城市饮用水安全的首要问题。

    云南省绝大部分城市位于断陷盆地河流冲洪积扇—湖岸交互地带，其水源地多以水库为主，水库修建在水量相对丰富的河流之上，而这些河流多由平坝上游山地间短源性小河汇聚而成，具有显著的高原盆地特征。近年来，随着社会经济的发展，云南省各主要水源地出现了水质恶化、水源涵养功能退化、水土流失严重和部分河道断流等问题。为解决城市缺水及用水安全问题，云南省委、省政府高度重视，先后开展了"润滇"工程、西南五省重点水源工程、牛栏江—滇池补水工程和滇中饮水工程等，对解决云南省城市用水和保障用水安全起到了一定的作用。但受近年来的连续干旱影响，前期土壤干燥，流域产汇流减少，导致各水源工程蓄水不足，仅从工程角度对水资源进行调控不能够从根本上解决城市水资源问题。因而有必要全面了解城市水源地现状和存在的问题，掌握导致水资源问题产生的原因及物理机制，并应用科学的理论和技术对工程措施进行指导，将工程和非工程措施有机结合才能实现水资源的可持续利用，根本解决水资源安全问题。因此，本书开展了高原盆地城市水源地水文气象变化特征研究、变化环境下高原盆地的水文响应研究、高原盆地城市水源地脆弱性模型构建及脆弱度评价研究，以期为实现云南省城市水源地保护和水资源可持续利用提供理论指导。

1.2　水资源脆弱性研究进展

"脆弱性"这一术语起初应用于自然灾害领域，随着科技的进步其应用范围逐渐扩大，特别是在 20 世纪 90 年代以来，脆弱性研究及应用范围呈快速增长的趋势（Janssena，2006），涉及生态学、公共健康、工程学和水资源等领域。其中在水资源领域，由于不同学者关注的问题不同，对水资源脆弱性内涵的认识与理解也不尽相同。Kulshreshtha 等认为水资源脆弱性是指水资源易于受到破坏的性质，这种破坏包括 4 个方面：对水资源系统自身的破坏、对依赖水资源的生态系统的破坏、对人类的破坏和对社会经济的破坏（Kulshresh-tha，1998）。Perveen 等认为水资源脆弱性是指由于水资源可获得性的限制和集中用水而导致的区域脆弱性（Perveen，2011）。刘绿柳等认为水资源脆弱性是指水资源系统易于遭受人类活动、自然灾害威胁和损失的性质与状态，受损后难以恢复到原来状态和功能的性质，将水资源系统的脆弱性分为本质脆弱性和特殊脆弱性（刘绿柳，2002）。杨燕舞等认为水资源脆弱性是指由自然环境和人类社会活动引起的水资源被污染的难易程度；自然环境决定它的自身脆弱性，人类社会活动决定它的外因脆弱性，即水质恶化的难易程度（杨燕舞，2002）。唐国平等认为水资源脆弱性是指水资源系统在气候变化、人为活动等的作用下，水资源系统的结构发生改变、水资源的数量减少和质量降低，以及由此引发的水资源供给、需求、管理的变化和旱涝等自然灾害的发生（唐国平，2000）。秦大河等从气候变化对水资源影响的角度考虑，认为水资源脆弱性是指气候变化对水资源可能造成的损害程度，同时强调水资源脆弱性是自身属性与人类活动共同作用的结果（秦大河，2007）。李剑颖等认为水资源脆弱性是指受自身因素的限制，水资源系统易于遭受其他自然因素和人为活动的破坏，破坏后难以恢复到原来状态，从而导致其自身的发展及长期维持人类社会发展和良好的生态环境的功能难以持续的性质，涉及水量、水质和水能3个方面（李剑颖，2007）。冯少辉等认为水资源脆弱性是指在一定社会历史和科学技术发展阶段，某一地区的水资源在服务于社会经济领域和生态环境领域中易于受到人类活动和自然灾害影响和破坏的性质与状态，受损后缺乏恢复到初始状态的能力，并将其分为自然脆弱性和扰动脆弱性两个方面（冯少辉，2010）。综上所述，随着水资源脆弱性研究的不断深入，总结前人对水资源脆弱性理论的认识，可以将水资源脆弱性的性质概括为：①水资源脆弱性是与生俱来的一种属性；②只有当水资源受到扰动时这种属性才表现出来。

在水资源脆弱性理论应用研究方面，受地下水水资源脆弱性研究的启发，国外学者首先将地下水水资源脆弱性研究方法应用到水资源脆弱性研究领域并进行了大量的研究工作。Kenneth 等于 1996 年分析了气候变化背景下，埃及尼罗河流域水资源的脆弱性（Kenneth，1996）。Kulshreshtha 等于 1998 年从人口增长、粮食自给程度、工业增长及气候变化 4 个方面对水资源脆弱性进行对比评价，认为未来人口增长是对水资源脆弱性贡献最大的因素（Kulshreshtha，1998）。Doerfliger 等于 1999 年利用 EPIK 法和 GIS 技术对岩溶地区水资源脆弱性进行了评价研究（Doerfliger，1999）。Charles 等于 2000 年在预测 1985—2025 年间气候变化及人口增长条件下，进行了水资源脆弱性分析（Charles，2000）。Gan 等通过对北美大草原研究，认为增加小型水资源工程、增加雪水的储存、增加现有水资源系统间的集成、在农业范围内在水价和计水方式等方面推行节水措施，可以降低北美大草原应对未来气候变暖及干旱时的水资源脆弱度（Gan，2000）。Marc 等于 2005 年建立了基于暴露度、敏感性和适应性的脆弱性评价指标体系，评价气候变化条件下生态系统和水资源系统的脆弱性（Marc，2005）。随后 James 等分别就气候变化条件下，水资源系统的供需平衡和城市化等对区域水资源系统的脆弱度进行相关研究（James，2006）。Mohamed 等采用"雷达图"法选择 31 个脆弱性评价指标对东尼罗河流域沿岸 3 个国家水资源脆弱性进行了评价（Mohamed，2009）。Zabeo 等于 2011 年采用多标准对污染区域的地表水脆弱性进行分析（Zabeo，2011）。Mirauda 等根据欧盟水框架指令提出了完整性策略模型，并对意大利北部的 Bacchigkione 流域进行了地表水脆弱性评价，评价结果为水资源管理和保护及水质提高提供了决策支持（Mirauda，2011）。国内学者对于水资源脆弱性研究起步于 20 世纪 90 年代中期，多停留在内涵和定量评估层面。认为水资源脆弱性是水资源系统在人类活动和自然灾害干扰下表现出的性质和状态，强调脆弱性是自身属性与人类活动共同作用的结果。邹君等于 2007 年将地表水资源

脆弱性分为自然脆弱性、人为脆弱性、承载脆弱性，选取 12 个评价指标采用
AHP 法，计算了衡阳盆地 7 个县市的地表水资源脆弱度（邹君，2007）。王明
泉等采用 AHP 法，分析了黑河流域水资源的敏感性、适应性能力，并据此对
2010 年黑河水资源的脆弱性水平作出了预测（王明泉，2007）。张笑天等采用
AHP 方法，建立了漳河水库灌区水资源脆弱性评价指标体系和水资源脆弱度
评价阈值，分析了灌区自然脆弱性、人为脆弱性和承载脆弱性等敏感指标，对
灌区脆弱性水平进行了评价（张笑天，2010）。董四方等则利用大样本数据、
投影寻踪、遗传算法、插值型曲线，建立了新的水资源脆弱性评价模型—粒子
群投影寻踪插值模型（董四方，2010）。冯少辉等结合云南省水资源特征和滇
中区域特点，在水循环领域、社会经济领域和生态环境领域构建了包涵 16 个
指标的滇中地区水资源脆弱性评价指标体系（冯少辉，2010）。段顺琼等构建
了基于"压力—状态—响应"模式（PSR 模式）的高原湖泊水资源脆弱性评
价指标体系，并选择了 18 个评价指标，采用集对评价法对高原湖泊水资源脆
弱性进行分析评价，得出了玉溪市湖泊区 2005—2007 年水资源脆弱性状况
（段顺琼，2011）。刘硕等基于 GIS 技术对山西省阳曲县的水资源脆弱性进行
综合评价和分区评价研究，发现阳曲县水资源脆弱性分布呈现东高西低、中间
高南北低的特点（刘硕，2012）。翁建武等采用熵权法计算指标权重，对黄河
上游地级行政区进行了水资源脆弱性评价，结果表明，黄河上游地区水资源脆
弱性呈明显的空间分异，提出了提高水资源利用效率、严格控制水资源开发利
用量、积极开发新水源和控制污染排放等适应性对策（翁建武，2013）。崔循
臻等运用 AHP 法，建立了石羊河流域水资源脆弱性评价指标体系，发现自然
脆弱性对流域水资源的综合影响最大（崔循臻，2013）。

1.3　水源地脆弱性未来研究方向

　　从目前国内外已有的研究文献来看，关于水资源的脆弱性研究大多集中在
地下水和大尺度的地表水系统，关于水源地的脆弱性研究较少。水源地是水循
环系统的一个重要组成部分，因而已有的地表和地下水资源脆弱性研究对于水
源地的脆弱性研究有很好的借鉴作用。结合已有的水资源脆弱性研究，总结未
来水源地脆弱性主要研究方向有以下 4 个方面。

　　（1）多重扰动下的水源地脆弱性评价方法研究。系统通常暴露于多尺度、
相互作用的多重扰动，这一观点在脆弱性研究中已达成共识（Tunner B L 等，
2003），但关于扰动间的相互作用关系、各种扰动对系统整体脆弱性影响程度
的差异以及系统对多重扰动的非线性响应过程等仍未得到很好的阐述（李鹤
等，2008）。需要发挥多学科交叉集成的优势，加强水源地多重扰动下人—环

境耦合系统脆弱性的响应机理及其表征研究。

（2）特殊环境下的水源地脆弱性评价标准的统一。现有研究多根据具体研究对象采用统计学方法来度量指标的脆弱度和综合脆弱度，通常没有绝对的脆弱性阈值，从而导致脆弱性评价标准难以统一，缺乏可比性。因此，应结合高原盆地城市水源地实际，建立统一的脆弱性评价标准，以加强脆弱性评价结果的可比性与可靠性。

（3）水源地脆弱性敏感性因素判识。水源地脆弱性的敏感因素包括时间、空间和对象3个方面，即敏感时段、敏感区域、敏感因子。例如，从水土保持来看，雨季是水源地脆弱性的敏感时段；从生态环境保护来看，核心生态区、水源缓冲区以及土层较薄的坡地是水源地脆弱性的敏感区域；从水源涵养和水环境保护来看，土壤、植被、废污水及固体废弃物是水源地脆弱性的敏感因子。在高原盆地城市水源地脆弱性研究中，应加强敏感性因素的判识，以抓住其中的主要矛盾。

（4）水源地脆弱性调控情景模拟。高原盆地城市水源地脆弱性研究的最终落脚点是脆弱性调控。如何使有限的投入取得最佳的效果是决策者最关注的焦点，由于脆弱性调控措施是不可逆的，因此，通过精确的情景模拟为脆弱性调控决策提供依据，具有极其重要的现实意义。

1.4　高原盆地水源地脆弱性研究的意义

云南省水资源总量丰富，但时空分布不均，水资源短缺严重，局部供需矛盾突出。受气候变化和人为活动的影响，云南省水资源时序表现出持续减少的趋势。随着工业化和城镇化的推进，城镇人口不断增多，城镇生活和工业用水逐年递增，2009年，城镇生活用水量12.53亿 m^3，占总用水量的8.2%；工业用水量20.29亿 m^3，占总用水量的13.3%；从1980年到2009年城镇生活用水比例增加了5.7%，工业用水比例增加了7%。由于人口增加和城镇化水平提高，用水结构将发生显著变化，用水强度增大，相应的废污水排放量、污染物排放量也将随之增加，使可利用水量进一步减少，进一步加剧了云南省水资源量的紧张状况和供需矛盾。就已有的规划成果来看，2020年滇中各大城市用水问题形势依旧严峻，为解决城市水源问题，政府已开展了一系列调水工程，此外由于水源地水动力较弱，水循环迟缓，污染物在水体中富集加剧了水质恶化，造成严重的水生态环境问题。因此，开展高原盆地城市水源地脆弱性研究，其目的是摸清高原盆地脆弱现状，分析影响高原盆地城市水源地脆弱性的主要因素，从而对开展水源地生态恢复、涵养水源、治理水土流失和水体污染具有重要的指导意义。本书研究符合国家大计方针的要求，也是云南省城市水资源利用现状的客观要求，是解决区域水资源供需矛盾最基础的工作之一。

参 考 文 献

[1] 郝振纯，于翠松，王加虎，等. 变化环境下水资源系统脆弱性和恢复力研究 [M].
北京：科学出版社，2011.

[2] 张利平，夏军，胡志芳. 中国水资源状况与水资源安全问题分析 [J]. 长江流域资
源与环境，2009，18 (2)：116 - 120.

[3] 王馥棠. 近十年来我国气候变暖影响研究的若干进展 [J]. 应用气象学报，2002，
13 (2)：755 - 766.

[4] 张建云. 气候变化对水安全影响的评价 [J]. 中国水利，2010 (08)：5 - 6.

[5] 史正涛，刘新有. 城市水安全与应急水源地建设 [J]. 城市问题，2008 (2)：
24 -28.

[6] 夏军，刘春蓁，任国玉. 气候变化对我国水资源影响研究面临的机遇与挑战 [J].
地球科学进展，2011，26 (1)：1 - 12.

[7] Janssena M A, Schoon M L, Ke W , et al. Scholarly networks on resilience, vulnera-
bility and adaptation within the human dimensions of global environmental change [J].
Global Environmental Change, 2006, 16 (3)：240 - 252.

[8] Kulshreshtha S N. A global outlook for water resources to the year 2025 [J]. Water
Resources Management, 1998, 12 (3)：167 - 184.

[9] Perveen S, James L A. Scale invariance of water stress and scarcity resources vulnera-
bility [J]. Applied Geography, 2011, 31 (1)：321 - 328.

[10] 刘绿柳. 水资源脆弱性及其定量评价 [J]. 水土保持通报，2002，22 (2)：41 - 44.

[11] 杨燕舞，张雁秋. 水资源的脆弱性及区域可持续发展 [J]. 苏州城建环保学院学报，
2002，15 (4)：85 - 88.

[12] 唐国平，李秀彬，刘燕华. 全球气候变化下水资源脆弱性及其评估方法 [J]. 地球
科学进展，2000，15 (3)：313 - 317.

[13] 秦大河，陈振林，罗勇，等. 气候变化科学的最新认知 [J]. 气候变化研究进展，
2007，2：63 - 73.

[14] 李剑颖. 官厅水库流域水资源脆弱性评价研究 [D]. 北京：北京师范大学，2007.

[15] 冯少辉，李靖，朱振峰，等. 云南省滇中地区水资源脆弱性评价 [J]. 水资源保护，
2010，26 (1)：13 - 16.

[16] Strzepek K M, Yates D N, Eiquosy D E D. Vulnerability assessment of water re-
sources in Egypt to climatic change in the Nile Basin [J]. Climate Research, 1996,
6：89 - 95.

[17] Doerfliger N J, Eannin P Y, Zwahlen F. Water vulnerability assessment in karst envi-
ronments：a new method of defining protection areas using a multi attribute approach
and GIS tools [J]. Environmental Geology, 1999, 39 (2)：165 176.

[18] Vorosmarty C J, Green P, Salisbury J. Global water resources：vulnerability from cli-
mate change and population growth [J]. Science, 2000, 289 (5477)：284 - 288.

[19] Gan T Y. Reducing Vulnerability of Water Resources of Canadian Prairies to Potential Droughts and Possible Limatic Warming [J]. Water Resources Management, 2000 (14): 111 – 135.

[20] Marc J M, Rilk L. A multidisplinary multi – scale framework for assessing vulnerabilities to global change [J]. International Journal of Applied Earth Observation and Geninformation, 2005, 7 (4): 253 – 267.

[21] James D F, Barry S, Johanna W. Vulnerability to climate change in the Arctic: A case study from Arctic Bay Canada [J]. Global Environment Change, 2006, 16: 145 –160.

[22] Mohamed A, Mohamed M, Fawzia I. Vulnerability Assessment of water resources systems in the Eastern Nile Basin [J]. Water Resour Manage, 2009 (23): 2697 –2725.

[23] Zabeo A, Pizzol L, Agostini P, et al. Regional risk assessment for contaminated sites Part1: Vulnerability assessment by multicriteria decision analysis [J]. Environment International, 2011, 37 (6): 1295 – 1306.

[24] 邹君, 谢小立. 亚热带丘岗区地表水资源脆弱性评估及其管理——以衡阳盆地为例 [J]. 长江流域资源与环境, 2007, 16 (3): 303 – 307.

[25] 王明泉, 张济世, 程中山. 黑河流域水资源脆弱性评价及可持续发展研究 [J]. 水利科技与经济, 2007, 13 (2): 114 – 116.

[26] 张笑天, 陈崇德. 漳河水库灌区水资源脆弱性评价研究 [J]. 华北水利水电学院学报, 2010, 31 (2): 12 – 15.

[27] 董四方, 董增川, 陈康宁. 基于DPSIR概念模型的水资源系统脆弱性分析 [J]. 水资源保护, 2010, 26 (4): 1 – 3.

[28] 段顺琼, 王静, 冯少辉, 等. 云南高原湖泊地区水资源脆弱性评价 [J]. 中国农村水利水电, 2011, 9: 55 – 59.

[29] 刘硕, 冯美丽. 基于GIS技术分析水资源脆弱性 [J]. 太原理工大学学报, 2012, 43 (1): 77 – 82.

[30] 翁建武, 夏军, 陈俊旭. 黄河上游水资源脆弱性评价研究 [J]. 人民黄河, 2013, 35 (9): 15 – 20.

[31] 催循臻, 贾生海. 石羊河流域水资源脆弱性评价 [J]. 安徽农业科学, 2013, 41 (24): 10098 – 10100.

[32] Tunner B L, Kasperson R E, Matson P A, et al. A framework for vulnerability analysis in sustainability science [J]. PNAS, 2003, 100 (14): 8074 – 8079.

[33] 李鹤, 张平宇, 程叶青. 脆弱性的概念及其评价方法 [J]. 地理科学进展, 2008, 27 (2): 18 – 25.

第 2 章 云南高原盆地城市水源地特征

气候变化改变了水文循环过程，影响着水资源系统的结构与功能，将对人类的水资源开发利用带来新的挑战。因此，基于气候变化影响的水资源评价对水资源规划和管理具有重要意义，许多国际重大研究计划都把水文过程对全球变化的响应研究列为重要研究领域。随着全球及区域气候模型的不断改进，水文过程时空变化的归因和预测研究取得了长足的进步，但全球气候变化对复杂区域水文水资源的影响仍然是一个亟待解决的科学问题。

云南省 2009 年以来的连续 3 年严重干旱引起了广泛关注。气象学家普遍认为，云南省 3 年严重干旱与全球气候变化的大背景关联性非常明显，且该区域干旱将成为一种常态。受岩溶山区地形的制约，云南省大部分城市分布于地形相对封闭的山间盆地，很少有大江大河流经，绝大部分以水库为主要水源。因此，水库水源地水文水资源条件变化对水源地本身的健康和城市可利用水资源量起着决定性作用，关系到城市水安全乃至城市经济社会发展的命脉。

2.1 城市水源地概况

云南高原盆地城市水源地主要有地表水和地下水两大类型，其中地表水又可分为河流型、水库型、湖泊型 3 类。水库大多坐落在城市的上游，水资源主要靠天然降水补给。

由表 2.1 可知，云南省城市饮用水水源地共 273 个，按类型划分，湖泊 6个，分别为抚仙湖、洱海、阳宗海、清水海、文海、滇池，其中滇池仅为备用水源；水库 142 个，其中大型水库 5 个，分别为松华坝水库、云龙水库、独木水库、毛家村水库、渔洞水库；河道 57 个；地下水 68 个。城市饮用水水源以地表水为主，地表水源地共 205 个，占城市供水量的 82.0%，供水人口占总供水人口的 81.5%。受自然地理条件影响，水库在城市供水方面具有举足轻重的地位，占城市总供水量的 61.7%，供水人口占城市总供水人口的 59.9%。

根据《云南省城市饮用水水源地安全保障规划调查评价报告》，从水源地水质、水量、工程 3 个方面综合评价，云南省城市现有水源地总体评价为基本安全。

表 2.1 云南省城市供水水源情况统计

水源地类型	个数	供水量/万 m³	供水量比例/%	供水人口/万人	供水人口比例/%
湖泊	6	5499	8.5	61	7.2
水库	142	40021	61.7	510	59.8
河道	57	7654	11.8	123.1	14.5
地下水	68	11656	18.0	157.3	18.5
合计	273	64830	100	851.4	100

从水质看,水源地水质状况较好,水质安全率为 96.3%。在参与现状水质评价的 219 个水源地中,综合评价指数为 Ⅳ 类的不合格水源地有 8 个,相应供水人口为 52.91 万人,占总供水人口的 7.1%;供水量为 4932.5 万 m³,占总供水量的 8.7%。不安全水源地主要分布在普洱市、临沧市、德宏州、昆明市,主要超标污染物为铁、锰、亚硝酸盐氮、铅、总大肠菌群及总磷、总氮。

从水量看,现有 273 个城市饮用水水源地中,86% 的水源地水量是安全的,供水安全人口占城市供水人口的 88.1%,相应供水量占总水量的 88%。缺水城市 40 个,其中地级市 3 个,分别为昆明市、丽江市、普洱市;县级市 2 个,分别为瑞丽市、潞西市;缺水县城 35 个,其中缺水率在 10% 以上的城市有 33 个,缺水率在 20% 以上的城市有 22 个。

从工程运行情况看,大部分工程基本安全。近几年来,各级政府重视水库安全问题,投入资金进行了水库除险加固,保障了城市防洪和供水安全。但仍存在水库泥沙淤积侵占有效库容、河道水源工程设施老化、病险等工程不安全因素。

总体看来,云南省城市水源地水质状况较好,大部分城市人口的供水水量是安全的,城市饮用水源地工程质量良好,但也有部分水源地存在病险及安全隐患。

2.2 典型水源地选取

云南省境内城市水源地众多,分属长江、珠江、红河、澜沧江、怒江、伊洛瓦底江六大流域,各区域水源地在气候条件、地形地貌、土壤植被等自然状况和人类活动方面均存在较大差异。选择云南省所有城市水源地进行深入研究不切实际,因此必须选取具有一定代表性的典型水源地为研究对象。由于水库是云南省城市供水的主要水源,因此典型水源地在水库水源地中选取。

　　综合考虑地理位置、供水对象、气候条件、所在流域、水源地规模、水质等因素，选择具有代表性的松华坝水库、云龙水库、潇湘水库等 9 个水库水源地作为云南典型高原盆地水源地，进行脆弱性诊断研究。所选取的 9 个水源地分别属于长江、珠江、红河、怒江、澜沧江五大流域，分别为 8 个州市级城市供水，其中松华坝水库、云龙水库、渔洞水库为大型水库，其余 6 个水库为中型水库，2010—2012 年水质在 Ⅱ～Ⅳ 类之间，营养化状态均为中营养。

　　典型水源地分布如图 2.1 所示，典型水源地近年水质与营养化状况见表 2.2，典型水源地基本情况见表 2.3。

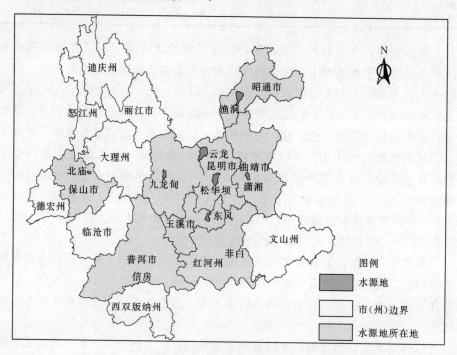

图 2.1　典型水源地分布

表 2.2　　　　　　　典型水源地近年水质与营养化状况

水源地	水质综合评价类别			营养化状态
	2010 年	2011 年	2012 年	
松华坝水库	Ⅲ类	Ⅲ类	Ⅳ类	中营养
云龙水库	Ⅱ类	Ⅲ类	Ⅳ类	中营养
潇湘水库	Ⅳ类	Ⅳ类	Ⅳ类	中营养
东风水库	Ⅲ类	Ⅲ类	Ⅲ类	中营养
北庙水库	Ⅱ类	Ⅲ类	Ⅱ类	中营养

续表

水源地	水质综合评价类别			营养化状态
	2010 年	2011 年	2012 年	
渔洞水库	Ⅲ类	Ⅱ类	Ⅲ类	中营养
信房水库	Ⅱ类	Ⅱ类	Ⅱ类	中营养
九龙甸水库	Ⅲ类	Ⅲ类	Ⅱ类	中营养
菲白水库	Ⅲ类	Ⅲ类	Ⅲ类	中营养

表 2.3　　　　　　　　　　　　典型水源地基本情况

水源地	所在州市	所在流域	所在河流	总库容/万 m³	多年平均年降水量/mm	集水面积/km²	年平均供水量/万 m³	年平均城镇供水量/万 m³	建成日期
松华坝水库	昆明市	长江	盘龙江	21900	957	593	15000	15000	1959 年
云龙水库	昆明市	长江	掌鸠河	48400	1008	745	27000	25000	2004 年
潇湘水库	曲靖市	珠江	潇湘江	4774	203	380	3300	1500	1958 年
东风水库	玉溪市	珠江	曲江	9025	997	309.5	6778	1907	1960 年
北庙水库	保山市	怒江	东河	7350	1062.6	119	6607	1412	1961 年
渔洞水库	昭通市	长江	居乐河	36400	738	709	31466	1600	2000 年
信房水库	普洱市	澜沧江	思茅河	1032.1	1510.4	21.9	850	700	1961 年
九龙甸水库	楚雄州	长江	紫甸河	7043	900	257.6	4005	1500	1959 年
菲白水库	红河州	红河	北溪河	1437	963	59	986	810	1970 年

2.3　典型水源地水文水资源特征

本章选取水文资料条件较好的松华坝水库、九龙甸水库和东风水库 3 个水源地，采用集中度与集中期、小波分析、Mann-Kendall 检验、R/S 分析等方法，揭示其降水、径流和输沙基本特征、变化趋势、变化周期、年内分配、突变、未来趋势变化等，从中厘清水源地水文特征。

2.3.1　资料与方法

2.3.1.1　资料来源

水文特征分析需要长序列数据支撑。本书研究选取水文数据序列较长的松华坝水库、九龙甸水库和东风水库 3 个水源地进行水文特征分析。各水源地水文资料基本情况见表 2.4。各水文站控制流域面积占所在水源地面积的比例较大，其径流和输沙特征对于其所在水源地具有较好的代表性。其中，小河水文站由于受松华坝水库回水影响，于 1992 年上迁并改名为中和水文站。小河水文站控制流域面积为 373km²，中和水文站控制流域面积为 357km²。为便于分析，将小河水文站 1961—1992 年径流和 1966—1992 年输沙数据按照控制流域面积比转换成中和水文站径流和输沙数据，得到一致的数据序列。

表 2.4　　　　　　　　　　　代表水源地水文资料基本情况

水源地	水文要素	代表站点	控制面积 /km²	占水源地的面积比例 /%	资料年限
松华坝水库	降水	松华坝			1953—2011 年
	径流	中和	357	60.2	1961—2011 年
	输沙				1966—2011 年
九龙甸水库	降水	凤屯	186	72.4	1964—2010 年
	径流				1978—2010 年
	输沙				1981—2010 年
东风水库	降水	安化			1965—2010 年
	径流	大矣资	157	50.7	1982—2010 年

2.3.1.2　集中度与集中期

水文要素年内分配分析采用集中度与集中期方法。集中度（PCD）指要素按月以向量方式累加，其各分量之和与年总量的比值，反映其在年内的集中程度。集中期（PCP）是指要素向量合成后的方位，反映其全年集中的重心所出现的月份，用各月分量之和的比值正切角度表示。

$$PCD = \sqrt{R_x^2 + R_y^2}/R_{year} \tag{2.1}$$

$$PCD = \arctan(R_x/R_y) \tag{2.2}$$

$$R_x = \sum_{i=1}^{12} r_i \sin\theta_i$$

$$R_y = \sum_{i=1}^{12} r_i \cos\theta_i \tag{2.3}$$

式中：R_{year} 为要素年值；R_x、R_y 为要素 12 个月的分量之和所构成的水平、垂直分量；r_i 为要素第 i 月的值；θ_i 为要素第 i 月的矢量角度；i 为月序。

集中度越大表示年内分配越不均匀。

2.3.1.3　小波分析

水文要素变化周期分析采用小波分析法进行分析。1984 年法国地质学家 J. Morlet 在分析地震波的局部性质时，将小波概念引入到信号分析中，理论物理学家 A. Grossman 和数学家 Y. Meyer 等又对小波进行了一系列深入研究，使小波理论有了坚实的数学基础。小波分析被认为是傅里叶分析方法的突破性进展，傅里叶变换可以显示出气候序列不同尺度的相对贡献，而小波变换将一个一维信号在时间和频率两个方向上展开，不仅可以给出序列变化的尺度，还可以显现出变化的时间位置，后者对于预测十分有用。20 世纪 90 年代以来，小波分析作为一种基本数学手段，在众多领域都得到了较好的应用。

若函数 $\psi(t)$ 满足下列条件的任意函数：

$$\int_R \psi(t)\mathrm{d}t = 0$$

$$\int_R \frac{\mid \hat{y}(w) \mid^2}{\mid w \mid}\mathrm{d}w < \infty \tag{2.4}$$

其中，$\hat{y}(w)$ 是 $\psi(t)$ 的频谱。令

$$\psi_{a,b}(t) = \mid a \mid^{-1/2} \psi[(t-b)/a] \tag{2.5}$$

为连续小波，ψ 称为基本小波或母小波，$w_f(a,b) = \mid a \mid$ 是双窗函数，一个是时间窗，一个是频率谱。$\psi_{a,b}(t)$ 的振荡随 $1/\mid a \mid$ 增大而增大。因此，a 是频率参数，b 是时间参数，表示波动在时间上的平移。那么，函数 $f(t)$ 小波变换的连续形式为

$$w_f(a,b) = \mid a \mid^{\frac{1}{2}} \int_R f(t)\overline{y}\left(\frac{t-b}{a}\right)\mathrm{d}t \tag{2.6}$$

由此可以看到，小波变换函数是通过对母小波的伸缩和平移得到的。小波变换的离散形式为

$$w_f(a,b) = \mid a \mid^{\frac{1}{2}} \Delta t \sum_{i=1}^{n} f(i\Delta t)y\left(\frac{i\Delta t - b}{a}\right) \tag{2.7}$$

式中：Δt 为取样间隔；n 为样本量。

离散化的小波变换构成标准正交系，从而扩充了实际应用的领域。

离散表达式的小波变换计算步骤如下。

（1）根据研究问题的时间尺度确定出频率参数 a 的初值和 a 增长的时间间隔。

（2）选定并计算母小波函数，一般选用常用的 Mexican-hat 小波函数。

（3）将确定的频率 a、研究对象序列 $f(t)$ 及母小波函数 $w_f(a,b)$ 代入式（2.7），算出小波变换 $w_f(a,b)$。

小波分析计算结果既保持了傅里叶分析的优点，又弥补了其某些不足。原则上讲，过去使用傅里叶分析的地方，均可以由小波分析取代。小波变换实际上是将一个一维信号在时间和频率两个方向上展开，这样就可以对时间序列的时频结构作细致的分析，提取有价值的信息。

2.3.1.4 Mann-Kendall 检验

水文要素时序趋势及突变分析采用 Mann-Kendall 检验法。Mann-Kendall 检验法是一种关于观测值序列的非参数统计检验方法，在对时间序列进行检验

时，不仅可判断时间序列中上升或下降趋势的显著性，而且同时可判断时间序列是否存在突变并标出突变开始的时间。其原理与计算方法如下。

对于具有 n 个样本量的时间序列，构造一秩序列：

$$S_k = \sum_{i=1}^{k} r_i , \ k = 2,3,\cdots,n \tag{2.8}$$

其中，当 $1 \leqslant j \leqslant i$，$x_i > x_j$ 时，$r_i = 1$，否则 $r_i = 0$。

在时间序列随机独立的情况下，定义统计量：

$$UF_k = \frac{|S_k - E(S_k)|}{\sqrt{Var(S_k)}} , \ k = 1,2,\cdots,n \tag{2.9}$$

其中，$UF_1 = 0$，$E(S_k)$、$Var(S_k)$ 分别为累计数 S_k 的均值和方差，在 x_1，x_2，$\cdots$，x_n 相互独立且具有相同连续分布时，可由式（2.10）、式（2.11）求出：

$$E(S_k) = \frac{n(n-1)}{4} \tag{2.10}$$

$$Var(S_k) = \frac{n(n-1)(2n+5)}{72} \tag{2.11}$$

UF_k 是按时间序列 x 顺序在 x_1，x_2，$\cdots$，x_n 计算出的统计量序列，在给定显著性水平 a 下，于正态分布表中查出临界值 $U_{a/2}$，若 $|UF_k| > U_{a/2}$，则表示趋势显著，反之则表示趋势不显著。按时间序列 x 逆序 x_n，x_{n-1}，$\cdots$，x_1，再重复上述过程，同时使 $UB_k = -UF_k$（$k = n$，$n-1$，$\cdots$，1，$UB_1 = 0$）。分析绘出 UF 或 UB_k 曲线图，若 UF 或 UB_k 的值大于 0，表明序列呈上升趋势；反之，序列呈下降趋势。当 UF 或 UB_k 超过临界值时，表明上升或下降趋势显著。超过临界线的范围确定为出现突变的时间区域。如果 UF_k 和 UB_k 两条曲线出现交点，并且交点在临界线之间，则交点对应的时刻便是突变的开始时间。

2.3.1.5　R/S 分析

趋势变化分析采用 R/S 分析法（重新标度极差分析法）。R/S 分析法通过 Hurst 指数 $H(0 < H < 1)$ 对时间序列趋势变化进行判断。其原理与计算方法如下。

对时间序列 $k(t)$，$t = 1$，$2\cdots$，对于任意正整数 $j \geqslant t \geqslant 1$，定义均值序列：

$$k_j = \frac{1}{j} \sum_{t=1}^{j} k(t) \tag{2.12}$$

累积离差：

$$X(t,j) = \sum_{u=1}^{t} [k(u) - k_j] \tag{2.13}$$

极差：

$$R(j) = \max X(t,j) - \min X(t,j) \tag{2.14}$$

标准差：

$$S(j) = \left\{ \frac{1}{j} \sum_{t=1}^{j} \left[k(t) - k_j \right]^2 \right\}^{\frac{1}{2}} \tag{2.15}$$

将 $\ln j$ 与 $\ln(R/S)$ 的关系采用最小二乘法进行拟合，所得拟合直线的斜率即为 H 值。当 $H=0.5$ 时，表明序列完全独立，即序列是一个随机过程；当 $H<0.5$ 时，表明未来变化状况与过去相反，即反持续性，H 越小，反持续性越强；当 $H>0.5$ 时，表明未来变化状况与过去一致，即有持续性，H 越接近1，持续性越强。

2.3.2 水源地降水特征

2.3.2.1 降水基本统计特征

1. 松华坝水库水源地

松华坝站 1953—2011 年降水资料的分析结果表明（表 2.5），59 年间年平均降水量为 963.4mm，其中 1997 年降水最多，降水量达 1398.5mm，降水量贡献主要来自当年 7 月，降水量达 576.1mm。最旱年发生在 2011 年，年降水量仅 560.9mm。年降水量最大值与最小值相差达 2.5 倍之多，变幅达 837.6mm。此外，年降水量标准差达到年平均降水量的 20%，表明年降水量波动较大。

表 2.5　松华坝站年降水统计特征

时 段	平均值/mm	最大值/mm	最小值/mm	标准差/mm
1953—1959 年	951.3	1236.5	749.1	179.3
1960—1969 年	999.2	1305.3	725.2	179.1
1970—1979 年	986.5	1368.9	644.0	205.3
1980—1989 年	936.4	1199.6	660.4	178.2
1990—1999 年	1026.4	1398.5	605.3	210.0
2000—2011 年	891.4	1134.4	560.9	160.6
1953—2011 年	963.4	1398.5	560.9	191.5

从时段来看，降水的丰枯趋势大致可分为：20 世纪 60 年代、70 年代和 90 年代偏多，50 年代、80 年代和 2000 年以来偏少；2000—2011 年年平均降水量仅 891.4mm，较多年平均值偏少 7.5%，特别是 2009—2011 年年平均降

水量仅 687.7mm，较多年平均值偏少 28.6%，3 年连旱达 100 年一遇。由图 2.2 可知，59 年来松华坝站降水量呈波动下降趋势。

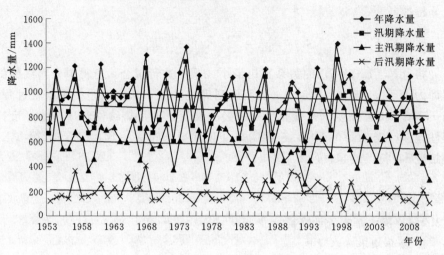

图 2.2 松华坝站各时段降水变化趋势

2. 九龙甸水库水源地

九龙甸站 1964—2010 年降水资料的分析结果表明（表 2.6），47 年间年平均降水量为 876.3mm，其中 1995 年降水最多，降水量达 1258.4mm，降水量贡献主要来自当年 7 月、8 月，降水量达 531.0mm。最旱年发生在 1980 年，年降水量仅 554.5mm。年降水量最大值与最小值相差达 2.3 倍之多，变幅达 704.0mm。

表 2.6   九龙甸站年降水统计特征

时 段	平均值/mm	最大值/mm	最小值/mm	标准差/mm
1964—1969 年	891.9	1070.6	748.2	135.9
1970—1979 年	877.9	1026.2	653.5	107.7
1980—1989 年	801.4	1104.0	554.5	180.8
1990—1999 年	978.3	1258.4	712.0	107.2
2000—2010 年	841.8	1044.6	604.9	147.7
1964—2010 年	876.3	1258.4	554.5	152.7

从时段来看，降水的丰枯趋势大致可分为：20 世纪 60 年代、70 年代和 90 年代偏多，80 年代和 2000 年以来偏少；1980—1989 年年平均降水量仅 801.4mm，较多年平均值偏少 8.5%。由图 2.3 可知，九龙甸站降水量呈波动

下降趋势。

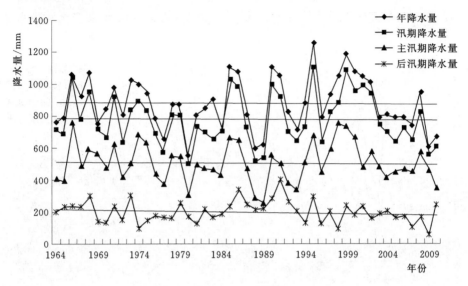

图 2.3 九龙甸站各时段降水变化趋势

3. 东风水库水源地

安化站 1965—2010 年降水资料 (1974 年为插补值) 的分析结果表明 (表 2.7), 46 年间年平均降水量为 1007.33mm, 其中 1968 年降水最多, 降水量达 1285.0mm, 降水量贡献主要来自当年 6—8 月 3 个月, 降水量达 822mm。降水最少年份为 1969 年, 降水量仅 682.2mm。年降水量最大值与最小值相差达 602.8mm。

表 2.7 安化站年降水统计特征

时　段	平均值/mm	最大值/mm	最小值/mm	标准差/mm
1965—1969 年	1012.20	1285.0	682.2	217.17
1970—1979 年	990.93	1276.3	778.8	144.07
1980—1989 年	1070.24	1236.5	955.7	98.91
1990—1999 年	1050.13	1223.4	818.4	94.75
2000—2010 年	922.42	1053.3	685.2	109.46
1965—2010 年	1007.33	1285.0	685.2	132.46

注　缺 1974 年降水资料, 采用临近站点资料插补。

从时段来看, 降水的丰枯趋势大致可分为: 20 世纪 60 年代、80 年代和 90 年代偏多, 70 年代和 2000 年以来偏少; 2000—2010 年年平均降水量仅

922.42mm，较多年平均值偏少 8.4%。特别是 2009—2010 年年平均降水量仅 687.7mm，较多年平均值偏少 31.7%。由图 2.4 可知，46 年来安化站降水量呈波动下降趋势。

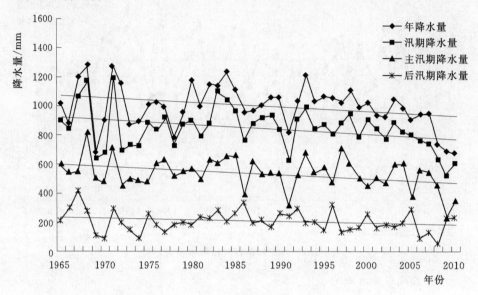

图 2.4　安化站各时段降水变化趋势

2.3.2.2　降水年内分配分析

1. 松华坝水库水源地

由松华坝站 1953—2011 年降水年内分配分析可知（表 2.8），该区 59 年来汛期（5—10 月）平均降水量达 853.6mm，占全年降水量的 88.6%。其中，主汛期（6—8 月）降水量达 575.2mm，占全年降水量的 59.7%；后汛期（9—10 月）降水量为 189.9mm，占全年降水量的 19.7%。汛期、主汛期和后汛期降水量总体趋势与年降水量一致，均呈减少趋势。从各时段降水年内分配来看，1960—1969 年汛期降水量最大，达 913.0mm，占全年降水量的比例也最高，达 91.4%；20 世纪 80 年代之后，汛期降水量占全年降水量的比例稳定在 88%左右；2000 年以来，后汛期平均降水量仅 144.2mm，占全年降水量的比例也只有 16.2%，说明后汛期降水量近年较常年明显偏少。

为定量评价降水年内分配集中程度，对降水序列进行集中度和集中期计算，并同样按 6 个不同时期统计。由表 2.9 可知，松华坝水库水源地降水年内分配集中度多年平均值均较高，为 0.606。降水多年平均集中期出现在 7月 12 日，各时期集中期时间与峰值出现时间基本对应；从各时期集中期时间变化来看，降雨的集中期呈现出提前的趋势。

表 2.8　　　　　　　　松华坝站降水年内分配特征

时　　　段	汛期（5—10月）		主汛期（6—8月）		后汛期（9—10月）	
	平均降水量/mm	比例/%	平均降水量/mm	比例/%	平均降水量/mm	比例/%
1953—1959 年	853.9	89.8	581.2	61.1	177.6	18.7
1960—1969 年	913.0	91.4	624.2	62.5	228.5	22.9
1970—1979 年	852.6	86.4	585.1	59.3	161.3	16.3
1980—1989 年	821.3	87.7	539.2	57.6	202.7	21.6
1990—1999 年	908.0	88.5	591.7	57.6	230.4	22.5
2000—2011 年	786.3	88.2	538.7	60.4	144.2	16.2
1953—2011 年	853.6	88.6	575.2	59.7	189.9	19.7

表 2.9　　　　　松华坝站降水不同时期年内分配集中度与集中期

时　　段	集中度	集中期方向/(°)	集中日期
1953—1959 年	0.613	188.2	7 月 10 日
1960—1969 年	0.653	194.8	7 月 17 日
1970—1979 年	0.587	189.4	7 月 11 日
1980—1989 年	0.602	194.3	7 月 16 日
1990—1999 年	0.585	193.8	7 月 15 日
2000—2011 年	0.600	182.5	7 月 4 日
多年平均值	0.606	190.5	7 月 12 日

2. 九龙甸水库水源地

由九龙甸站 1964—2010 年降水年内分配分析可知（表 2.10），受季风气候影响，该区 47 年来汛期（5—10 月）平均降水量达 775.8mm，占全年降水量的 88.5%。其中，主汛期（6—8 月）降水量达 504.9mm，占全年降水量的 57.6%；后汛期（9—10 月）降水量为 198.4mm，占全年降水量的 22.6%。汛期、主汛期和后汛期降水量总体趋势与年降水量一致，均呈减少趋势。从各时段降水年内分配来看，1964—1969 年汛期降水量达 815.0mm，占全年降水量的比例最高，达 91.4%；2000 年以来，后汛期平均降水量仅 168.3mm，占全年降水量的比例也只有 20.0%，说明后汛期降水量近年较常年明显偏少。

表 2.10　　　　　　　　　九龙甸站降水年内分配特征

时　　段	汛期（5—10 月）		主汛期（6—8 月）		后汛期（9—10 月）	
	平均降水量/mm	比例/%	平均降水量/mm	比例/%	平均降水量/mm	比例/%
1964—1969 年	815.0	91.4	532.2	59.7	222.2	24.9
1970—1979 年	766.7	87.3	522.9	59.6	181.0	20.6
1980—1989 年	705.2	88.0	447.7	55.9	210.2	26.2
1990—1999 年	852.2	87.1	547.8	56.0	222.8	22.8
2000—2010 年	757.3	90.0	486.6	57.8	168.3	20.0
1964—2010 年	775.8	88.5	504.9	57.6	198.4	22.6

　　为定量评价降水年内分配集中程度，对降水序列进行集中度和集中期计算，并同样按 5 个不同时期统计。由表 2.11 可知，九龙甸水库水源地降水年内分配集中度多年平均值均较高，为 0.609。降水多年平均集中期出现在 7 月 17 日，各时期集中期时间与峰值出现时间基本对应；从各时期集中期时间变化来看，降水的集中期均呈现出提前的趋势。

表 2.11　　　　　　九龙甸站降水不同时期年内分配集中度与集中期

时　　段	集中度	集中期方向/(°)	集中日期
1964—1969 年	0.645	201.7	7 月 23 日
1970—1979 年	0.611	195.4	7 月 17 日
1980—1989 年	0.598	201.0	7 月 23 日
1990—1999 年	0.587	196.3	7 月 18 日
2000—2011 年	0.616	186.8	7 月 8 日
多年平均值	0.609	195.6	7 月 17 日

3. 东风水库水源地

　　由安化站 1965—2010 年降水年内分配分析可知（表 2.12），受季风气候影响，该区 46 年来汛期（5—10 月）平均降水量达 859.2mm，占全年降水量的 85.3%。其中，主汛期（6—8 月）降水量达 548.7mm，占全年降水量的 54.5%；后汛期（9—10 月）降水量为 210.8mm，占全年降水量的 20.9%。汛期、主汛期和后汛期降水量总体趋势与年降水量一致，均呈减少趋势。从各时段降水年内分配来看，1965—1969 年汛期降水量最大，达 924.5mm，占全年降水量的比例也最高，达 91.3%；20 世纪 70 年代之后，汛期降水量占全年降水量的比例稳定在 82%～86% 之间；2000 年以来，后汛期平均降水量仅 172.2mm，占全年降水量的比例也只有 18.7%，说明后汛期降水量近年较常年明显偏少。

表 2.12   安化站降水年内分配特征

时　段	汛期（5—10月）		主汛期（6—8月）		后汛期（9—10月）	
	平均降水量/ mm	比例/ %	平均降水量/ mm	比例/ %	平均降水量/ mm	比例/ %
1965—1969 年	924.5	91.3	604.6	59.7	263.5	26.0
1970—1979 年	820.8	82.8	539.7	54.5	174.0	17.6
1980—1989 年	914.1	85.4	570.4	53.3	233.4	21.8
1990—1999 年	867.4	82.6	549.6	52.34	210.7	20.1
2000—2010 年	769.4	83.4	479.0	51.9	172.2	18.7
1965—2011 年	859.2	85.3	548.7	54.5	210.8	20.9

注　缺 1974 年降水资料，采用临近站点资料插补。

为定量评价降水年内分配集中程度，对降水序列进行集中度和集中期计算，并同样按 5 个不同时期统计。由表 2.13 可知，东风水库水源地降水年内分配集中度多年平均值较高，为 0.548，降水年内分配集中度总体呈下降趋势。降水多年平均集中期出现在 7 月 11 日，各时期集中期时间与峰值出现时间基本对应；从各时期降水平均集中期时间变化来看，降水的集中期均呈现出提前的趋势。

表 2.13   安化站降水不同时期年内分配集中度与集中期

时　段	集中度	集中期方向/(°)	集中日期
1965—1969 年	0.677	196.7	7 月 18 日
1970—1979 年	0.541	187.7	7 月 9 日
1980—1989 年	0.558	194.3	7 月 16 日
1990—1999 年	0.506	188.0	7 月 10 日
2000—2011 年	0.510	184.3	7 月 6 日
多年平均值	0.548	189.6	7 月 11 日

2.3.2.3　降水周期分析

1. 松华坝水库水源地

小波分析结果表明（图 2.5），松华坝站年降水量 28 年长周期最为明显，且存在明显的 2 年组短期波动。年降水量变化在较大时间尺度上可分为 4 个阶段：1977 年之前的偏丰期、1977—1993 年的偏枯期、1994—2008 年的偏丰期、2009—2011 年的偏枯期。由小波分析和总体变化趋势来看，2009—2022年将为偏枯期，对水源地生态系统和城市供水不利。

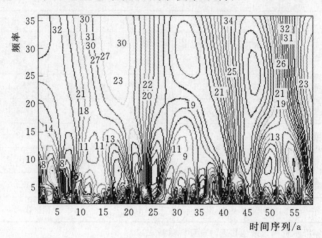

(a)小波分析

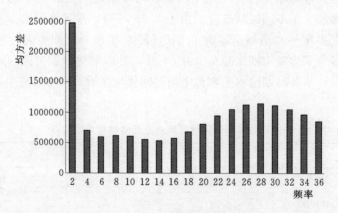

(b)频率均方差

图 2.5   松华坝站年降水量小波分析与频率均方差

2. 九龙甸水库水源地

小波分析结果表明（图 2.6），凤屯站年降水量 28 年长周期最为明显，且存在明显的 2 年组短期波动。年降水量变化在较大时间尺度上可分为 4 个阶段：1976 年之前的偏丰期、1976—1989 年的偏枯期、1990—2002 年的偏丰期、2003—2010 年的偏枯期。由小波分析和总体变化趋势来看，2003—2016年将为偏枯期，对水源地生态系统和城市供水不利。

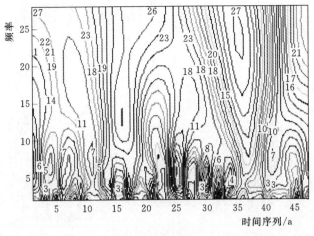

(a)小波分析

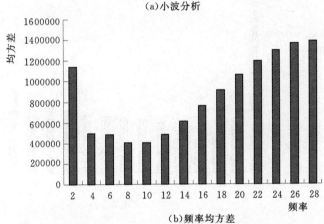

(b)频率均方差

图 2.6 凤屯站年降水量小波分析与频率均方差

3. 东风水库水源地

小波分析结果表明（图 2.7），安化站年降水量 28 年长周期最为明显，且存在明显的 2 年组短期波动。从安化站年降水过程和小波分析的频率均方差对比来看，其变化的周期性较弱，但从 2005 年以来处于一个较明显的偏枯期。因此，由小波分析和总体变化趋势来看，2005—2018 年将为偏枯期，对水源地生态系统和城市供水不利。

2.3.2.4 降水突变分析

1. 松华坝水库水源地

Mann-Kendall 检验结果表明（图 2.8），松华坝站降水总体呈下降趋势，*UF* 曲线超过信度 $a = 0.01$ 临界值线，说明下降趋势显著。*UF* 曲线与 *UB* 曲线在 2011 年相交，即降水在 2011 年开始发生突变。

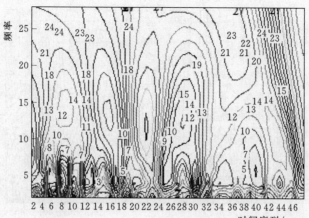

(a)小波分析

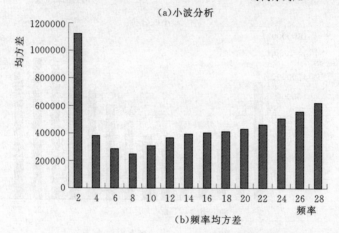

(b)频率均方差

图 2.7　安化站年降水量小波分析与频率均方差

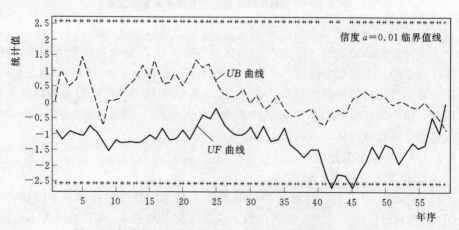

图 2.8　松华坝站年降水量 Mann-Kendall 检验 UF 和 UB 曲线

2. 九龙甸水库水源地

Mann-Kendall 检验结果表明（图 2.9），凤屯站降水总体呈下降趋势，UF 曲线超过信度 $a=0.01$ 临界值线，说明下降趋势显著。UF 曲线与 UB 曲线在 1977 年第一次相交，但于 1982 恢复分离状态，表明在 1977 年发生突变后在 1982 年降水量基本恢复到原有水平；UF 曲线与 UB 曲线在 2009 年第二次相交，即降水在 2009 年开始发生突变。

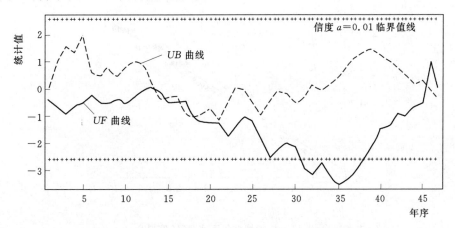

图 2.9 凤屯站年降水量 Mann-Kendall 检验 UF 和 UB 曲线

3. 东风水库水源地

Mann-Kendall 检验结果表明（图 2.10），安化站降水总体呈下降趋势，UF 曲线超过信度 $a=0.01$ 临界值线，说明下降趋势显著。UF 曲线与 UB 曲线在 2009 年相交，即降水在 2009 年开始发生突变。

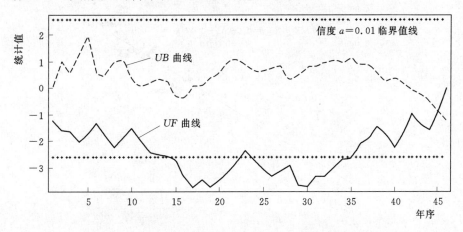

图 2.10 安化站年降水量 Mann-Kendall 检验 UF 和 UB 曲线

2.3.2.5　降水未来趋势变化

1. 松华坝水库水源地

由图 2.11 可知，松华坝站年降水量的 H 值为 0.4939，接近于 0.5，表明降水序列基本上是一个随机过程。因此，虽然松华坝水库水源地降水过去呈减少趋势，但未来变化趋势具有极高的不确定性。

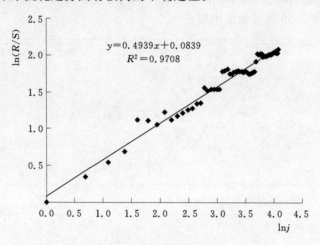

图 2.11　松华坝站年降水量 H 值拟合

2. 九龙甸水库水源地

由图 2.12 可知，九龙甸站年降水量的 H 值为 0.5600，接近于 0.5，表明降水序列基本上是一个随机过程。因此，虽然九龙甸水库水源地降水过去呈减少趋势，但未来变化趋势具有极高的不确定性。

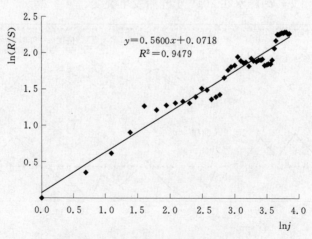

图 2.12　九龙甸站年降水量 H 值拟合

3. 东风水库水源地

由图 2.13 可知，安化站降水量的 H 值为 0.5369，接近于 0.5，表明降水序列基本上是一个随机过程。因此，虽然东风水库水源地降水过去呈减少趋势，但未来变化趋势具有极高的不确定性。

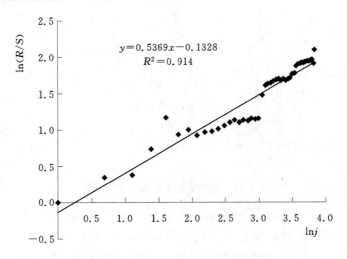

图 2.13 安化站年降水量 H 值拟合

2.3.3 水源地径流与输沙特征

2.3.3.1 径流与输沙变化趋势分析

1. 松华坝水库水源地

松华坝水库水源地中和站多年平均径流量为 2.59m^3/s，产水模数为 22.9 万 m^3/km^2，年际变差系数为 58.8%。其中 1966 年径流量最大，达 5.65m^3/s，2011 年径流量最小，仅 0.52m^3/s，年径流量最大值是最小值的 11 倍。中和站多年平均输沙率为 1.06kg/s，产沙模数为 93.8t/km^2，年际变差系数为 70.5%。其中 1979 年输沙率最大，达 4.16kg/s，2011 年输沙率最小，仅 0.01kg/s，年输沙率最大值是最小值的 416 倍。2011 年径流量与输沙率极端偏少除与当年降水偏少有关外，还与 2009—2011 年 3 年连旱土壤前期含水率降低、径流系数降低有关。2009 年以来的连续干旱导致的土壤缺水还将对后期产流及水库蓄水带来不利影响。从图 2.14 可知，年径流量与输沙率均呈波动下降趋势，且年际变化较大，这与区域气候变化导致的水文情势变化大趋势一致。

2. 九龙甸水库水源地

九龙甸水库水源地凤屯站多年平均径流量为 1.66m^3/s，产水模数为

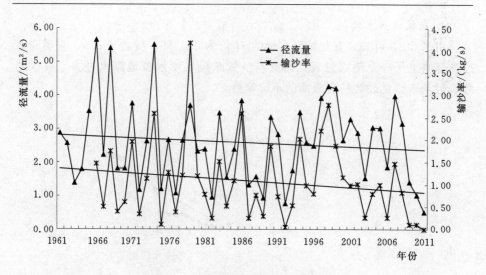

图 2.14　中和站径流与输沙变化趋势

28.15 万 m³/km²，年际变差系数为 47.3%。其中 2002 年径流量最大，达 3.23m³/s，1980 年径流量最小，仅 0.55m³/s，年径流量最大值是最小值的 5.9 倍。凤屯多年平均输沙率为 2.99kg/s，产沙模数为 509.7t/km²，年际变差系数为 80.2%。其中 1991 年输沙率最大，达 8.95kg/s，2009 年输沙率最小，仅 0.39kg/s，年输沙率最大值是最小值的 22.9 倍。2009 年径流量与输沙率极端偏小与当年降水偏少有关。从图 2.15 可知，年径流量呈波动上升趋势，输沙率均呈波动下降趋势，且年际变化较大。

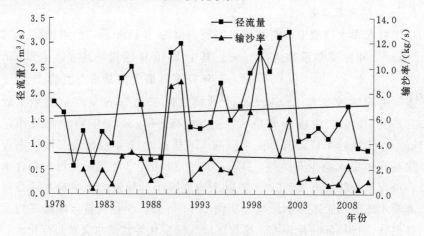

图 2.15　凤屯站径流与输沙变化趋势

3. 东风水库水源地

东风水库水源地大矣资站多年平均径流量为 0.96m³/s，产水模数为

19.28 万 m^3/km^2，年际变差系数为 50%。其中 1989 年径流量最大，达 1.64m^3/s，2000 年径流量最小，仅 0.086m^3/s，年径流量最大值是最小值的 19 倍。2010 年径流量极端偏少除与当年降水偏少有关外，还与 2009 年开始的干旱导致的土壤前期含水率降低、径流系数降低有关。2009 年的干旱导致的土壤缺水还将对后期产流及水库蓄水带来不利影响。从图 2.16 可知，年径流量呈波动下降趋势，且年际变化较大，这与区域气候变化导致的水文情势变化大趋势一致。

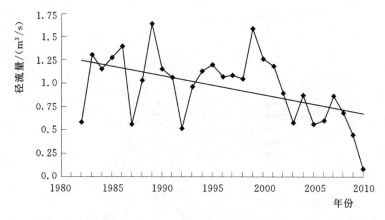

图 2.16　大叐资站径流变化趋势

2.3.3.2　水沙年内分配分析

1. 松华坝水库水源地

将中和站径流和输沙按年代划分为 5 个不同时期，计算各时期的逐月平均径流量和输沙率。由图 2.17 可知，松华坝水库水源地各时期径流和输沙均呈现出"单峰型"特征，且输沙年内分配的峰型更为"尖瘦"，表明输沙集中程度更高。径流峰值多出现在 8 月，最低值多出现于 4 月；输沙几乎全部集中于雨季（5—10 月），峰值多出现在 7 月或 8 月。径流峰值变化呈减小趋势，与年径流变化趋势一致；各时期输沙峰值差异大，无明显变化趋势。

为定量评价径流与输沙年内分配集中程度，对径流和输沙序列进行集中度和集中期计算，并按 5 个不同时期统计。由表 2.14 可知，松华坝水库水源地径流和输沙年内分配集中度多年平均值均较高，分别为 0.521 和 0.659，输沙年内分配集中度总体上高于径流；径流年内分配集中度呈明显下降趋势，而输沙年内分配集中度呈明显上升趋势。径流和输沙多年平均集中期分别出现在 8 月 14 日和 8 月 2 日；从各时期集中期时间变化来看，径流和输沙的集中期均呈现出提前趋势。

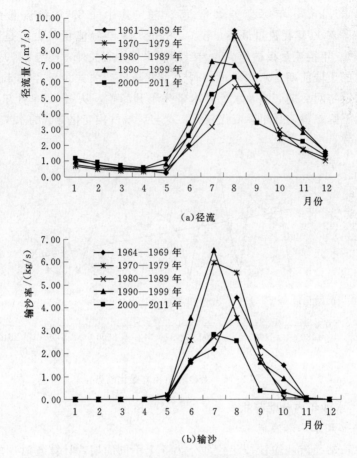

（a）径流

（b）输沙

图 2.17　中和站径流和输沙不同时期平均年内分配变化

表 2.14　　　　中和站径流和输沙不同时期年内分配集中度与集中期

时　段	径　流			输　沙		
	集中度	集中期方向/(°)	集中期	集中度	集中期方向/(°)	集中期
1961（输沙 1964） —1969 年	0.584	235.5	8 月 27 日	0.559	235.0	8 月 26 日
1970—1979 年	0.575	220.8	8 月 12 日	0.574	221.3	8 月 12 日
1980—1989 年	0.544	226.2	8 月 17 日	0.556	226.0	8 月 17 日
1990—1999 年	0.521	217.4	8 月 8 日	0.719	199.2	7 月 21 日
2000—2011 年	0.408	218.3	8 月 9 日	0.789	192.1	7 月 14 日
多年平均值	0.521	223.2	8 月 14 日	0.659	210.8	8 月 2 日

2. 九龙甸水库水源地

将凤屯站径流和输沙按年代划分为 3 个不同时期，计算各时期的逐月平均径流量和输沙率。由图 2.18 可知，九龙甸水库水源地各时期径流和输沙均呈现出"单峰型"特征，且输沙年内分配的峰型更为"尖瘦"，表明输沙集中程度更高。径流峰值多出现在 8—9 月，最低值多出现于 5 月；输沙几乎全部集中于雨季（5—10 月），峰值多出现在 7 月或 8 月。径流峰值变化呈减小趋势，与年径流变化趋势一致；各时期输沙峰值差异大，无明显变化趋势。

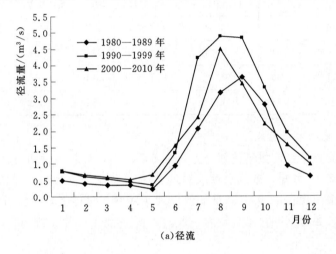

(a)径流

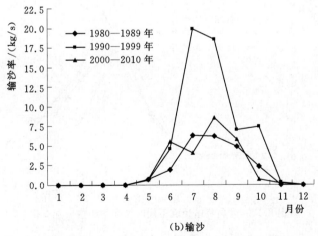

(b)输沙

图 2.18 凤屯站径流和输沙不同时期平均年内分配变化

为定量评价径流与输沙年内分配集中程度，对径流和输沙序列进行集中度和集中期计算，并按 3 个不同时期统计。由表 2.15 可知，九龙甸水库水源地径流年内分配集中度多年平均值较低，输沙年内分配集中度多年平均值较高，分别为 0.489 和 0.840，输沙年内分配集中度均高于径流；径流年内分配集中度呈明显下降趋势，而输沙年内分配集中度较为平均，总体呈现上升趋势。径流和输沙多年平均集中期分别出现在 8 月 14 日和 7 月 26 日；从各时期集中期时间变化来看，径流和输沙的集中期均呈稳定趋势。

表 2.15　　凤屯站径流和输沙不同时期年内分配集中度与集中期

时　段	径　流			悬移质输沙		
	集中度	集中期方向/(°)	集中期	集中度	集中期方向/(°)	集中期
1980—1989 年	0.523	236.7	8 月 28 日	0.809	204.7	7 月 27 日
1990—1999 年	0.545	214.3	8 月 5 日	0.862	204.9	7 月 27 日
2000—2011 年	0.433	227.9	8 月 19 日	0.846	202.2	7 月 24 日
多年平均值	0.489	223.2	8 月 14 日	0.840	203.9	7 月 26 日

3. 东风水库水源地

将大矣资站径流按年代划分为 3 个不同时期，计算各时期的逐月平均径流量。由图 2.19 可知，东风水库水源地各时期径流均呈现出"单峰型"特征。径流峰值多出现在 7—8 月，最低值出现于 4 月。总体上，径流量峰值变化呈减小趋势，各时期变化趋势较为一致。

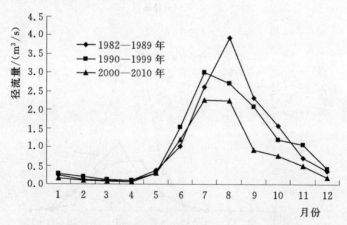

图 2.19　大矣资站径流不同时期平均年内分配变化

为定量评价径流与输沙年内分配集中程度，对径流序列进行集中度和集中期计算，并同样按 3 个不同时期统计。由表 2.16 可知，东风水源地径流年内分配集中度多年平均值较高，为 0.651；径流多年平均集中期出现在 8 月 5 日；从各时期集中期时间变化来看，径流的集中期呈提前趋势。

表 2.16　　　　　大矣资站径流不同时期年内分配集中度与集中期

时　　段	集中度	集中期方向/(°)	集中期
1982—1989 年	0.664	220.5	8 月 8 日
1990—1999 年	0.622	217.5	8 月 5 日
2000—2010 年	0.668	203.9	7 月 22 日
多年平均值	0.651	213.6	8 月 1 日

2.3.3.3　水沙周期分析

1. 松华坝水库水源地

小波分析结果表明（图 2.20 和图 2.21），中和站年径流量 26 年长周期最为明显，且存在明显的 2 年组短期波动，与降水变化周期基本一致；2009—

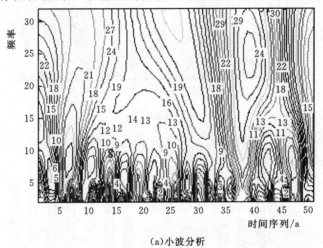

(a)小波分析

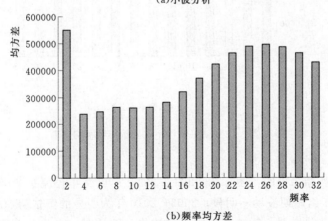

(b)频率均方差

图 2.20　中和站年径流小波分析与频率均方差

2011 年为明显的偏枯期，由小波分析和总体变化趋势来看，2009—2021 年径流将为偏枯期。年输沙量 24 年长周期最为明显，且存在明显的 2 年组短期波动，与径流变化周期基本一致；虽然 2009 年以来输沙明显减少，但由于水土流失除与降水密切相关外，还与人类活动密切相关，因此未来输沙的变化周期及趋势仍存在较大不确定性。

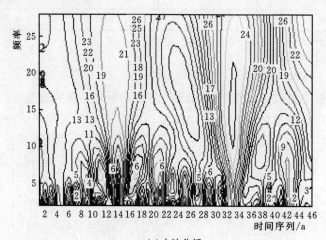

（a）小波分析

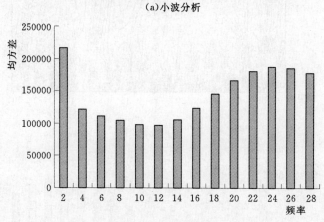

（b）频率均方差

图 2.21　中和站年输沙小波分析与频率均方差

2. 九龙甸水库水源地

小波分析结果表明（图 2.22 和图 2.23），凤屯站年径流量 20 年长周期最为明显，2 年组短期波动不明显；2003—2010 年为明显的偏枯期，从小波分析和总体变化趋势来看，2003—2012 年径流将为偏枯期，之后会出现一个 10 年左右的偏丰期。年输沙量 18 年长周期最为明显，2 年组短期波动不明显，与

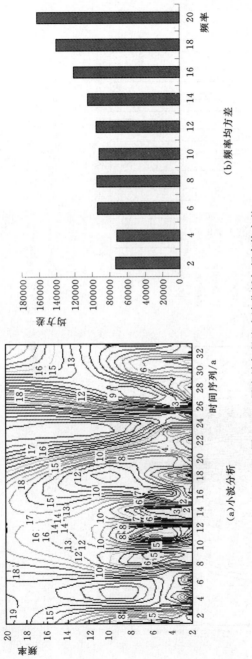

图 2.22 凤屯站年径流小波分析与频率均方差

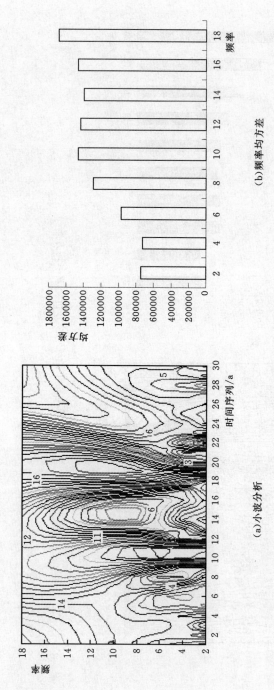

(b) 频率均方差

(a) 小波分析

图 2.23　凤屯站年输沙小波分析与频率均方差

径流变化周期基本一致。径流与输沙变化周期与降水存在较大差异，可能是由于资料序列长短差异所致，也可能是人类活动对径流与输沙的影响较大所致，未来径流与输沙的变化周期及趋势仍存在较大不确定性。

3. 东风水库水源地

小波分析结果表明（图 2.24），大矣资站年径流量 18 年长周期最为明显，2 年组短期波动不明显；2008—2010 年为明显的偏枯期，由小波分析和总体变化趋势来看，2008—2016 年径流将为偏枯期，之后会出现一个 9 年左右的偏丰期。径流变化周期与降水存在较大差异，可能是由于资料序列长短差异所致，也可能是人类活动对径流的影响较大所致，未来径流的变化周期及趋势仍存在较大不确定性。

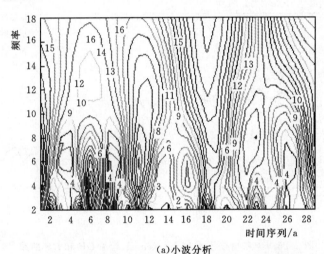

(a)小波分析

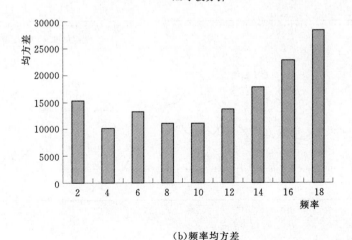

(b)频率均方差

图 2.24 大矣资站年径流小波分析与频率均方差

2.3.3.4 水沙突变分析

1. 松华坝水库水源地

Mann-Kendall 检验结果表明（图 2.25、图 2.26），松华坝站径流和输沙过程与 UB 曲线基本一致。径流 UF 曲线超过信度 $a=0.01$ 临界值线，表明下降趋势显著；UF 曲线与 UB 曲线在 1966 年第一次相交，但相交后于 1969 年恢复分离状态，发生突变的时间短暂；UF 曲线与 UB 曲线在 1994 年第二次相交，即径流在 1994 年开始发生上升性突变；UB 曲线 2009 年以来下降明显，且 UF 曲线与 UB 曲线在 2011 年再次相交，表明 2011 年达到下降性突变。输沙 UF 曲线超过信度 $a=0.01$ 临界值线，表明下降趋势显著；UF 曲线与 UB 曲线在 2010 年相交，表明输沙于 2010 年开始发生下降性突变。

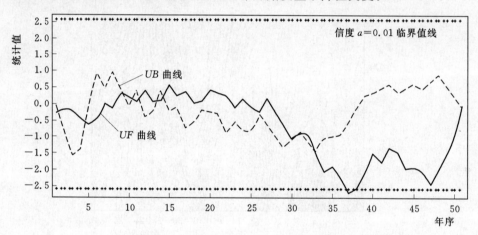

图 2.25　中和站年径流 Mann-Kendall 检验 UF 和 UB 曲线

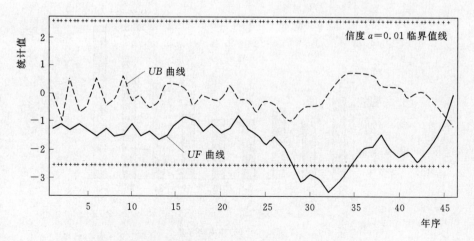

图 2.26　中和站年输沙 Mann-Kendall 检验 UF 和 UB 曲线

2. 九龙甸水库水源地

Mann-Kendall 检验结果表明（图 2.27、图 2.28），凤屯站径流和输沙过程与 UB 曲线基本一致。径流 UB 曲线超过信度 $a=0.01$ 临界值线，表明上升趋势明显；UF 曲线与 UB 曲线在 1985 年相交，表明径流于 1985 年开始发生上升性突变；UF 曲线与 UB 曲线 2009 年以来有逐渐接近的趋势，表明若径流继续保持 2009 年以来的变化趋势，则即将达到下降性突变的程度。输沙 UF 曲线超过信度 $a=0.01$ 临界值线，表明下降趋势较明显；UF 曲线与 UB 曲线在 2008 年相交，表明输沙于 2008 年开始发生下降性突变。

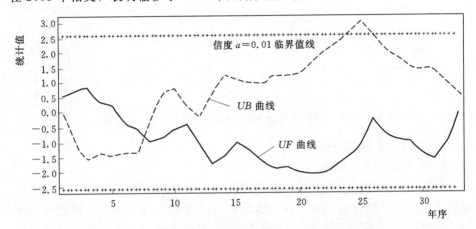

图 2.27　凤屯站年径流 Mann-Kendall 检验 UF 和 UB 曲线

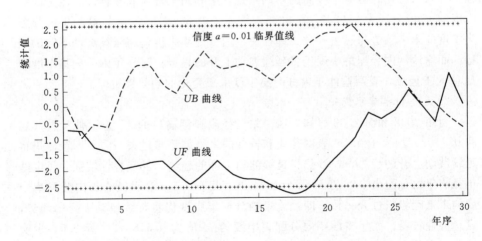

图 2.28　凤屯站年输沙 Mann-Kendall 检验 UF 和 UB 曲线

3. 东风水库水源地

Mann-Kendall 检验结果表明（图 2.29），大矣资站径流过程与 UB 曲线基本一致。径流 UF 曲线超过信度 $a=0.01$ 临界值线，表明下降趋势较明显；UF 曲线与 UB 曲线在 2008 年相交，表明输沙于 2008 年开始发生下降性突变。

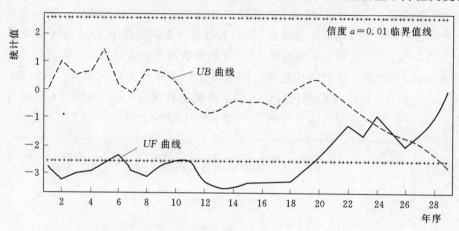

图 2.29　大矣资站年径流 Mann-Kendall 检验 UF 和 UB 曲线

2.3.3.5　水沙未来趋势变化分析

1. 松华坝水库水源地

由图 2.30 和图 2.31 可知，中和站年径流的 H 值为 0.6013，大于 0.5，表明径流的未来趋势与过去一致，即仍将延续波动下降的趋势，但趋势性不强；年输沙的 H 值为 0.5016，接近 0.5，表明输沙序列基本上是一个随机过程，即未来变化趋势具有极高的不确定性。中和站年径流和年输沙年内分配集中度的 H 值分别为 0.6583、0.8655，均大于 0.5，表明径流与输沙年内分配集中度的未来趋势与过去一致，即径流年内分配集中度仍将延续波动下降的趋势，而输沙年内分配集中度仍将延续波动上升的趋势；输沙年内分配集中度的 H 值大于径流，表明输沙年内分配集中度未来变化的趋势性更强。

2. 九龙甸水库水源地

由图 2.32 和图 2.33 可知，凤屯站年径流和年输沙的 H 值分别为 0.7615 和 0.7802，均大于 0.5，表明径流和输沙的未来趋势与过去一致，即径流仍将延续波动上升的趋势，输沙仍将延续波动下降的趋势，且趋势性较强。凤屯站年径流年内分配集中度的 H 值为 0.6819，大于 0.5，表明径流年内分配集中度的未来趋势与过去一致，即径流年内分配集中度仍将延续波动下降的趋势，且趋势性较弱。而年输沙年内分配集中度的 H 值为 0.5188，接近 0.5，表明输沙序列基本上是一个随机过程，即未来变化趋势具有极高的不确定性。

3. 东风水库水源地

由图 3.34 可知，大矣资站年径流的 H 值为 0.4897，接近 0.5，表明径流序列基本上是一个随机过程，即未来变化趋势具有极高的不确定性。大矣资站

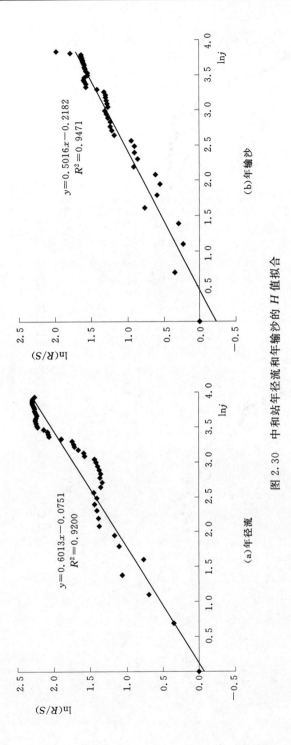

图 2.30 中和站年径流和年输沙的 H 值拟合

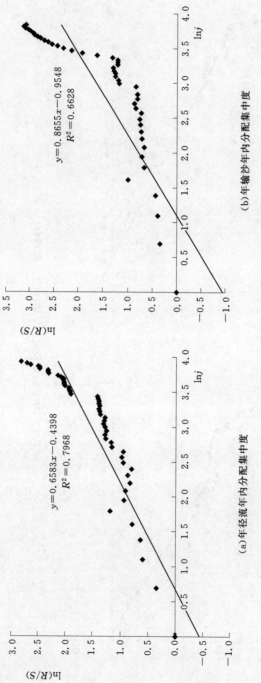

(a)年径流年内分配集中度

(b)年输沙年内分配集中度

图 2.31　中和站年径流和年输沙年内分配集中度的 H 值拟合

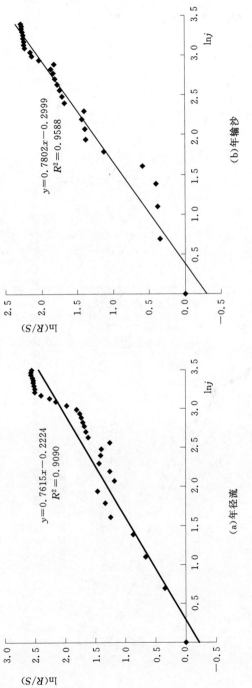

图 2.32 凤屯站年径流和年输沙的 H 值拟合

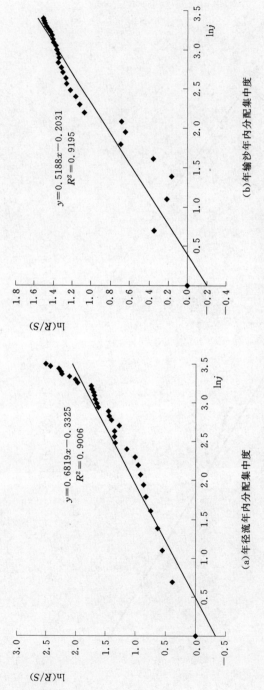

（a）年径流年内分配集中度

（b）年输沙年内分配集中度

图 2.33　凤屯站年径流和年输沙年内分配集中度的 H 值拟合

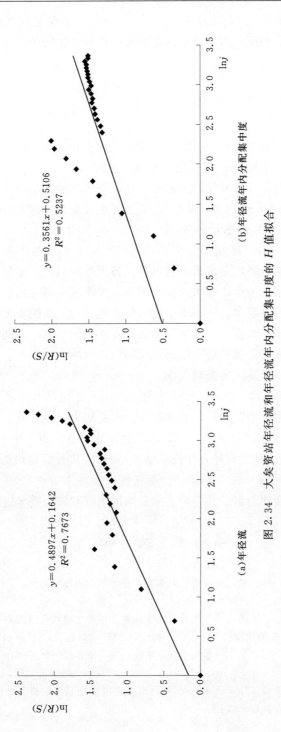

图 2.34 大奈资站年径流和年径流年内分配集中度的 H 值拟合

年径流年内分配集中度的 H 值为 0.3561，小于 0.5，表明径流年内分配集中度的未来趋势与过去相反，即径流年内分配集中度将呈微弱的下降趋势，且趋势性较弱。

2.4　小结

对水文资料条件较好的松华坝水库、九龙甸水库和东风水库 3 个水源地的水文特征分析表明：水源地多年平均年降水量在 1000mm 左右，近年来呈下降趋势，与整个云南省降水变化的大趋势一致；降水年际波动较大，年内分配也极不均匀，汛期（5—10 月）降水量占全年降水量的 85% 左右，主汛期（6—8 月）降水量占全年降水量的 50%～60%，后汛期（9—10 月）降水量占全年降水量的 20% 左右，降水量多年平均集中度在 0.6 左右，集中期多出现在 7 月；各水源地区域降水高度集中在汛期，特别是主汛期，不利于水库防洪调度；而后汛期降水量偏少，对水库蓄水不利。按照水库调度运行制度，为保护防洪安全，主汛期一般保持在防洪限制水位运行，后汛期逐步蓄水至正常蓄水位，而由于后汛期降水偏少，往往不能满足水库蓄水要求。因此，应根据区域降水年内分配特征，适当提前水库蓄水时间，以解决主汛期弃水过多而后汛期蓄水不足的矛盾，提高水资源利用率。

水源地产水模数在 19.28 万～28.15 万 m^3/km^2 之间，水源地各时期径流和输沙均呈现出"单峰型"特征，且输沙年内分配集中程度更高；径流峰值多出现在 7—9 月，最低值多出现于 4—5 月；输沙几乎全部集中于雨季（5—10 月），峰值多出现在 7 月或 8 月；径流和输沙 18～26 年长周期最为明显，2 年组短期波动各水源地存在较大差异；径流和输沙多在 2008—2010 年之间发生了突变，但未来的变化趋势及其年内变化各水源地存在较大差异。

参 考 文 献

[1] 刘昌明，刘小莽，郑红星. 气候变化对水文水资源影响问题的探讨 [J]. 科学对社会的影响，2008（2）：21-27.
[2] 刘艳丽，张建云，王国庆，等. 气候自然变异在气候变化对水资源影响评价中的贡献分析——I：基准期的模型与方法 [J]. 水科学进展，2012，23（2）：147-155.
[3] 张建云，王国庆. 气候变化对水文水资源影响研究 [M]. 北京：科学出版社，2007.
[4] IPCC. The fourth assessment report [EB/OL]. http://ipcc-ddc.cnl.uea.ac.uk, 2007.
[5] 刘瑜，赵尔旭，黄玮，等. 云南近 46 年降水与气温变化趋势的特征分析 [J]. 灾害学，2010，25（1）：39-44，63.

第3章 变化环境下高原盆地
城市水源地水文响应

　　水源地是城市的命脉，是区域社会经济发展的基础和原动力。近年来在小气候和人类活动的双重影响下水源地的产水量、水土流失及水质发生相应的变化，其水质变差和水源涵养能力下降等不利的变化直接威胁到水源地的用水安全、社会的稳定和城市经济的健康发展。本章在收集气象、水文、土地利用和土壤数据的基础上，基于分布式水文模型，以气候变化和土地利用变化为情景，定量模拟研究典型高原盆地城市水源地坡面流、实际蒸散、年径流深和土壤侵蚀模数等水文要素的时空变化，从而为高原盆地城市水源地的水资源规划编制、水资源管理、水土流失治理和水资源保护提供理论依据和技术支撑。

3.1　水文模型选择

　　长期以来水文水资源相关科研人员一直在努力实现水文研究的定量化。尤其是近几十年来，水资源日趋紧张，水体受到不同程度的污染，区域用水的不平衡和极端洪旱事件的频繁出现，更加促使人们要求水文学的定量化研究，以保证水资源的合理调度和应用，这就需要高精度水文模型的建立。

　　水文模型是对复杂水文系统的一种简化体现，是用一种特定的表达方式来概化一定的水文系统，并在一定的目标下代替实际的水文系统。通俗地说，水文模型就是用数学语言或物理模型对现实水文系统进行刻画或比拟，并在一定的条件下对水文要素的变化进行模拟和预报。建立水文模型的主要目的就是能够对一个水文系统的未来变化进行预报，或者当外部气候和下垫面等条件改变时对其水文要素进行定量预估。

　　水文模型的发展最早可以追溯到 1850 年 Mulvany 所建立的推理公式。1932 年 Sherman 的单位线概念、1933 年 Horton 的入渗方程、1948 年 Penman 的蒸发公式等，则标志着水文模型由萌芽时代开始向发展阶段过渡。20世纪 60 年代以后，水文学家结合室内外实验等手段，在不断探索水文循环的成因变化规律基础上，通过一些假设和概化确定了模型的基本结构、参数化算法，开始了水文模型的快速发展阶段。在此期间，研究和开发了很多简便实用的概念性水文模型，如美国的斯坦福流域水文模型、萨克拉门托模型、SCS

模型，澳大利亚的包顿模型，欧洲的 HBV 模型，日本的水箱模型以及中国的新安江模型等。进入 20 世纪 90 年代以来，随着地理信息系统、全球定位系统及卫星遥感（RS）技术在水文学中的应用，考虑水文变量空间变异性的分布式水文模型日益受到重视。直到 20 世纪 80 年代后期，随着计算机技术的快速发展，分布式水文模型才得到了快速发展。目前，较为常见的分布式水文模型有英国的 IHDM 模型，欧洲的 SHE 模型、TOPMODEL（1995）模型，美国的 SWAT 模型、SWMM 模型、VIC 模型等。

　　总体来看，水文模型的发展经历了萌芽阶段、概念性水文模型阶段，到目前的分布式水文模型阶段，也就是从黑箱模型、概念性模型发展到分布式水文模型。概念性模型用概化的方法表达流域的水文过程，虽说有一定的物理基础，但都是经验性概述，模拟结果有时不够理想，但模型结构简单、实用性较强。分布式水文模型可根据流域地形、土壤、植被和降水等的空间差异，将流域离散化为不同的网格单元，每个网格单元可分别描述其下垫面条件和降雨情况，加上模型参数具有明确的物理意义，通过连续方程和动力学方程求解，可以更准确地描述水文过程，因而具有很强的适应性。此外，分布式水文模型的参数可利用卫星遥感资料通过空间分析技术确定，便于在无实测水文资料地区推广应用，尤其在模拟土地利用/土地覆被、水土流失变化的水文响应及非点源污染、陆面过程、气候变化影响评价等方面得到了广泛的应用。

　　分布式模型中的 SWAT 模型是美国农业部农业研究所历时 30 多年开发的分布式流域水文模型，已经被有效地应用于全世界各地的流域水资源评估和非点源污染物运动模拟中。该模型得到广泛使用的一个重要原因是它的源代码是公开的，研究人员可以根据研究需要对模型源代码改进从而研究感兴趣区域的水沙过程。SWAT 模型的每一次版本升级都会公布新的源代码，世界各地的用户也可以通过网上论坛讨论和解答模型在使用中出现的问题。当前 SWAT 模型依托 GIS 平台，开发了一系列 ArcSWAT 版本的模型，将其作为一个模块可安装到 GIS 平台上，方便用户在 GIS 平台上准备驱动模型所需的空间数据。成熟的模拟方法、良好的模拟效果和人机互动界面使得 ArcSWAT 模型在我国使用非常广泛。本章用 ArcSWAT 2005 模拟研究地处云南省东部、中部、南部和西部的 8 个云南高原盆地的水文和土壤侵蚀过程。

3.2　SWAT 模型构建

　　SWAT 模型运行前，需要准备集水区的数字高程图、土地利用和植被类型数据、气象数据、土壤数据等相关数据，按照模型要求的数据格式进行整理入库。

3.2.1 数据库构建

3.2.1.1 空间数据

DEM 是通过对 SRTM DEM 90m 分辨率高程数据进行加工而成的。为减小由于投影带来的面积误差，DEM 被转换为 Albers 投影等面积圆锥投影，并进行"填洼"处理以消除地形中低凹洼地对后续水文分析过程的影响。利用 SWAT 模型自带的"流域划分器"模块根据 DEM 生成各水源区河网，并划分出子流域。

土地利用数据库构建时所用的 1986 年、2000 年土地利用数据由中国科学院环境数据中心提供，2009 年土地利用数据，通过目视解译结合监督分类对水源区的 LANDSAT 遥感影像进行解译，参考《土地利用现状分类》（GB/T 21010—2007）和流域实际情况将研究流域土地利用类型划分为 7 类，将解译好的流域土地利用类型矢量图转换为 30m×30m 大小的栅格图，结合 SWAT 模型中植被类型分类规则，赋予每种土地利用类型相应的代码（表 3.1）。

表 3.1 高原盆地城市水源地土地利用类型分类表

名　称	SWAT 中类别	SWAT 中代码
林地	Forest-Mixed	FRSE
草地	Range-Grasses	PAST
耕地	Agricultural Land Generic	AGRL
居民点	Residential-Med/Low Density	URML

研究区北庙水库、九龙甸水库、松华坝水库、渔洞水库、东风水库、潇湘水库、菲白水库、云龙水库的土壤空间数据从中国土壤数据库获取，原数据为 shp 格式，建立土壤空间数据库时将其转化为 grid 格式，同时将其空间投影方式转换为 Albers 投影。

3.2.1.2 属性数据

1. 降水数据库

研究区的日降水资料来源于云南省水文水资源局和云南省气象局，所选用的降水台站及资料序列年限见表 3.2。

2. 气温、风速、相对湿度、辐射和露点温度数据库

研究区内没有气温、风速、相对湿度、辐射和露点温度的观测，因此用上述 8 个水源地周边附近的保山、楚雄、昆明、昭通、玉溪、蒙自气象站的日最高气温、日最低气温、日风速和日相对湿度观测资料来代替。用气象站的日照时数观测资料来推算其相应水源地的辐射，用气象站的日气温和日相对湿度观测资料计算露点温度。

表 3.2　　　　8 个高原盆地城市水源地降水台站及资料序列年限统计表

水源地	降水观测站	资料序列年限	水源地	降水观测站	资料序列年限
北庙水库	保山	1951—2009 年	菲白水库	菲白	1980—2010 年
	北庙	1953—2010 年		鸣鹫	1964—2010 年
	大西河	1978—2010 年		桥头	1965—2010 年
	李家寺	2004—2010 年		蒙自	1951—2009 年
东风水库	安化	1964—2010 年	九龙甸水库	楚雄	1953—2009 年
	大矣资	1979—2010 年		凤屯	1977—2009 年
	九溪	1964—2010 年		韭菜地	1964—2009 年
	马家庄	2002—2010 年		新房	1978—2009 年
	玉溪	1951—2009 年		稗子田	1982—2009 年
潇湘水库	大海哨	1982—2009 年	云龙水库	翠华	1979—2009 年
	松溪坡	1978—2009 年		古普	1979—2009 年
	响水街	1978—2009 年		双化	1978—2009 年
	潇湘	1951—2009 年		中屏	1979—2009 年
渔洞水库	布初	1964—2009 年	松华坝水库	昆明	1951—2009 年
	龙树	1976—2009 年		中和	1997—2009 年
	龙头山	1984—2009 年		大石坝	1985—1992 年
	箐口塘	1958—2009 年		白邑	1993—2009 年
	铁厂	1977—2009 年			
	拖麻	1965—2009 年			
	新泉	1967—2009 年			
	渔洞	1958—2009 年			
	昭通	1951—2009 年			
	转山包	1976—2009 年			

3. 基于 WXGEN 的统计数据库

在北庙水库、九龙甸水库、云龙水库、松华坝水库、昭通水库、潇湘水库、东风水库和菲白水库水源地周边附近选用了 7 个具有观测序列较长的气象站，用日气象观测资料准备各水源地的 UserWGN 文件，以便用天气模拟器插补观测缺失资料。选用的气象站名、观测要素及资料序列年限见表 3.3。

4. 土地利用属性数据

SWAT 模型中对土地利用和植被覆盖情况的统计参数存储在名为 crop. dbf 文件中，具体参数定义见表 3.4。

表 3.3　　　　　　　　　8 个水源地周边气象台站资料表

气象站代码	站名	观 测 要 素	资料序列年限
56586	昭通	日降水、日最高气温、日最低气温、日风速、日相对湿度、日照时数	1951—2009 年
56985	蒙自	日降水、日最高气温、日最低气温、日风速、日相对湿度、日照时数	1951—2009 年
56875	玉溪	日降水、日最高气温、日最低气温、日风速、日相对湿度、日照时数	1951—2009 年
56964	思茅	日降水、日最高气温、日最低气温、日风速、日相对湿度、日照时数	1952—2009 年
56748	保山	日降水、日最高气温、日最低气温、日风速、日相对湿度、日照时数	1951—2009 年
56768	楚雄	日降水、日最高气温、日最低气温、日风速、日相对湿度、日照时数	1953—2009 年
56778	昆明	日降水、日最高气温、日最低气温、日风速、日相对湿度、日照时数	1951—2009 年

表 3.4　　　　　　　　　　土地利用数据库参数表

变量	模 型 定 义
LAIMX1	在最佳叶面积曲线上与第一点相对应的最大叶面积指数
LAIMX2	在最佳叶面积曲线上与第二点相对应的最大叶面积指数
DLAI	植被开始停止生长的季节的比例
CHTMX	最大树冠高度
RDMX	最大根深
T-OPT	植被生长的最佳温度
WSYE	收获指标的较低限度，一般介于 0 与 HVSTI
USLE _ C	USLE 方程中土地利用和植被覆盖因子 C 的最小值
FRGMAX	在气孔导率曲线上对应于第二点的水汽压差
GS1	在高太阳辐射和低水汽压差下最大气孔导率
WAVP	在增加水汽压差时平均辐射使用效率的降低率
CO2HI	对应于辐射使用效率曲线的第二点，提高的大气二氧化碳浓度
BIOEHI	对应于辐射使用效率曲线的第二点，对应单位体积内生物量的比率
RSDCOPL	植物残渣分解系数

5. 土壤属性数据

SWAT 模型中用户土壤数据库主要包括两类土壤属性参数。可以通过编辑模型中 usersoil. dbf 文件对每一层的土壤属性进行编辑。研究区 8 个水源地的土壤空间数据来自于中国科学院南京土壤研究所提供的 1 : 100 万土壤数据库，该数据库中土壤粒径数据资料采用国际制（史学正等，2007），通过土壤剖面调查和室内土样分析，确定相应水源地的土壤属性参数。各土壤类型主要特征参数见表 3.5。

表 3.5　水源地土壤类型主要特征参数

土壤代码	土壤名称	土层	厚度/mm	有机质含量/%	粒径 <0.002mm	粒径 0.05~0.002mm	粒径 2~0.05mm	土壤容重/(g/cm³)	有效水量/(cm/cm)	饱和导水率/(mm/h)	土壤有机碳含量/%	最小下渗率/(mm/h)	土壤分组	土壤反照率	土壤侵蚀因子K
23115171	紫色土	A11	180	2.80	35.10	49.35	15.50	1.31	0.16	5.83	1.62				
		C1	240	1.70	44.00	44.63	11.33	1.30	0.14	2.80	0.99	0.95	D	0.08	0.30
		C2	270	1.00	51.50	35.87	12.60	1.28	0.13	1.42	0.58				
23115174	石灰性紫色土	A	200	0.50	32.90	41.18	25.56	1.47	0.14	2.67	0.29				
		C1	210	0.30	32.70	47.11	20.19	1.46	0.15	2.36	0.17	2.26	C	0.13	0.34
		C2	160	0.20	27.50	48.67	23.83	1.52	0.15	3.19	0.12				
23121121	红壤	A11	170	4.38	40.90	40.15	18.95	1.25	0.14	5.89	2.54				
		AB	410	2.50	57.20	31.80	11.01	1.23	0.11	1.90	1.45	1.34	C	0.11	0.26
		B	420	0.68	66.70	29.36	3.93	1.20	0.12	1.98	0.39				
23121131	黄壤	A11	200	2.23	38.60	38.52	22.68	1.36	0.14	3.22	1.29				
		B	140	0.84	31.70	40.47	27.82	1.47	0.14	3.26	0.49	1.83	C	0.02	0.28
		BC	460	0.50	27.60	41.97	30.37	1.51	0.14	4.01	0.29				
		C	200	0.20	19.30	50.18	30.52	1.58	0.15	6.96	0.12				
23110151	暗棕壤	A	240	16.67	23.90	39.67	36.42	1.06	0.17	34.58	4.64				
		B	210	5.29	27.30	41.37	31.38	1.23	0.16	17.01	3.07	4.22	B	0.05	0.24
		C	190	4.00	23.70	39.33	36.97	1.33	0.15	15.62	2.32				

续表

土壤代码	土壤名称	土层	厚度/mm	有机质含量/%	粒径 <0.002mm	粒径 0.05~0.002mm	粒径 2~0.05mm	土壤容重/(g/cm³)	有效水量/(cm/cm)	饱和导水率/(mm/h)	土壤有机碳含量/%	最小下渗率/(mm/h)	土壤分组	土壤反照率	土壤侵蚀因子K
23115151	石灰岩土	A	190	5.88	44.00	33.86	22.18	1.23	0.13	5.69	3.41	1.76	C	0.05	0.24
		C1	220	1.47	52.20	29.02	18.65	1.30	0.12	1.12	0.85				
		C2	490	0.85	59.30	25.85	14.81	1.24	0.12	0.83	0.49				
23115152	红色石灰土	A	160	4.09	46.60	40.24	12.95	1.23	0.13	4.61	2.37	0.70	D	0.02	0.27
		C1	440	2.15	66.40	28.16	5.29	1.24	0.14	3.75	1.25				
		C2	200	1.46	65.30	27.59	6.95	1.27	0.14	2.70	0.85				
23121111	赤红壤	A11	160	8.59	37.30	40.10	22.60	1.11	0.15	15.91	4.98	1.54	C	0.01	0.26
		B1	230	4.48	47.80	35.49	16.74	1.25	0.13	3.81	2.60				
		B2	970	1.92	51.00	31.63	17.32	1.25	0.12	2.95	1.11				
23119102	潴育水稻土	Aa	210	3.00	52.80	35.37	11.85	1.24	0.12	2.52	1.74	0.60	D	0.05	0.27
		Ap	80	3.10	54.80	35.95	9.24	1.22	0.11	2.84	1.80				
		W	420	1.30	50.30	45.41	6.97	1.26	0.13	2.31	0.75				
		C	290	0.90	53.90	37.38	8.73	1.24	0.13	1.63	0.52				
23110122	暗黄棕壤	A11	160	5.57	36.60	44.23	19.16	1.11	0.21	33.25	3.23	1.37	C	0.01	0.27
		AB	290	4.49	35.00	39.44	25.58	1.27	0.15	7.94	2.60				
		B	450	2.91	39.50	33.24	27.29	1.35	0.14	3.26	1.69				

3.2.2　水文响应单元划分及模拟方法选择

以土地利用类型面积、土壤类型面积和坡度面积比例的阈值为依据（阈值分别为 10%、20% 和 10%），采用多个水文响应单元划分方法对北庙水库、九龙甸水库、云龙水库、松华坝水库、渔洞水库、潇湘水库、东风水库、菲白水库水源地的子流域进行水文响应单元划分，各水源地的子流域数和水文响应单元（HRU）统计数见表 3.6。

表 3.6　　　　　　　　　项目研究区子流域和 HRU 统计表

水　源　地	子流域个数	HRU 数量
北庙水库	51	310
九龙甸水库	65	665
云龙水库	88	767
松华坝水库	29	200
渔洞水库	87	998
潇湘水库	55	260
东风水库	35	307
菲白水库	15	115

确定各水源地 HRU 后，将建立的气象属性数据库写入模型。另外，SWAT 模型对同一个水文过程有不同的模拟方法。因此，在模型运行前还要选用各个水文过程的模拟方法。本书研究中降水分布模拟采用日降水量进行偏正态分布（skewed normal）模拟，以"径流曲线数方法"进行产汇流计算，选用 Penman-Monteirh 公式计算潜在蒸散发，选择变动存储系数法进行河道汇流演算。

3.2.3　参数敏感性分析

由于 SWAT 模型参数众多（表 3.7），寻找灵敏性高的模型参数，对其加以率定，从而可以提高模型的运行效率。Morris（1991）结合 LH 抽样法和 OAT 灵敏度分析法提出 LH-OAT 灵敏度分析方法，该方法在采用 LH 抽样法时对每一抽样点进行 OAT 灵敏度分析，以确保所有参数在其取值范围内均被采样，并确定哪一个参数改变了模型的输出结果，剔除不需要调整的参数数目，从而提高计算效率。

ArcSWAT2005 耦合了 LH－OAT 灵敏度分析方法，通过其分别对北庙水库、九龙甸水库、云龙水库、潇湘水库、菲白水库水源地的 19 个模型参数在月尺度上进行灵敏度分析，其结果见表 3.8。

表 3.7　　　　　　　　　　　SWAT 模型参数表

变 量	定 义	变 量	定 义
ALPHA_BF	基流 α 系数	SLOPE	平均坡度
BIOMIX	生物混合效率系数	SLSUBBSN	平均坡长
BLAI	最大叶面积指数	SMFMN	最小融雪率
CANMX	最大林冠指数	SMFMX	最大融雪率
CH_COV	河道覆盖系数	SMTMP	融雪最低气温
CH_EROD	河道侵蚀系数	SOL_ALB	潮湿土壤反射率
CH_K2	河道有效水力传导系数	SOL_AWC	土壤可利用水量
CH_N	河道曼宁系数	SOL_K	土壤饱和水力传导系数
CN2	湿润情况下 SCS 径流曲线系数	SOL_LABP	土壤表层融解磷含量
EPCO	植物蒸腾补偿系数	SOL_NO3	土壤硝酸盐含量
ESCO	土壤蒸发补偿系数	SOL_ORGN	土壤表层初始有机氮含量
GW_DELAY	地下水滞后时间	SOL_ORGP	土壤表层初始有机磷含量
GW_REVAP	地下水再蒸发系数	SOL_Z	土壤层深
GWNO3	地下水硝酸盐含量	SPCON	泥沙输移线性参数
GWQMN	浅层含水层产生基流的阈值	SPEXP	泥沙输移指数参数
NPERCO	氮渗漏系数	SURLAG	地表径流滞后系数
PHOSKD	土壤磷分离系数	TIMP	结冰气温滞后系数
PPERCO	磷渗漏系数	TLAPS	气温垂直变化率
RCHR_DP	深蓄水层渗透比	USLE_C	USLE 中植物覆盖度因子
REVAPMN	浅层地下水再蒸发的阈值	USLE_P	USLE 中水土保持措施因子
SFTMP	降雪气温		

表 3.8　　　　　项目研究区部分水源地 SWAT 模型参数敏感性表

参数	北庙水库 排序	北庙水库 灵敏度值	九龙甸水库 排序	九龙甸水库 灵敏度值	云龙水库 排序	云龙水库 灵敏度值	潇湘水库 排序	潇湘水库 灵敏度值	菲白水库 排序	菲白水库 灵敏度值
CN2	1	0.71	1	1.21	2	0.59	1	1.85	2	0.59
ESCO	2	0.55	2	0.42	1	0.70	2	0.85	3	0.56
CANMX	3	0.47	7	0.12	7	0.09	8	0.14	7	0.07
GWQMN	4	0.37	3	0.25	3	0.58	6	0.19	1	0.65
SLOPE	5	0.18	5	0.16	6	0.16	5	0.20	10	0.01

参数	北庙水库		九龙甸水库		云龙水库		潇湘水库		菲白水库	
	排序	灵敏度值	排序	灵敏度值	排序	灵敏度值	排序	灵敏度值	排序	灵敏度值
SOL _ K	6	0.17	4	0.17	4	0.16	4	0.20	8	0.02
BLAI	7	0.15	6	0.15	9	0.08	7	0.15	6	0.08
SOL _ AWC	8	0.11	8	0.09	5	0.16	3	0.30	4	0.21
GW _ REVAP	9	0.10	9	0.03	8	0.09	9	0.10	5	0.13
CH _ K2	10	0.07	10	0.02	12	0.01	11	0.03	9	0.02
ALPHA _ BF	11	0.02	11	0.01	13	0.01	10	0.04	12	0.01
EPCO	12	0.02	12	0.01	11	0.01	12	0.01	11	0.01
BIOMIX	13	0.01	14	0.00	17	0.00	16	0.00	17	0.00
GW _ DELAY	14	0.01	16	0.00	16	0.00	17	0.00	14	0.01
SURLAG	15	0.01	19	0.00	16	0.00	13	0.01	15	0.01
REVAPMN	16	0.00	13	0.01	10	0.02	15	0.00	13	0.01
SLSUBBSN	17	0.00	18	0.00	18	0.00	18	0.00	18	0.00
CH _ N	19	0.00	15	0.00	15	0.00	14	0.00	16	0.00

从表 3.8 总体可以看出，同一模型参数在不同水源地，其敏感性排序不尽相同，但在各水源地中敏感性排在前 10 位的模型参数却相同。5 个水源地中，从月时间尺度来看，影响水量平衡的模型参数中，SCS 径流曲线系数（CN2）和土壤蒸发补偿系数（ESCO）最敏感，灵敏度值介于 0.42 与 1.85。而混合效率系数（BIOMIX）、地下水滞后时间（GW _ DELAY）、地表径流滞后系数（SUR-LAG）、平均坡长（SLSUBBSN）和河道曼宁系数（CH _ N）总体来说不敏感，参数敏感性的排序和水源地本身的地形、地貌及植被类型密切相关。

3.3　模型率定与校正

在 8 个高原盆地城市水源地中，仅有九龙甸水库、松华坝水库、东风水库有入库流量观测，北庙水库、潇湘水库、渔洞水库、菲白水库有出库流量观测，云龙水库没有出、入库流量观测。因此，对北庙水库、潇湘水库、渔洞水库和菲白水库要进行入库流量还原计算，结合研究实际考虑还原的工作量和还原精度，将以上水源地进行月尺度流量还原。各水源地水文文站、资料还原情况和资料序列年限见表 3.9。

表 3.9　8 个高原盆地城市水源地水文站、资料还原情况和资料序列年限

水源地	水文站名	资料序列年限	率定期	验证期	备注
北庙水库	北庙水库	2006—2010 年	2006—2007 年	2008—2010 年	月水量还原
九龙甸水库	凤屯	1978—2010 年	1978—1993 年	1994—2010 年	
云龙水库					无出、入库流量观测
松华坝水库	中和	1993—2010 年	1995—2001 年	2002—2010 年	
渔洞水库	渔洞	1958—2010 年	1958—1969 年	1970—1980 年	1980 年以后径流受人类活动影响较大
潇湘水库	潇湘水库	2000—2010 年	2000—2004 年	2005—2010 年	月水量还原
东风水库	大矣资	1980—2010 年	1982—1995 年	1996—2010 年	
菲白水库	菲白水库	2000—2010 年	2000—2004 年	2005—2010 年	月水量还原

3.3.1　率定与验证判别方法

模型率定和验证效果用相对误差（R_e）、Nash-Suttcliffe 系数（Ens）、相关系数（R^2）来判断，月尺度上的模拟精度需同时满足以下 3 个条件：月径流的模拟值与实测值相对误差 $-20\% < R_e < 20\%$、Nash-Suttcliffe 效率系数 $Ens > 0.5$、相关系数 $R^2 > 0.6$（肖军仓等，2010）。

3.3.2　率定与验证结果

将水源地的月径流资料分成两段，一段用于模型率定，另一段用于模型验证，率定期与验证期实测和模拟径流值如图 3.1 所示。

从图 3.1 可以看出，北庙水库水源地在率定期，模拟值相对实测值偏小 12.1%，模型效率系数为 0.56；在验证期，模拟值相对实测值偏小 10.8%，模型效率系数为 0.63。九龙甸水库水源地在率定期，模拟值大于实测值，模拟值相对实测值偏大 4.2%，模型效率系数为 0.87，R^2 为 0.91；在验证期，模拟值大于实测值，相对误差为 6.3%，模型效率系数为 0.83，R^2 为 0.87，汛期的模拟效果好于枯水期。松华坝水库水源地在率定期，模拟值相对实测值偏小 4.8%，模型效率系数为 0.77，R^2 为 0.83；在验证期，模拟相对实测值偏大 9.2%，模型效率系数为 0.79，R^2 为 0.80。渔洞水库水源地在率定期，模拟值相对实测值偏小 11.4%，模型效率系数为 0.65，R^2 为 0.65；在验证期，模拟值相对实测值偏大 14.3%，模型效率系数为 0.63，R^2 为 0.73。潇湘水库水源地在率定期，总体来看模拟值相对实测值偏小 4.38%，模型效率系数为 0.91，R^2 为 0.93；在验证期，总体来看模拟值相对实测值偏小 7.25%，

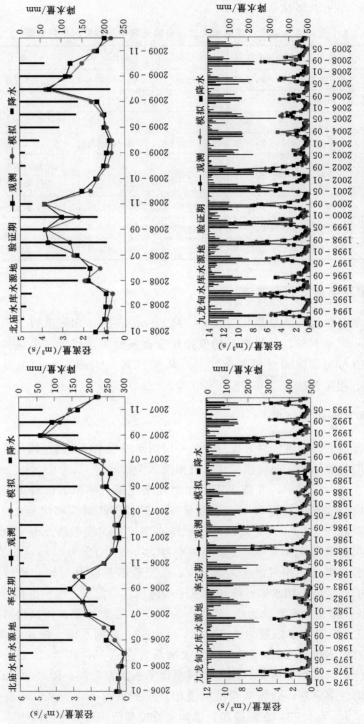

图 3.1 （一）水源地率定期与验证期实测和模拟月径流比较

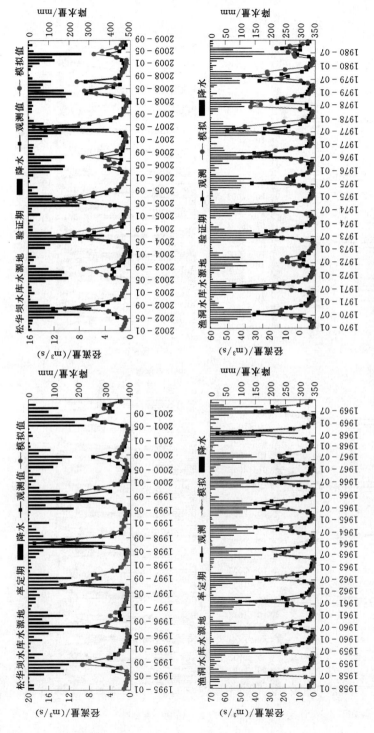

图 3.1（二）水源地率定期与验证期实测和模拟月径流比较

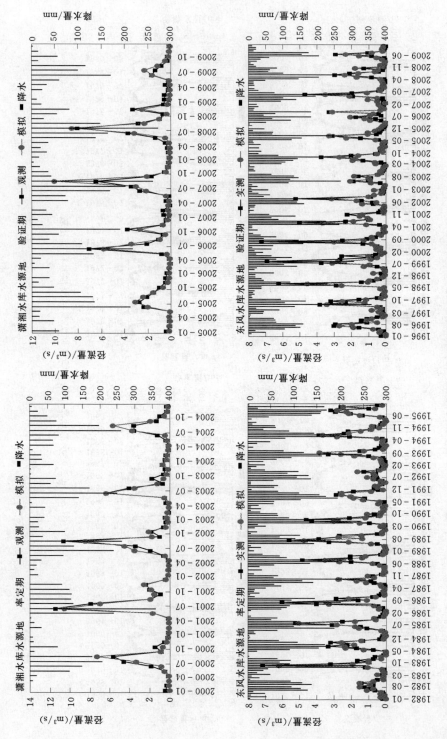

图 3.1 (三) 水源地率定期与验证期实测和模拟月径流比较

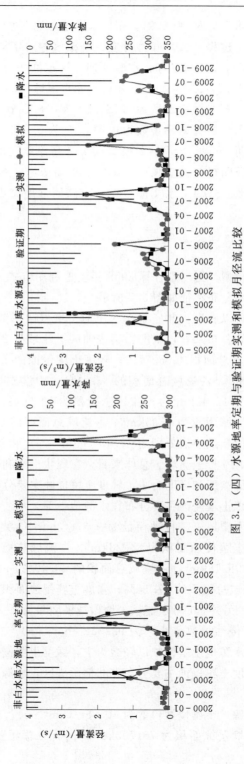

图 3.1 (四) 水源地率定期与验证期实测和模拟月径流比较

模型效率系数为 0.76，R^2 为 0.91。东风水库水源地在率定期模拟的径流变化和实测的径流变化过程一致，峰谷对应，模拟值相对实测值偏小 11.2%，模型效率系数为 0.72，R^2 为 0.76；在验证期，模拟值相对实测值偏小 8.79%，模型效率系数为 0.76，R^2 为 0.82。菲白水库水源地在率定期，模拟值相对实测值偏大 9.52%，模型效率系数为 0.76，R^2 为 0.80。在验证期，模拟值相对实测值偏大 8.16%，模型效率系数为 0.81，R^2 为 0.84，模型验证期的模拟效果好于模型率定期。可见，SWAT 模型在 7 个高原盆地城市水源地模拟应用中，率定期和验证期相对误差 $R_e < |20\%|$、模型效率系数 $Ens > 0.5$、相关系数 $R^2 > 0.6$，由此，SWAT 水文模型在云南高原盆地城市水源地具有很好的适用性。

3.3.3　土壤侵蚀空间分布

用率定好的模型分别模拟计算 2009 年土地利用方式下 8 个水源地的土壤侵蚀模数，其空间分布特征如图 3.2 所示。

从图 3.2 中可以看出：北庙水库水源地土壤侵蚀模数为 6.4t/(hm²·a)。就土壤侵蚀的空间分布来看，微度土壤侵蚀的子流域有 23 个，子流域面积为 64.46km²，占流域总面积的 55.28%；轻度土壤侵蚀的子流域有 23 个，子流域面积为 39.37km²，占流域总面积的 33.76%；中度土壤侵蚀的子流域有 4 个，子流域面积为 12.43km²，占流域总面积的 10.66%；强度土壤侵蚀的子流域有 1 个，子流域面积为 0.35km²，占流域总面积的 0.30%。子流域中土壤侵蚀模数最大值和最小值分别为 57.45t/(hm²·a) 和 0.04t/(hm²·a)，分别出现在 42 号和 15 号子流域。总体来看，在现状土地利用方式下，北庙水库水源地土壤侵蚀以微度和轻度为主，轻度土壤侵蚀主要分布在水源地植被覆盖较好的外围，中度土壤侵蚀主要分布在水源地中部。

九龙甸水库水源地土壤侵蚀模数为 9.87t/(hm²·a)。就土壤侵蚀的空间分布来看，微度土壤侵蚀面积为 84.28km²，占流域总面积的 37.26%；轻度土壤侵蚀面积为 98.18km²，占流域总面积的 43.40%；中度土壤侵蚀面积为 38.76km²，占流域总面积的 17.14%；强度土壤侵蚀面积为 4.97km²，占流域总面积的 2.2%。另外，1 号子流域土壤侵蚀模数最大，为 59.59t/(hm²·a)；32 号子流域土壤侵蚀模数最小，为 0.235t/(hm²·a)。在现状土地利用方式下，九龙甸水库水源地土壤侵蚀以轻微为主，微度土壤侵蚀主要分布在水源地东部和西部，中度土壤侵蚀主要分布在北部源头区，水源地南部主要为轻度土壤侵蚀。

云龙水库水源地土壤侵蚀模数为 40.98t/(hm²·a)。就土壤侵蚀的空间分布来看，微度土壤侵蚀面积为 70.762km²，占流域总面积的 9.45%；轻度土壤侵蚀面积为 236.488km²，占流域总面积的 31.58%；中度土壤侵蚀面积为 264.117km²，占流域总面积的 35.28%；强度土壤侵蚀面积为 138.753km²，占流域总面积的 18.53%；极强土壤侵蚀面积为 38.597km²，占流域总面积的 5.16%。在现状土地利用方式下，云龙水库水源地的土壤侵蚀以中度为主，中度以上的土壤侵蚀主要分布在水源地北部、东部和中南部，局部有强度土壤侵蚀，微度和轻度土壤侵蚀主要分布在水源地南部和西部。

松华坝水库水源地中和站以上径流区土壤侵蚀模数为 20.41t/(hm²·a)。就土壤侵蚀的空间分布来看，微度土壤侵蚀的子流域有 4 个，子流域面积为 42.15km²，占流域总面积的 12.17%；轻度土壤侵蚀的子流域有 15 个，子流域面积为 140.22km²，占流域总面积的 40.49%；中度土壤侵蚀的子流域有 10 个，子流域面积为 163.96km²，占流域总面积的 47.34%。在现状土地利用方式下，松华坝水库水源地中和站以上径流区的土壤侵蚀以中度和轻度为主，中度土壤侵蚀主要分布在水源地东部和南部局部，轻度土壤侵蚀主要分布在水源地西部和南部大部分区域。

渔洞水库水源地土壤侵蚀模数为 9.31t/(hm²·a)。就土壤侵蚀的空间分布来看，微度土壤侵蚀面积为 252.680km²，占流域总面积的 36.70%；轻度土壤侵蚀面积为 402.983km²，占流域总面积的 58.53%；中度土壤侵蚀面积为 32.805km²，占流域总面积的 4.77%。在现状土地利用方式下，渔洞水库水源地土壤侵蚀以轻度和微度为主，土壤侵蚀模数较大区域相对集中在南部地区。

潇湘水库水源地土壤侵蚀模数为 27.66t/(hm²·a)。就土壤侵蚀的空间分布来看，微度土壤侵蚀面积为 22.170km²，占流域总面积的 10.47%；轻度土壤侵蚀面积为 73.394km²，占流域总面积的 34.66%；中度土壤侵蚀面积为 93.263km²，占流域总面积的 44.03%；强度土壤侵蚀面积为 22.955km²，占流域总面积的 10.84%。在现状土地利用方式下，潇湘水库水源地土壤侵蚀以中度和轻度为主，水源地最大值和最小值土壤侵蚀模数分别为 70.91t/(hm²·a) 和 0.62t/(hm²·a)，分别出现在 17 号和 6 号子流域，北部土壤侵蚀强度要大于南部。

东风水库水源地土壤侵蚀模数为 9.25t/(hm²·a)。就土壤侵蚀的空间分布来看，微度土壤侵蚀面积为 62.273km²，占流域总面积的 19.21%；轻度土壤侵蚀面积为 237.549km²，占流域总面积的 73.28%；中度土壤侵蚀面积为 24.332km²，占流域总面积的 7.51%。在现状土地利用方式下，东风水库水源地土壤侵蚀以轻度为主，土壤侵蚀模数的最大值和最小值分别为 30.49t/(hm²·a) 和 0.29t/(hm²·a)，分别出现在 29 号和 18 号子流域，南部和北部主要为轻度土壤侵蚀，东部、西部为微度土壤侵蚀。

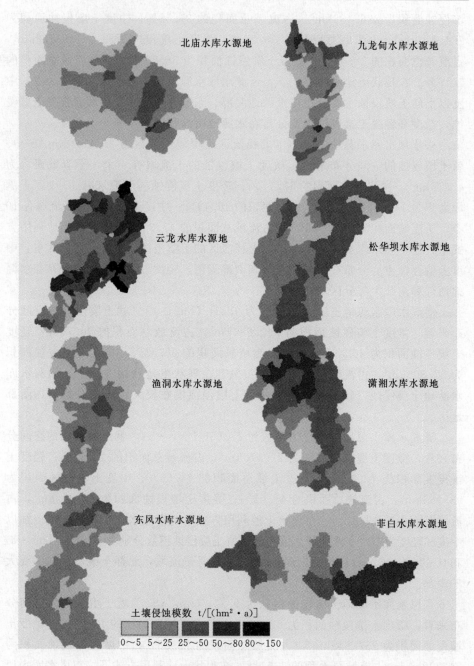

图 3.2　水源地土壤侵蚀空间分布特征图

菲白水库水源地土壤侵蚀模数为 16.70t/(hm² · a)。就土壤侵蚀的空间分布来看，微度土壤侵蚀面积为 18.26km²，占流域总面积的 30.95%；轻度土壤侵蚀面积为 24.30km²，占流域总面积的 42.89%；中度土壤侵蚀面积为 14.71km²，占流域总面积的 24.93%；强度土壤侵蚀面积为 0.73km²，占流域总面积的 1.23%。在现状土地利用方式下，菲白水库水源地土壤侵蚀以轻度为主，土壤侵蚀模数最大值和最小值分别为 53.64t/(hm² · a) 和 2.587t/(hm² · a)，分别出现在 7 号和 14 号子流域。轻度以上土壤侵蚀主要分布在水源地东部和西部，水源地南部和北部土壤侵蚀总体表现为微度侵蚀。

3.4 变化情景下的高原盆地城市水源地水文响应

高原盆地城市水源地作为水文循环系统的组成部分，在受外界气象要素和人为活动因素的干扰下，其水文特性如何变化，变化幅度如何，是十分值得关注的问题，只有在定量研究两者对高原盆地城市水源地水量影响的基础上，才可提出具有针对性的水源地保护措施。本节以率定好的 SWAT 模型为基础，分析研究相同气候变化情景下各水源地水文变化及差异表现，不同气候变化情景下同一水源地各水文要素的变化，不同土地利用情景和极端土地利用变化情景下各水源地水文要素的变化。

3.4.1 气候变化情景

3.4.1.1 IPCC 气候情景下高原盆地城市水源地水文响应

政府间气候变化专门委员会（IPCC）是由世界气象组织（WMO）和联合国环境规划署（UNEP）于 1988 年联合建立的，其主要职责是评估有关气候变化问题的科学信息以及评价气候变化可能引起的环境和社会经济后果。自成立起，IPCC 撰写了一系列评估报告（1990 年、1995 年、2001 年和 2007 年）、特别报告、技术报告、方法报告，这些报告已经成为标准参考文献而被决策者、研究人员广泛引用。本节以 IPCC 第 4 次评估报告中的温室气体排放量最高情景（A1F1）和温室气体排放量最低情景（B1）为背景，以高原盆地城市水源地所处区域的气温和降水变化（表 3.10）预估值为边界条件，用率定好的模型定量研究各水源地的坡面流、年径流、实际蒸散和土壤侵蚀模数 4 个水文要素，与基准期的对比结果如图 3.3 所示。

从表 3.10 可以看出，不论在 A1F1 还是 B1 情景下，气候均表现为暖湿化。其中，北庙水库水源地在 A1F1 情景下年平均气温增加 0.91℃，降水增加 2.5%；在 B1 情景下年平均气温增加 0.89℃，降水增加 5.5%。也就是北庙水库水源地在 A1F1 情景下气温增幅大于 B1 情景，而降水增幅小于 B1 情景。其他地处滇东、滇中和滇西的 7 个水源地在 A1F1 情景下年平均气温增加 1.52℃，降水增加 2.5%；B1 情景下年平均气温增加 1.39℃，降水增加 2.75%。也就是 7 个水源地在 A1F1 情景下气温增幅大于 B1 情景，而降水增幅略小于 B1 情景。

表 3.10　　　　　　　　**A1F1 和 B1 情景下气温和降水变幅**

区　域	日　期	气温/℃		降水/%	
		A1F1	B1	A1F1	B1
5°N～30°N；65°E～100°E	12 月至次年 2 月	1.17	1.11	—3	4
	3—5 月	1.18	1.07	7	8
	6—8 月	0.54	0.55	5	7
	9—11 月	0.78	0.83	1	3
20°N～50°N；100°E～150°E	12 月至次年 2 月	1.82	1.5	6	5
	3—5 月	1.61	1.5	2	2
	6—8 月	1.35	1.31	2	3
	9—11 月	1.31	1.24	0	1

两种气候情景下 8 个高原盆地城市水源地坡面流变化表现为：除渔洞水库水源地外，其他 7 个水源地在 A1F1 和 B1 情景下的坡面流均大于基准期坡面流。A1F1 情景下坡面流增加幅度介于 0.8～5.0mm，北庙水库水源地增幅最大，九龙甸水库水源地增幅最小，渔洞水库水源地坡面流减幅为 15.3mm。B1 情景下 7 个水源地坡面流增幅介于 2.1～8.5mm，北庙水库水源地增幅最大，松华坝水库和九龙甸水库水源地增幅最小，渔洞水库水源地坡面流减幅为 10.8mm。可见，在暖湿化背景下，尽管 8 个高原盆地城市水源地坡面流增减幅度呈现不同的差异，但总体来看呈增加态势，这也就意味着暖湿化将加剧这一地区的土壤侵蚀程度。

两种气候情景下 8 个高原盆地城市水源地年径流变化表现为：除松华坝水库水源地之外，其他 7 个水源地年径流均大于基准期。A1F1 情景下 7 个水源地年径流增幅介于 0.1～14.8mm，北庙水库水源地增幅最大，渔洞水库水源地增幅最小，松华坝水库水源地年径流减少了 16.5mm。B1 情景下 7 个水源地年径流增幅介于 0.7～23.3mm，北庙水库水源地增幅最大，渔洞水库水源地增幅最小，松华坝水库水源地年径流减少了 11.5mm。总的来看，各水源地在 B1 情景下年径流变化大于 A1F1 情景。另外，A1F1 和 B1 情景下年径流的增减幅度大于坡面流的变化幅度。

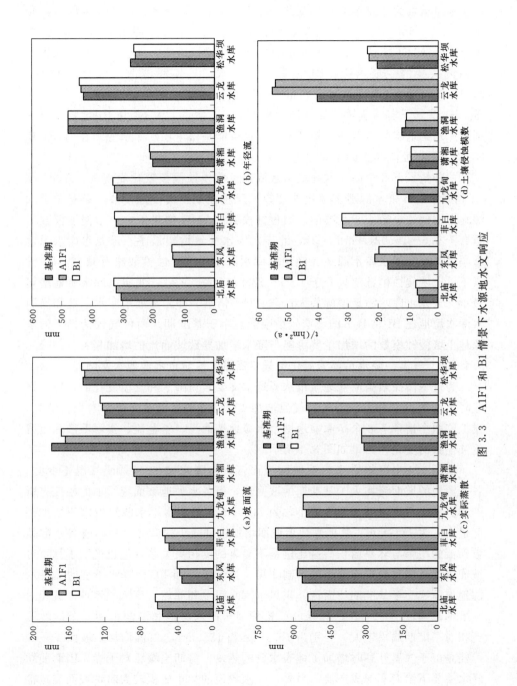

图 3.3 A1F1 和 B1 情景下水源地水文响应

　　两种气候情景下 8 个高原盆地城市水源地实际蒸散变化表现为：8 个水源地实际蒸散均大于基准期实际蒸散。A1F1 情景下 8 个水源地实际蒸散增幅介于 2.6～60.5mm，北庙水库水源地增幅最小，松华坝水库水源地增幅最大，这可能是 A1F1 情景下北庙水库水源地年径流增幅最大，而松华坝水库水源地年径流减少的主要原因。B1 情景下 8 个水源地实际蒸散增幅介于 9.4～61.1mm，菲白水库水源地增幅最小，松华坝水库水源地增幅最大。总体来看，B1 情景下实际蒸散增加的幅度大于 A1F1 情景。A1F1 和 B1 情景下松华坝水库水源地实际蒸散增加幅度最大，这可能是松华坝水库水源地在 A1F1 和 B1 情景下年径流减少的主要原因。

　　两种情景下 8 个高原盆地城市水源地土壤侵蚀模数变化表现为：A1F1 和 B1 情景下有 6 个水源地土壤侵蚀模数大于基准期土壤侵蚀模数，而有 2 个水源地土壤侵蚀模数小于基准期土壤侵蚀模数。A1F1 情景下，土壤侵蚀模数增幅介于 0.6～15.02t/(hm^2·a)，北庙水库水源地增幅最小，云龙水库水源地增幅最大，潇湘水库水源地和渔洞水库水源地土壤侵蚀模数略有减少。B1 情景下，土壤侵蚀模数增幅介于 1.07～13.93t/(hm^2·a)，北庙水库水源地增幅最小，云龙水库水源地增幅最大；与 A1F1 情景一样，潇湘水库水源地和渔洞水库水源地在 B1 情景下的土壤侵蚀模数也小于基准期。两种气候情景下的水源地土壤侵蚀模数的增加主要可能与降水增加导致坡面流的增加相关。

3.4.1.2　气温、降水单要素变化情景下高原盆地城市水源地水文响应

　　为进一步探索高原盆地城市水源地水文要素对降水和气温变化的响应，设置降水增加 10% 而气温不变和气温增加 1℃ 而降水不变两个单要素变化情景，模拟这两个情景下 8 个高原盆地城市水源地坡面流、年径流、实际蒸散和土壤侵蚀模数的变化，结果如图 3.4 所示。

　　从图 3.4 中可以看出，就坡面流而言，当降水增加 10% 而气温不变时，各水源地的坡面流均大于基准期的坡面流，但各水源地坡面流增加的幅度有所差异。北庙水源地增加幅度最小，为 21.0mm；渔洞水库水源地坡面流增加幅度最大，为 43.7mm；其他水源地坡面增加幅度介于两者之间。尽管各水源地坡面流的增幅与林草面积所占比例呈不显著的反相关关系，但也说明了林草对坡面流的减缓和对水土流失的抑制作用。当气温增加 1℃ 而降水不变时，各水源地坡面流小于基准期坡面流。东风水库水源地和菲白水库水源地坡面流相对基准期减幅较小，均小于 1.0mm；松华坝水库水源地和渔洞水库水源地坡面流相对基准期减幅较大，分别为 16.7mm 和 18.6mm。气温增加，坡面流减少可能是由于气温升高时增加了地表水分的蒸发，前期土壤相对干燥，因而前期降水主要下渗而不形成产流；另外，当水源地的林草面积较大时，坡面流减幅较小。

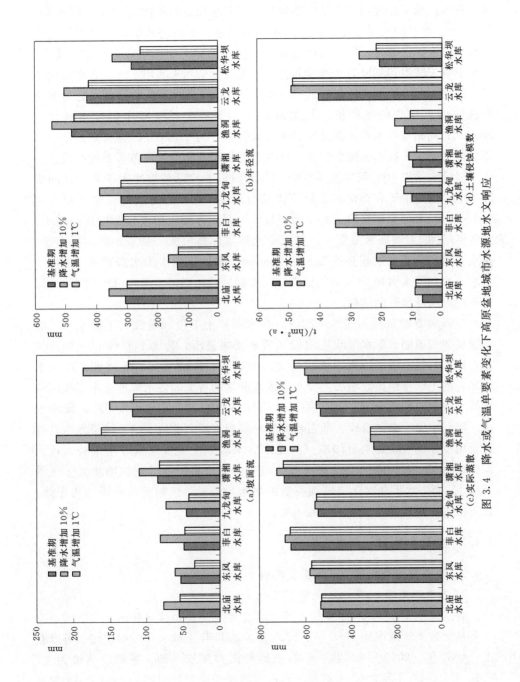

图 3.4 降水或气温单要素变化下高原盆地城市水源地水文响应

降水或气温单要素变化下径流变化表现为：当降水增加 10％而气温不变时，各水源地年径流均大于基准期年径流，各水源地的年径流变幅介于29.8～76.0mm。年径流增幅最小的为东风水库水源地，年径流增幅最大的为云龙水库和菲白水库水源地；年径流增幅和各水源地的林草面积呈显著正相关关系，这也说明了林地和草地的水源涵养强于耕地、荒地和未利用土地；各水源地年径流的增幅大于坡面流的增幅。当气温增加 1℃而降水不变时，各水源地的年径流均小于基准期年径流。九龙甸水库水源地年径流减少幅度最小，为0.3mm；而松华坝水库水源地年径流减幅较大，为27.2mm。各水源地年径流减少幅度要大于坡面流减少幅度，这主要是气温升高引起蒸散增加的缘故。

当降水增加 10％而气温不变时，各水源地的实际蒸散均大于基准期的实际蒸散，这是由于有充足的水分可供陆面蒸发，各水源地实际蒸散增幅介于5.3～31.2mm。总体来看，林草面积越大，其实际蒸散的增幅相应地也较大。当气温增加 1℃而降水不变时，各水源地的实际蒸散大于基准期的实际蒸散。各水源地实际蒸散增幅介于 2.6～59.8mm。除松华坝水库水源地外，其他 7 个水源地在降水增加 10％而气温不变时实际蒸散的增幅大于气温增加 1℃而降水不变时实际蒸散的增幅。

当降水增加 10％而气温不变时，各水源地土壤侵蚀模数大于基准期土壤侵蚀模数。潇湘水库水源地土壤侵蚀模数增幅最小，为 1.24t/(hm² · a)；云龙水库水源地土壤侵蚀模数增幅最大，为 8.81t/(hm² · a)。各水源地在降水增加时的土壤侵蚀模数增加主要与坡面流的增加有关，各水源地土壤侵蚀模数增幅与坡面流的增幅呈正相关关系。当气温增加 1℃而降水不变时，潇湘水库、渔洞水库、东风水库、菲白水库和松华坝水库水源地土壤侵蚀模数与基准期土壤侵蚀模数相比略有增减。云龙水库水源地土壤侵蚀模数增幅较大，为8.33t/(hm² · a)。降水增加 10％而气温不变时土壤侵蚀模数的增幅大于气温增加 1℃而降水不变时土壤侵蚀模数的增幅。可见，气温升高使得地表干燥，表皮松散，潜在增加了土壤侵蚀强度。

3.4.2　土地利用变化情景

3.4.2.1　不同土地利用方式下水文响应

1. 各水源地近 20 年来土地利用变化

各水源地 1986 年、2000 年、2009 年土地利用类型变化如图 3.5 所示。

从北庙水库水源地 1986 年、2000 年、2009 年土地利用类型变化图可以看出，1986 年、2000 年和 2009 年的土地利用类型以林地、耕地、草地为主。1986 年、2000 年和 2009 年耕地面积占流域面积比例分别为14.46％、15.01％和21.85％；2000 年比 1986 年略有增加，2009 年比 2000 年增加了 6.84％。

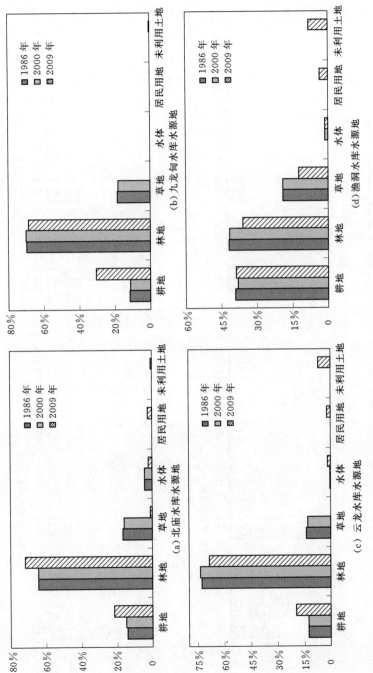

图 3.5 (一) 各水源地 1986 年、2000 年、2009 年土地利用类型变化图

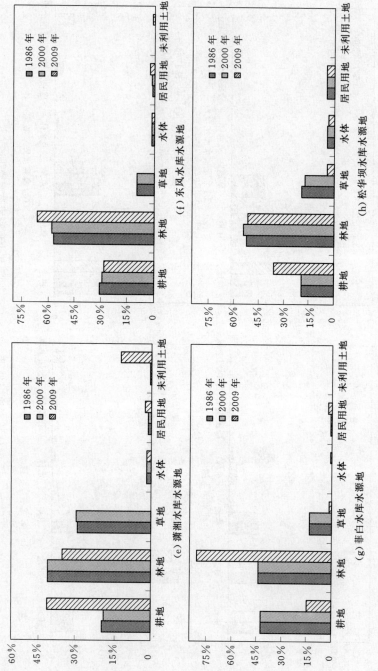

图 3.5 （二）　各水源地 1986 年、2000 年、2009 年土地利用类型变化图

1986 年、2000 年和 2009 年林地面积占流域面积比例分别为 63.31％、64.33％和 71.73％；2000 年与 1986 年相比变化不大，2009 年比 2000 年增加了 7.41％。1986 年草地面积占流域面积比例为 16.74％，2000 年减少到 16.19％，2009 年草地面积很少，仅占流域面积的 0.97％。水体面积占流域面积比例在 1986 年和 2000 年相等，2009 年水体面积略小于 2000 年水体面积，所占比例减少了 2.25％。1986 年和 2000 年居民用地面积相等，所占流域面积比例为 0.11％；2009 年为 2.66％，比 2000 年增加了 2.55％。1986 年和 2000 年未利用土地面积占流域面积比例很小，2009 年增加到 0.67％。可见，近 20 年来，尤其最近 10 年北庙水库水源地土地利用发生了较为明显的变化，其主要特征表现为耕地和林地面积有所增加，草地面积减少明显。

从九龙甸水库水源地 1986 年、2000 年、2009 年土地利用类型变化图可以看出，耕地面积占流域面积比例在 1986 年为 11.68％；2000 年为 11.38％，略小于 1986 年；2009 年为 30.87％，比 2000 年多了 19.49％。林地面积占流域面积比例在 1986 年为 69.8％；2000 年为 70.16％，比 1986 年增加了 0.36％；2009 年为 68.56％，比 2000 年减少了 1.60％，和 1986 年基本持平。草地面积占流域面积比例在 1986 年为 18.42％；2000 年为 18.36％，略小于 1986 年；2009 年草地面积减少为 0。水体面积在 3 个年份中变化不大，1986 年、2000 年和 2009 年水体面积占流域面积比例分别为 0.07％、0.06％和 0.06％。居民用地和未利用土地在九龙甸水库水源地所占比例很小，不到 0.6％，3 个年份中，未见明显变化。可见，近 20 年来九龙甸水库水源地土地利用类型发生较为明显的变化，其变化主要发生在最近 10 年，土地利用类型变化主要表现为耕地面积明显增加，草地面积明显减少，林地面积也有一定幅度的减少。

从云龙水库水源地 1986 年、2000 年、2009 年土地利用类型变化图可以看出，耕地面积占流域面积比例在 1986 年为 12.78％；2000 年和 1986 年相等；2009 年为 19.81％，大于 2000 年和 1986 年，比 2000 年增加了 7.03％。林地面积占流域面积比例在 1986 年为 72.7％；2000 年为 73.52％，比 1986 年增加了 0.82％；2009 年为 68.73％，比 2000 年减少了 4.79％。草地面积占流域面积比例在 1986 年和 2000 年为 13.86％；2009 年解译的遥感影像上没有草地。水体面积占流域面积比例在 1986 年为 0.5％；2000 年为 0.46％；2009 年为 1.94％，比 2000 年增加了 1.48％。1986 年和 2000 年居民用地面积占流域面积比例为 0.17％；2009 年增加至 2.21％。1986 年和 2000 年云龙水库水源地未利用土地很少；2009 年未利用土地面积占流域面积比例为 7.32％。可见，云龙水库水源地近 20 年来耕地面积呈增加态势，林地面积变化经过了先增后减的过程，草地面积呈减少态势，居民用地面积呈增加态势，土地利用类型的这种变化与水源地的经济发展密切相关。

从渔洞水库水源地 1986 年、2000 年和 2009 年土地利用类型变化图可以看出。耕地面积占流域面积比例在 1986 年为 39.15%；2000 年为 38.09%，比 1986 年减少了 1.06%；2009 年耕地面积所占比例有所回升，达到 38.79%，但小于 1986 年。林地面积占流域面积比例在 1986 为 41.70%；2000 年为 41.55%，比 1986 年减少了 0.15%；2009 年为 34.91%，比 2000 年减少了 4.64%。草地面积占流域面积比例在 1986 年为 19.08%；2000 年为 18.94%，比 1986 年减少了 0.14%；2009 年为 12.26%，比 2000 年减少了 6.68%。水体面积占流域面积比例在 1986 年为 0.07%；2000 年为 1.42%，比 1986 年增加了 1.35%；2009 年为 1.42%，大于 1986 年水体面积所占比例。居民用地面积占流域面积比例在 1986 年和 2000 年变化不大，2009 年增加到 3.61%。未利用土地面积占流域面积比例在 2009 年为 8.07%。可见，渔洞水库水源地近年来林地、草地、居民用地和未利用土地面积变幅较大。

从潇湘水库水源地 1986 年、2000 年、2009 年土地利用类型变化图可以看出，耕地面积占流域面积比例在 1986 年为 20.77%；2000 年为 20.14%，比 1986 年减少了 0.63%；随着人类开荒垦地的增加，到 2009 年耕地面积所占比例增加到 44.59%，比 2000 年增加了 24.45%。林地面积占流域面积比例在 1986 年为 44.29%；2000 年为 44.26%，略小于 1986 年；2009 年为 38.14%，比 2000 年减少了 6.12%。草地面积占流域面积比例在 1986 年为 31.26%；2000 年为 31.92%，比 1986 年增加了 0.66%；到 2009 年随着人类活动的增强，已没有草地。水体面积占流域面积比例在 1986 年、2000 年和 2009 年分别为 1.88%、1.88% 和 1.82%。未利用土地面积占流域面积的比例，从 1986 年和 2000 年的 0.51% 增加到 2009 年的 12.76%。可见，在潇湘水库水源地，2000 年和 1986 年土地利用类型相近，仅耕地、林地和草地面积之间有所变化，但变幅不超过 1%。2009 年土地利用类型和 2000 年、1986 年相比，有明显变化，耕地和未利用土地面积大幅增加，草地面积大幅减少，林地面积减少幅度相对较多。

从东风水库水源地 1986 年、2000 年、2009 年土地利用类型变化图可以看出，耕地面积占流域面积比例在 1986 年为 30.6%；2000 年为 29.44%，比 1986 年减少了 1.16%；2009 年为 28.36%，比 2000 年减少了 1.08%。林地面积占流域面积比例在 1986 年为 57.28%；2000 年为 58.09%，比 1986 年增加了 0.81%；2009 年为 66.49%，比 2000 年增加了 8.40%。草地面积占流域面积比例在 1986 年和 2000 年均为 9.73%，而到 2009 年东风水库水源地已几乎没有草地。水体面积占流域面积比例在 1986 年和 2000 年均为 1.34%；2009 年为 1.53%，增加了 0.19%。居民用地面积占流域面积比例在 1986 年为 1.05%；2000 年为 1.40%，比 1986 年增加了 0.35%；2009 年为 2.55%，比 2000 年增加了 1.15%。未利用土地面积占流域面积比例在 1986 年和 2000 年很小，而 2009 年为 1.06%。可见，近 20 年来东风水库水源地耕地面积略有减少，草地面积减幅较大，而林地面积有所增加，林地面积的增幅和草地面积的减幅基本一致，居民用地面积也有小幅的增加。

从菲白水库水源地 1986 年、2000 年、2009 年土地利用类型变化图可以看出，1986 年和 2000 年土地利用类型没有变化，耕地、林地、草地和居民用地面积占流域面积比例分别为 42.48%、44.10%、13.43% 和 0.63%。2009 年，耕地面积所占比例为 14.81%；林地面积所占比例为 80.74%；草地面积所占比例为 1.37%；水体面积所占比例为 0.63%；居民用地面积所占比例为 2.42%；未利用土地面积所占比例为 0.03%。2009 年相比 2000 年，耕地面积所占比例减少了 27.67%，林地面积所占比例增加了 36.64%，草地面积所占比例减少了 12.06%，林地增加的面积基本与耕地和草地减少的面积相等，这与菲白水库水源地近年来实施退耕还林，水源区居民外迁密切有关。

从松华坝水库水源地 1986 年、2000 年、2009 年土地利用类型变化图可以看出，近 20 年来，松华坝水库水源地土地利用类型以林地、草地和耕地为主。林地面积在 1986 年、2000 年和 2009 年占流域面积比例分别为 52.36%、54.3% 和 51.61%，林地面积先增后减。草地面积在 1986 年、2000 年和 2009 年占流域面积比例分别为 19.17%、17.38% 和 4.28%；可见，随着水源地人类活动的增加，草地面积较少幅度较大，2009 年相对 2000 年草地面积所占比例减少了 13.1%。耕地面积在 1986 年、2000 年和 2009 年占流域面积比例分别为 19.53%、19.36% 和 35.9%；2009 年相比 2000 年耕地面积所占比例增加了 16.54%，耕地面积增加比例与林地和草地面积减少比例基本一致。居民用地面积近 20 年来有所增加，而水体面积在减少，但相对林地、草地和耕地面积的变幅，水体和居民用地面积减少幅度很小。

2. 各水源地近 20 年土地利用方式下水文响应

用 SWAT 模型分别模拟研究 1986 年、2000 年和 2009 年土地利用方式下坡面流、实际蒸散、年径流和土壤侵蚀模数，结果如图 3.6 所示。

北庙水库水源地 1986 年、2000 年、2009 年土地利用方式下坡面流分别为 56.1mm、56.2mm 和 60.9mm；2000 年和 1986 年土地利用方式下坡面流变化不大，而 2009 年土地利用方式下坡面流比 1986 年和 2000 年土地利用方式下坡面流分别增加了 4.8mm 和 4.7mm，这可能与 2009 年耕地面积增加，而草地面积减少有关，耕地面积增加，使得拦蓄截留雨水的能力下降，从而坡面流增加。1986 年、2000 年和 2009 年土地利用方式下年径流分别为 307.3mm、306.5mm 和 342.5mm。由于 2000 年和 1986 年相比，土地利用方式变化不大，两种土地

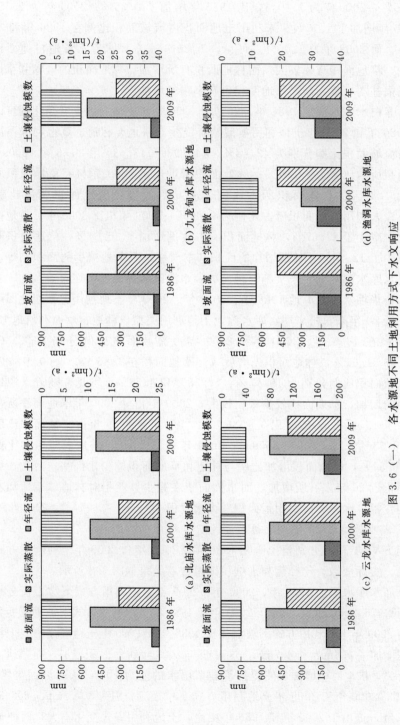

图 3.6 （一）　各水源地不同土地利用方式下水文响应

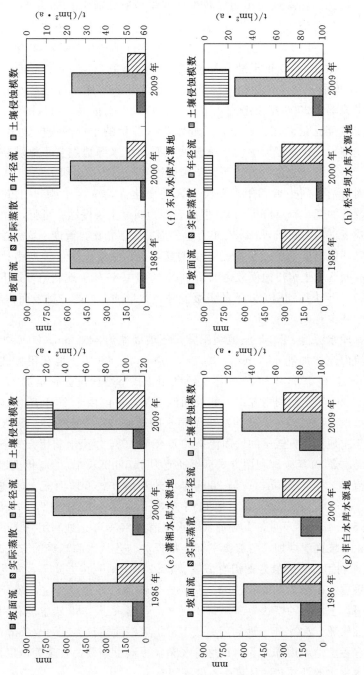

图 3.6 (二) 各水源地不同土地利用方式下水文响应

利用方式下年径流仅差 0.8mm。但 2009 年与 2000 年和 1986 年相比，由于耕地和林地面积增加，而草地面积明显减少，其年径流分别比 1986 年和 2000 年土地利用方式下年径流增加 35.2mm 和 36mm。就 3 种土地利用方式下的实际蒸散来看，2000 年和 1986 年土地利用方式下的实际蒸散相等，2009 年土地利用方式下实际蒸散比 2000 年土地利用方式下实际蒸散减少了 42.5mm，这可能与 2009 年草地面积和水体面积减少有关。单就北庙水库水源地产水和保障城市供水任务来看，2009 年土地利用方式下，年入库水量最多。从图 3.6 中还可以看出，1986 年土地利用方式下，北庙水库水源地的土壤侵蚀模数为 6.4t/(hm² · a)，土壤侵蚀以微度为主，土壤侵蚀主要发生水源地左支干流坡耕地和未利用土地。2000 年土地利用方式下，土壤侵蚀空间分布及量级大体和 1986 年一致，主要因为两年间土地利用类型没有大的变化。2009 年土地利用方式下，土壤侵蚀模数增加至 8.4t/(hm² · a)，但仍表现为微度土壤侵蚀。可见，2009 年土地利用方式下，与 2000 年和 1986 年土地利用方式下相比，微度土壤侵蚀所占比例有所下降，但轻度土壤侵蚀所占比例明显增加，中度土壤侵蚀所占比例略有增加，对应的流域土壤侵蚀模数也大于 2000 年和 1986 年土地利用方式下土壤侵蚀模数。2009 年土地利用方式下的土壤侵蚀模数增加，可能与耕地面积增加，草地面积大幅减少有关。

九龙甸水库水源地 1986 年土地利用方式下坡面流为 44.8mm，2000 年土地利用方式下坡面流增加到 45.4mm，增加了 0.6mm，2009 年土地利用方式下坡面流为 62.3mm，比 1986 年和 2000 年土地利用方式下坡面流分别增加 17.5mm 和 16.9mm。2009 年土地利用方式下的坡面流增加，可能由于 2009 年耕地面积的增加，而草地面积的减少，从而减少了雨水的截留和下渗能力，导致坡面流大于其他两年土地利用方式下的坡面流。2000 年和 1986 年土地利用方式下年径流为 319.9mm，2009 年土地利用方式下年径流为 327.6mm，比 2000 年土地利用方式下年径流增加了 7.7mm，这与 2009 年土地利用方式下坡面流大幅增加有关。1986 年、2000 年和 2009 年土地利用方式下实际蒸散分别为 546.8mm、546.7mm 和 547.4mm。可见，九龙甸水库水源地在 2009 年土地利用方式下产水量最大，但由于坡面流增加，可能会引起土壤侵蚀。若从水源涵养的方式来看，1986 年的土地利用方式为最好的组合方案。1986 年土地利用方式下，九龙甸水库水源地土壤侵蚀模数为 9.69t/(hm² · a)，土壤侵蚀以轻微度为主。2000 年土地利用方式下，土壤侵蚀模数为 9.87t/(hm² · a)，略大于 1986 年土地利用方式下的土壤侵蚀模数。2009 年土地利用方式下，土壤侵蚀模数为 13.6t/(hm² · a)。总体来看，在各土地利用方式下，九龙甸水库水源地土壤侵蚀表现为微度侵蚀，这与九龙甸水库水源地较高的林草覆盖度密切有关。

云龙水库水源地 1986 年、2000 年和 2009 年土地利用方式下坡面流分别为 109.1mm、119.8mm 和 122.7mm。2000 年和 2009 年土地利用方式下坡面流相近，2000 年比 1986 年土地利用方式下坡面流大 10.7mm。1986 年、2000年和 2009 年土地利用方式下云龙水库水源地年径流分别为 404.1mm、428.3mm 和 397.7mm。受人类活动增加，2009 年耕地面积增加，而林草面积减少，一次降水产生的坡面流增加，但土地利用方式的不合理可能使得水源涵养能力下降，从而使得年径流比 2000 年和 1986 年土地利用方式下年径流小30.6mm 和 6.4mm。1986 年、2000 年和 2009 年土地利用方式下实际蒸散分别为 560.9mm、536.3mm 和 534.4mm。1986 年和 2000 年土地利用方式下实际蒸散均大于 2009 年土地利用方式下实际蒸散。由此，当气候条件相同时，云龙水库水源地在 2000 年土地利用方式下的产水能力最强。1986 年土地利用方式下，云龙水库水源地的土壤侵蚀模数为 33.56t/(hm² · a)，土壤侵蚀为中度。2000 年土地利用方式下，土壤侵蚀模数为 40.2t/(hm² · a)，土壤侵蚀为中度，相比 1986 年土地利用方式下的土壤侵蚀模数有所增加。2009 年土地利用方式下，土壤侵蚀模数为 40.98t/(hm² · a)，土壤侵蚀以中度为主，流域平均土壤侵蚀模数比 1986 年土地利用方式下土壤侵蚀模数大 7.42t/(hm² · a)，相比 2000 年和 1986 年土地利用方式下，中、强度土壤侵蚀面积明显增加，这是由于 2009 年耕地面积大于 2000 年和 1986 年，而林地和草地面积小于 1986年和 2000 年的缘故。

渔洞水库水源地 1986 年土地利用方式下坡面流为 171.3mm，2000 年土地利用方式下坡面流为 179.0mm，比 1986 年土地利用方式下坡面流增加7.7mm，2009 年土地利用方式下坡面流为 199.2mm，分别比 1986 年和 2000年土地利用方式下坡面流大 27.9mm 和 20.2mm。1986 年土地利用方式下年径流最大，其值为 480.9mm，2000 年土地利用方式下年径流次之，其值为480.2mm，2009 年土地利用方式下年径流为 463.8mm。1986 年土地利用方式下实际蒸散是 3 种土地利用方式下最大值，其值为 320.4mm，比 2000 年和2009 年土地利用方式下实际蒸散大 18.2mm 和 9.5mm。就渔洞水库水源地的产水能力来看，1986 年土地利用方式为最佳组合方案。1986 年土地利用方式下，渔洞水库水源地平均土壤侵蚀模数为 11.61t/(hm² · a)，土壤侵蚀以轻度为主，土壤侵蚀模数较高的区域主要分布在水源地中部人口相对密集和农田分布较多的区域。2000 年土地利用方式下，渔洞水库水源地平均土壤侵蚀模数为 12.21t/(hm² · a)，土壤侵蚀以轻度为主。2009 年土地利用方式下，渔洞水库水源地平均土壤侵蚀模数为 9.31t/(hm² · a)。

潇湘水库水源地的坡面流、年径流、实际蒸散和土壤侵蚀模数在 1986 年和 2000 年土地利用方式下相差不大，这与 1986 年和 2000 年潇湘水库水源地土地利用类型一致有关。2009 年土地利用方式下坡面流最大，其值为

86.2mm，比 1986 年和 2000 年土地利用方式下坡面流大 1.6mm，这是由于 2009 年林地和草地面积减少，耕地面积增加，导致拦截雨水的能力下降的缘故。2009 年土地利用方式下年径流为 204.0mm，比 1986 年和 2000 年土地利用方式下年径流增加了 2.7mm，这与 2009 年土地利用方式下坡面流增加、实际蒸散减少有关，如 2009 年土地利用方式下实际蒸散最小，其值为 686.0mm，比 1986 年和 2000 年土地利用方式下实际蒸散偏小 6.0mm。总体来看，2009 年土地利用方式下潇湘水库水源地输水量大，但由于坡面流增加，导致土壤侵蚀的潜在风险也加大。1986 年土地利用方式下，潇湘水库水源地的平均土壤侵蚀模数为 9.63t/(hm² · a)，土壤侵蚀以轻度为主。2000 年土地利用方式下土壤侵蚀模数与 1986 年土地利用方式下土壤侵蚀模数相等，这是因为两个年份下的土地利用方式相一致。2009 年土地利用方式下潇湘水库水源地的平均土壤侵蚀模数为 27.66t/(hm² · a)，比 2000 年和 1986 年土地利用方式下土壤侵蚀模数增加了 18.03t/(hm² · a)，现状土地利用方式下土壤侵蚀以中度为主，可见随着耕地面积的增加，地表拦蓄能力下降，加上地表结构受到扰动，其抗蚀能力下降，这可能引起水源地水质变差、水库淤积等水环境问题。

东风水库水源地 2009 年土地利用方式下坡面流明显大于 1986 年和 2000 年土地利用方式下坡面流，分别偏大 31.1mm 和 31.6mm，这可能由于 2009 年草地面积明显下降，而居民用地和未利用土地面积增加的缘故。2000 年土地利用方式下坡面流最小，其值为 32.9mm，但在该土地利用方式下，年径流是 3 种土地利用方式下最大的，其值为 136.6mm，比 2009 年土地利用方式下年径流大 4.8mm，这是由于在该土地利用方式下，林草面积所占比例最大，其对降水的拦蓄能力最大，其水源涵养能力也较大的缘故。1986 年和 2000 年土地利用方式下实际蒸散相差不大，均大于 2009 年土地利用方式下实际蒸散。从水源地向下游输水能力程度来看，2000 年土地利用方式下输水能力最强。1986 年土地利用方式下，东风水库水源地的土壤侵蚀模数为 17.18t/(hm² · a)，土壤侵蚀以轻度为主。2000 年由于耕地面积减少，林地面积有所增加，从而土壤侵蚀模数相应有所减少，其值为 16.8t/(hm² · a)。尽管 2009 年土地利用方式下草地面积减幅较大，但林地面积增加和耕地面积减少，从而土壤侵蚀模数是 3 种土地利用方式下最小的，其值为 9.25t/(hm² · a)。

菲白水库水源地在不同土地利用方式下的水文响应表现为：1986 年土地利用方式和 2000 年土地利用方式一样，坡面流、年径流和实际蒸散相等，坡面流、年径流和实际蒸散分别为 49.0mm、313.0mm 和 664.0mm。2009 年土地利用方式下坡面流为 77.8mm，比 2000 年土地利用方式下坡面流大 28.8mm。2009 年土地利用方式下年径流为 283.6mm，比 2000 年土地利用方式下年径流小 29.4mm。2009 年土地利用方式下实际蒸散比 2000 年土地利用方式下实际蒸散大 4.3mm，可能与 2009 年林地面积增加有关。1986 年和 2000 年土地利用方式下，菲白水库水源地的平均土壤侵蚀模数均为 27.52t/(hm²·a)，土壤侵蚀以中度为主。2009 年土地利用方式下，尽管草地面积减少，但林地面积增加，土壤侵蚀模数较 2000 年和 1986 年土地利用方式下有所减少，其值为 16.7t/(hm²·a)，土壤侵蚀以轻度为主。

松华坝水库水源地 2009 年土地利用方式下坡面流为 166.7mm，为 3 种土地利用方式下最大值，这可能与 2009 年耕地面积明显大于 2000 年和 1986 年有关。就 3 种土地利用方式下年径流来看，1986 年和 2000 年相差不大，这是由于 1986 年和 2000 年土地利用方式相近的缘故，2009 年土地利用方式下年径流为 293.14mm，是 3 种土地利用方式下年径流最小值。2009 年土地利用方式下实际蒸散比 2000 年和 1986 年土地利用方式下实际蒸散偏大 14.7mm，实际蒸散的明显增加可能是导致该土地利用方式下年径流偏小的主要原因。1986 年和 2000 年土地利用方式下土壤侵蚀模数约为 7.22t/(hm²·a)，土壤侵蚀以轻度为主，随着水源地农业活动的增加，土壤侵蚀模数增加为 20.41t/(hm²·a)，尽管土壤侵蚀仍以轻度为主，但土壤侵蚀模数明显变大，相应地水源地水质恶化的潜在风险也加大。总体来说，径流随着林地面积的增加而减少，这是因为林地发达的根系增强了土壤的透水性能，林地凋落物也可以吸收超过自身重量几倍的水分，从而减少地表径流的产生。

3.4.2.2 极端土地利用变化方式下水文响应

从上述的模拟研究可以看出，各水源地水文要素的变化与流域下垫面有着本质的联系。总体表现出，林地和草地面积增加会减少地表径流，进而减少土壤侵蚀，耕地由于拦蓄能力差，其面积的增加导致坡面流增加，将加大土壤侵蚀的潜在风险。为进一步验证土地利用变化下的水文响应，以 2009 年土地利用方式为基准，设置退耕还林、退耕还草，人类活动增强 4 种情景（表 3.11）。由于云南省各水源地地形陡峭，坡度大，微小的林地破坏，将可能引起各水文要素的较大变化，因此在设置人类活动影响情景时，将坡度小于 15°的林地变为草地和耕地，就认为人类活动的强度变大。

表 3.11　　　　　　　　　　极端土地利用方式情景设置

情　　景	变化设置
1	现有耕地变为林地
2	现有耕地变为草地
3	坡度小于 15°的林地变为草地
4	坡度小于 15°的林地变为耕地

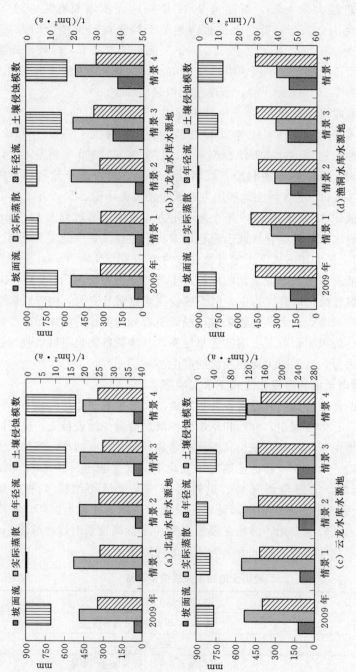

图 3.7（一）　极端土地利用方式下各水源地水文响应

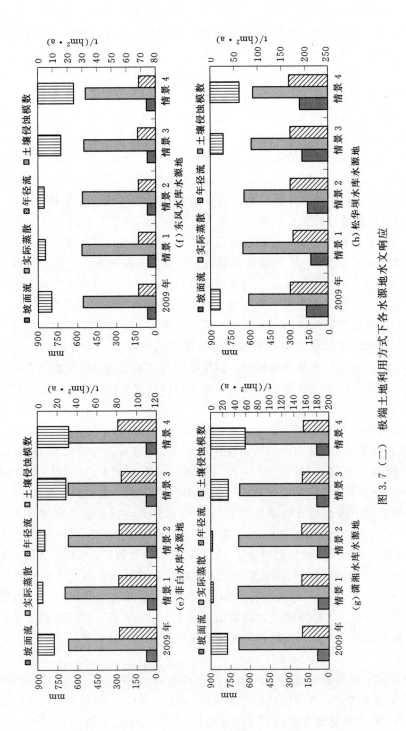

图 3.7 (二) 极端土地利用方式下各水源地水文响应

以 4 种极端土地利用方式为情景,分别用率定好的 SWAT 模型模拟各水源地的坡面流、年径流、实际蒸散和土壤侵蚀模数,并与 2009 年土地利用方式下的坡面流、年径流、实际蒸散和土壤侵蚀模数对比,结果如图 3.7 所示。

北庙水库水源地在情景 1,耕地面积所占比例减少了 21.85%,林地面积所占比例增加至 93.58%;在情景 2,耕地面积所占比例减少了 21.28%,草地面积所占比例增加至 22.82%;在情景 3,林地面积所占比例减少至 44.44%,草地面积所占比例增加至 27.29%;在情景 4,耕地面积所占比例增加至 49.14%,林地面积所占比例减少至 44.44%。情景 1 和情景 2 下坡面流分别减少了 13.8mm 和 8.2mm,而情景 3 和情景 4 下坡面流分别增加了 4.1mm 和 3.5mm,可见林地对坡面的削减作用大于草地,而草地大于耕地。4 种极端土地利用方式下年径流的变化为:情景 1、情景 2 和情景 3 下年径流均小于基准土地利用方式下年径流,而情景 4 下年径流相对基准土地利用方式下年径流增加了 0.5%。实际蒸散的变化为:情景 1 和情景 2 下实际蒸散大于基准土地利用方式下实际蒸散,而情景 3 和情景 4 下实际蒸散小于基准土地利用方式下实际蒸散。在北庙水库水源地,将现有各类地变为林地和草地时,很好地起到削减坡面流的作用,但同时实际蒸散增加,导致水量平衡中的支出项增加,其中林地实际蒸散明显增加,导致年产水量减少。尽管耕地变为草地后,实际蒸散增加导致年径流减少,但年径流与坡面流的差值却略大于基准土地利用方式下年径流与坡面流的差值,这说明耕地变为草地后,水源涵养功能得到增强。

九龙甸水库水源地在情景 1,林地面积所占比例增加了 30.87%,增加至 99.43%;在情景 2,草地面积所占比例增加至 30.87%;在情景 3,林地面积所占比例减少了 26.42%,减少至 42.14%,草地面积所占比例增加至 26.42%;在情景 4,耕地面积所占比例增加至 57.29%,增加了 26.42%。情景 1 和情景 2 下坡面流分别减少了 3.28% 和 0.96%,但情景 3 和情景 4 下坡面流增加了 267.85% 和 207.64%。情景 1 下年径流减少了 1.43%,而情景 2、情景 3、情景 4 下年径流分别增加了 1.22%、14.62% 和 10.49%。情景 1 下实际蒸散增加了 17.62%,其他 3 种情景下实际蒸散都减少。在九龙甸水库水源地,将坡度小于 15° 的林地变为耕地和草地时,其坡面流明显增加,这将增加土壤流失的风险,另外坡面流大幅增加,减少了土壤入渗,从而降低了水源地的水源涵养功能。因此,保护现有九龙甸水库水源地林地和土地利用组成结构十分必要。

云龙水库水源地在情景 1,林地面积所占比例增加了 19.81%,增加至 88.53%;在情景 2,草地面积所占比例增加至 19.81%;在情景 3,林地面积的 29.23% 转化为草地;在情景 4,林地的 29.23% 转化为耕地。情景 1 和情景 2 下坡面流分别减少了 8.62% 和 3.15%，而情景 3 和情景 4 下坡面流分别增加了 4.04% 和 3.13%。在 4 种极端土地利用变化方式下，年径流均大于基准土地利用方式下年径流；年径流与坡面流的差值在情景 2 最大，情景 1 次之，情景 4 最小。情景 1 和情景 2 实际蒸散增加了 4.33% 和 1.78%，而情景 3 和情景 4 实际蒸散减少了 2.2% 和 3.29%。在云龙水库水源地，将现有耕地变为林地和草地时，尽管实际蒸散有所增加，但年径流增幅更大，说明水源涵养功能得到增强，为增加水源地的输水能力，可考虑将现有耕地适当变为林地或草地。

渔洞水库水源地在情景 1，有 38.79% 的耕地变为林地；在情景 2，有 38.79% 的耕地变为草地；在情景 3，有 14.81% 的林地变为草地；在情景 4，14.81% 的林地变为耕地。渔洞水库水源地在 4 种极端土地利用方式下土壤侵蚀模数大小顺序为情景 1＞情景 3＞情景 2＞情景 1。相比 2009 年土地利用方式下土壤侵蚀模数，情景 3 和情景 4 下土壤侵蚀模数分别增加了 4.91% 和 36.09%；而情景 1 和情景 2 下土壤侵蚀模数分别减少了 96.67% 和 94.17%。可见，将渔洞水库水源地的现有耕地变为林地或草地时，有明显减缓土壤侵蚀的作用。

潇湘水库水源地在情景 1、情景 2 下坡面流相比 2009 年土地利用方式下坡面流有所减少。4 种极端土地利用方式下土壤侵蚀模数分别为 3.46t/(hm² · a)、2.65t/(hm² · a)、30.18t/(hm² · a)、58.23t/(hm² · a)。相比 2009 年土地利用方式下土壤侵蚀模数，情景 1 和情景 2 下土壤侵蚀模数分别减少了 87.49% 和 90.42%；而情景 3 和情景 4 下土壤侵蚀模数分别增加了 9.11% 和 110.52%。潇湘水库水源地现有林地和草地的覆盖面积比较小，因此加强现有林地保护，适量退耕还林，减少水源地土壤侵蚀，增加水源涵养很有必要。

东风水库水源地坡面流按情景 4、情景 3、2009 年土地利用方式、情景 2 和情景 1 顺序递减。情景 3 下年径流最大，其值为 136.9mm，相比 2009 年土地利用方式下年径流增加了 6.2mm。实际蒸散变化与林地和草地面积变化有关，当林地和草地面积增加，实际蒸散也相应增加。土壤侵蚀模数依次按情景 4、情景 3、情景 1、情景 2 的顺序递减。相比 2009 年土地利用方式下土壤侵蚀模数，情景 1 和情景 2 下土壤侵蚀模数分别减少了 44.62% 和 54.89%；情景 3 和情景 4 下土壤侵蚀模数分别增加了 70.59% 和 164.19%。可见，将坡度 15°以下的林地变为草地或耕地时，土壤侵蚀明显增加。

菲白水库水源地在 4 种极端土地利用方式下坡面流表现为，林地和草地面积减少，坡面流增加。实际蒸散随着林地和草地面积的减少而减少，但变幅小于坡面流的变幅。情景 1、情景 2、情景 3、情景 4 下土壤侵蚀模数分别为

4.93t/(hm² · a)、7.41t/(hm² · a)、28.74t/(hm² · a) 和 31.50t/(hm² · a)。相比 2009 年土地利用方式下土壤侵蚀模数，情景 1 和情景 2 下土壤侵蚀模数分别减少了 70.48% 和 54.63%；情景 3 和情景 4 下土壤侵蚀模数分别增加了 72.10% 和 88.62%。

松华坝水库水源地在情景 1 和情景 2 下坡面流小于 2009 年土地利用方式下坡面流，但情景 2 下坡面流大于情景 1 下坡面流；情景 3 和情景 4 下坡面流明显大于 2009 年土地利用方式下坡面流。情景 4 下年径流最大，其值为 299.7mm，情景 1 下年径流最小，其值为 270.1mm。情景 1 和情景 2 下土壤侵蚀模数有大幅减少，而情景 3 和情景 4 下土壤侵蚀模数明显增加。可见，松华坝水库水源地林地和草地面积增加将削减坡面流，从而抑制土壤侵蚀，但同时增加实际蒸散，导致年径流减少。

综上所述，高原盆地城市水源地在 4 种极端土地利用方式下土壤侵蚀变化表现为：将现有耕地变为林地和草地时，坡面流和土壤侵蚀模数明显减少，但各水源地之间减少幅度有差异，这与耕地面积的多少和耕地的坡度等有关，同时林地和草地面积增加时，实际蒸散有不同程度的增加，而年径流有不同程度的减少。将坡度 15° 以下的林地变为草地和耕地时，土壤侵蚀模数增加，其中变为耕地时土壤侵蚀模数的增幅明显。由此，依据水源地现有土地利用方式，依据水源地输水需求、水土保持的需要可进行合理的开发利用，合理的退耕还林、还草。

3.5　小结

分布式水文模型充分考虑了气候和下垫面因子对水文过程的影响，能有效地模拟预估两者变化对区域水资源的影响，本章结合 IPCC 第 4 次评估报告中的 A1F1 和 B1 情景、土地利用变化情景、基于 SWAT 分布式水文模型，对研究区坡面流、实际蒸散、年径流和土壤侵蚀影响进行模拟研究，得出以下结论：

（1）SWAT 水文模型在高原盆地城市水源地月尺度模拟与研究的结果显示，R^2 大于 0.70，Ens 在北庙水库和渔洞水库水源地介于 0.56～0.65，在其他水源地均大于 0.65，R_e 在各水源地介于 −12.1%～14.3%，说明 SWAT 水文模型在高原盆地城市水源地有较好的适用性。

（2）在 IPCC 第 4 次评估报告 A1F1 和 B1 情景下，除松华坝水库水源地年径流小于基准期外，其他水源地年径流均大于基准期，总的来看，B1 情景下坡面流增幅大于 A1F1 情景。气温和降水单要素变化对水源地水文要素变化的影响表明，各水源地无论是坡面流、年径流还是实际蒸散，对降水的变化均要敏感于对气温变化。

(3) 近 20 年来不同土地利用方式下高原盆地城市水源地水文响应表现为，土地利用组合方式差异对输水影响较大。2009 年现状土地利用方式下，将各水源地的现有耕地变为林地或草地时，坡面流呈不同程度的减少，林地对坡面的削减作用大于草地，实际蒸散有不同程度的增加，除北庙水库水源地外，其他水源地将耕地变为林地时，水源涵养功能得到增强。将现有 15°以下林地变为耕地和草地时，实际蒸散减少，坡面流明显增加，增加了水源地土壤侵蚀的风险。

(4) 不同气象变化模式下高原盆地城市水源地土壤侵蚀变化表现为，A1F1 和 B1 情景下，除渔洞水库和潇湘水库水源地土壤侵蚀模数小于基准期外，其他 6 个水源地土壤侵蚀模数均大于基准期，增加幅度介于 9.38%～40.53%。降水增加 10% 而气温不变时，各水源地土壤侵蚀模数增幅介于 10%～27.64%。

(5) 1986 年和 2000 年土地利用方式下，除云龙水库和菲白水库水源地土壤侵蚀为中度外，其他 6 个水源地土壤侵蚀均以轻度和微度为主。2009 年土地利用方式下，各水源地土壤侵蚀模数均有不同程度的增加，其中松华坝水库和潇湘水库水源地变为中度侵蚀。各水源地土壤侵蚀模数空间变化差异较大，子流域的土壤侵蚀模数与耕地和林地面积所占比例密切相关，耕地占地面积大的区域，相应的土壤侵蚀模数大。2009 年现状土地利用方式下，将各水源地现有耕地变为林地或草地时，土壤侵蚀模数明显减少，8 个典型水源地减少幅度介于 23.38%～96.67%。而将坡度 15°以下的林地变为草地和耕地时，土壤侵蚀模数明显增加，且林地变为耕地比变为草地时的土壤侵蚀模数增加幅度更加明显，增加幅度介于 4.91%～182.99%。

参 考 文 献

[1] J G Arnold, R Srinivasan, R S Muttiah, et al. Large area hydrologic modeling and assessment part I: Model development1 [J]. Journal of the American Water Resources Association, 1998, 34 (1): 73 - 89.

[2] K R Douglas-Mankin, R Srinivasan, J G Arnold. Soil and Water Assessment Tool (SWAT) model: Current developments and applications [J]. American Society of Agricultural and Biological Engineers, 2010, 53 (5): 1423 - 1431.

[3] Hao Fanghua. Application of SWAT in China [R]. 3rd International SWAT Conference, 2005.

[4] 王中根，朱新军，夏军，等. 海河流域分布式 SWAT 模型构建 [J]. 地理科学进展，2008, 27 (4): 1 - 6.

[5]　李建新，朱新军，于雷 . SWAT 模型在海河流域水资源管理中的应用 [J]. 黄河水
　　　利，2010，05：46 - 54.

[6]　李志，刘文兆，张勋昌，等 . 未来气候变化对黄土高原黑河流域水资源的影响 [J].
　　　生态学报，2009，29 (7)：3456 - 3464.

[7]　程磊，徐宗学，罗睿，等 . SWAT 在干旱半干旱地区的应用——以窟野河流域为例
　　　[J]. 地理研究，2009，28 (1)：65 - 73.

[8]　竹磊磊，李娜，常军 . SWAT 模型在半湿润区径流模拟中的适用性研究 [J]. 人民
　　　黄河，2010，12：59 - 61.

[9]　陈军锋，李秀彬，张明 . 模型模拟梭磨河流域气候波动和土地覆被变化对流域水文
　　　的影响 [J]. 中国科学，2004，34 (7)：668 - 674.

[10]　刘吉峰，霍世青，李世杰，等 . SWAT 模型在青海湖布哈河流域径流变化成因分析
　　　中的应用 [J]. 河海大学学报，2007，35 (2)：159 - 163.

[11]　M D Stonefelt, T A Fontaine, R H Hotchkiss. Impacts of climate change on water
　　　yield in the upper wind river basin [J]. Journal of the American Water Resources As-
　　　sociation, 2000, 36 (2): 321 - 336.

[12]　T A Fontaine, J F Klassen, T S Cruickshank, et al. Hydrological response to climate
　　　change in the Black Hills of South Dakota, USA [J]. Hydrological Sciences Journal,
　　　2001, 46 (1): 27 - 40.

[13]　王晓燕，秦福来，欧洋，等 . 基于 SWAT 模型的流域非点源污染模拟——以密云水
　　　库北部流域为例 [J]. 农业环境科学学报，2008，27 (3)：1098 - 1105.

[14]　张永勇，王中根，于磊，等 . SWAT 水质模块的扩展及其在海河流域典型区的应用
　　　[J]. 资源科学，2009，31 (1)：94 - 100.

[15]　胡连伍，王学军，罗定贵，等 . 基于 SWAT2000 模型的流域氮营养素环境自净效率
　　　模拟——以杭埠—丰乐河流域为例 [J]. 地理与地理信息科学，2006，22 (2)：
　　　38 - 41.

[16]　张永勇，陈军锋，夏军，等 . 温榆河流域闸坝群对河流水量水质影响分析 [J]. 自
　　　然资源学报，2009，24 (10)：1697 - 1705.

[17]　孙永亮，徐宗学，苏保林，等 . 变化情景下的漳卫南运河流域水量水质模拟 [J].
　　　北京师范大学学报，2010，46 (3)：387 - 395.

[18]　P W Gassman, M R Reyes, Colleen H Green, et al. The Soil and Water Assessment
　　　Tool: Historical Development, Applications, and Future Research Directions
　　　[M]. 2007.

[19]　秦富仓，张丽娟，余新晓，等 . SWAT 模型自动校准模块在云州水库流域参数率定
　　　研究 [J]. 水土保持研究，2010，17 (02)：86 - 89.

[20]　陈强，苟思，秦大庸，等 . 一种高效的 SWAT 模型参数自动率定方法 [J]. 水利学
　　　报，2010，41 (1)：113 - 119.

[21]　金婧靓，王飞儿 . SWAT 模型及其应用与改进的研究进展 [J]. 东北林业大学学报，
　　　2010，38 (12)：111 - 114.

[22]　V Krysanova, D M Wohlfeil, A Becker. Development and test of a spatially distributed
　　　hydrological/water quality model for mesoscale watersheds [J]. Ecological Modelling,
　　　1998, 106: 261 - 289.

[23] K Eckhardt, S Haverkamp, N Fohrer, et al. SWAT-G, a version of SWAT99. 2 modi-
     fied for application to low mountain range catchments [J]. Physics and Chemistry of
     the Earth, Parts A/B/C, 2002, 27: 641 – 644.

[24] V Vandenberghe, A Griensven, W Bauwens. Sensitivity analysis and calibration of the
     parameters of ESWAT: application to the River Dender [J]. Water Science & Tech-
     nology, 2001, 43 (7): 295 – 301.

[25] S L Neitsch, J G Arnold, J R Kiniry, et al. Soil and Water Assessment Tool Input/
     OutputFile Documentation [Z]. 2004. Ver. 2005. Temple, Tex.: USDA-ARSGrass-
     land Soil and Water Research Laboratory.

[26] 吴险峰, 刘昌明, 王中根. 栅格 DEM 的水平分辨率对流域特征的影响分析 [J]. 自
     然资源学报, 2003, 18 (2): 148 – 154.

[27] J R Williams, J G Arnold. A system of erosion-sediment yield models [J]. Soil Tech-
     nology, 1997, 11 (1): 43 – 55.

[28] M Muleta. Comparison of Model Evaluation Methods to Develop a Comprehensive Wa-
     tershed   Simulation   Model [J].   Civil   and   environmental   engineering,
     2010: 2492 – 2501.

[29] A Romanowicz, M Vanclooster, M Rounsevell, et al. Sensitivity of the SWAT model
     to the soil and land use data parametrisation: a case study in the Thyle catchment, Bel-
     gium [J]. Ecological Modelling, 2005, 187 (1): 27 – 39.

[30] 王海龙, 余新晓, 武思宏, 等. SWAT 模型灵敏度分析模块在黄土高原典型流域的
     应用 [J]. 北京林业大学学报, 2007, 29 (增 2): 238 – 242.

[31] 白薇, 刘国强, 董一威, 等. SWAT 模型参数自动率定的改进与应用 [J]. 中国农
     业气象, 2009, 30 (增 2): 271 – 275.

[32] 罗定贵, 张巍, 郑一, 等. 基于 WARM 宜模型的杭埠—丰乐河流域水文模拟研究
     [J]. 环境科学学报, 2007, 27 (8): 1391 – 1401.

[33] 陈建, 梁川, 陈梁. SWAT 模型的参数灵敏度分析——以贡嘎山海螺沟不同植被类
     型流域为例 [J]. 南水北调与水利科技, 2011, 2: 41 – 45.

[34] M D McKay, R J Beckman, W J Conover. A comparison of three methods for selecting
     values of input variables in the analysis of output from a computer code [J]. Techno-
     metrics, 1979, 21: 239 – 245.

[35] M D Morris. Factorial sampling plans for preliminary computational experiments [J].
     Technometrics, 1991, 33 (2): 161 – 174.

第4章 高原盆地城市水源地 水源涵养功能评价

水源涵养功能是指各种植被生态系统内多个水文过程及其水文效应的综合作用。森林有"绿色水库"之美誉，其具有庞大的林冠层、较厚的枯落物层，以及疏松多孔的森林土壤，发挥着涵养水源的作用，具有很好的水源涵养功能。另外，森林土壤水文物理性质是决定森林生态水文功能的重要基础，是反映森林植被保持水土和涵养水源作用的重要水文参数。

4.1 水源地土壤水源涵养特性

4.1.1 实验方法

1. 样品采集

土壤样品根据水源地的土地利用类型和土壤类型进行采集。其中，有林地74个、耕地19个、撂荒地7个、果园地9个。在每个样地随机布置3个样点，共开挖土壤剖面109个，其中红壤剖面36个、黄棕壤剖面25个、棕壤剖面26个、水稻土剖面21个。各土壤剖面分为0～20cm、20～40cm、40～60cm进行采样，一些剖面未到60cm就已见母质层的采至母质层。各水源地每个采样点基本特征见表4.1～表4.9。

表 4.1　　　　　　北庙水库水源地土壤样品基本情况

样地序号	经 纬 度	植被类型	植被覆盖率/%	海拔/m	坡向	坡度/(°)	土壤类型
1	N25°15′11″, E9912′53″	云南松次生林	40	1762	南	30	红壤
2	N25°14′54″, E9913′22″	云南松次生林	30	1764	南	25	红壤
3	N25°14′50″, E9913′23″	桉树人工林	20	1784	南	40	水稻土
4	N25°16′07″, E99°13′25″	耕地	0	1751	南	0	红壤
5	N2515′57″, E99°13′08″	云山松次生林	40	1851	南	45	水稻土
6	N2517′04″, E99°13′42″	耕地	0	1883	南	0	棕壤

续表

样地序号	经 纬 度	植被类型	植被覆盖率/%	海拔/m	坡向	坡度/(°)	土壤类型
7	N2519′32″，E99°14′00″	桉树人工林	50	2004	北	35	棕壤
8	N2518′26″，E99°11′06″	云南松次生林	80	1856	北	50	红壤
9	N2517′25″，E99°11′16″	茶树林	15	1888	北	31	棕壤
10	N2517′40″，E99°11′25″	杉树人工林	60	1900	北	30	棕壤
11	N2515′10″，E99°11′40″	桉树人工林	10	1890	南	60	棕壤
12	N2515′31″，E99°11′02″	华山松次生林	92	1854	北	50	棕壤
13	N2515′46″，E99°10′15″	云南松次生林	91	1864	北	60	红壤
14	N2516′59″，E99°11′08″	茶树林	10	1899	南	18	棕壤
15	N25°16′22″，E9911′36″	华山松次生林	91	1850	北	40	黄棕壤
16	N2515′37″，E99°11′37″	云南松次生林	0	1866	南	45	黄棕壤
17	N2514′25″，E99°12′27″	云南松次生林	20	1750	南	40	黄棕壤

表 4.2　　　　　　　九龙甸水库水源地土壤样品基本情况

样地序号	经 纬 度	植被类型	植被覆盖率/%	海拔/m	坡向	坡度/(°)	土壤类型
1	N25°20′49″，E101°22′34″	云南松次生林	40	2168	北	10	红壤
2	N25°21′07″，E101°23′01″	云南松次生林	30	2107	南	60	棕壤
3	N25°20′15″，E101°22′16″	灌木林	30	2029	北	30	棕壤
4	N25°18′20″，E101°21′29″	耕地	0	1946	南	0	水稻土
5	N25°17′12″，E101°21′54″	灌木林	20	1950	南	35	黄棕壤
6	N25°16′26″，E101°22′43″	灌木丛林	40	1871	北	30	棕壤
7	N25°16′24″，E101°22′40″	耕地（油菜地）	0	1860	南	0	水稻土
8	N25°16′8″，E101°23′01″	桉树人工林	45	1949	北	30	棕壤
9	N25°15′47″，E101°23′30″	杉树林	55	2047	南	10	棕壤
10	N25°15′26″，E101°23′54″	梨树林	20	1938	北	10	棕壤
11	N25°15′27″，E101°25′04″	青冈栎次生林	65	1991	南	20	黄棕壤
12	N25°15′06″，E101°25′56″	青冈栎次生林	60	1987	南	10	红壤
13	N25°15′12″，E101°23′10″	耕地（玉米）	0	1892	南	0	水稻土
14	N25°15′22″，E101°23′19″	云南松次生林	15	1952	南	40	红壤
15	N25°15′25″，E101°25′37″	青冈栎次生林	40	1926	南	50	棕壤
16	N25°14′28″，E101°23′50″	桉树人工林	20	1879	南	0	红壤
17	N25°14′57″，E101°26′14″	桉树人工林	40	2005	北	10	红壤
18	N25°14′48″，E101°28′31″	云南松次生林	50	1946	北	10	黄棕壤

表 4.3　　　　　　　　　　　　菲白水库水源地土壤样品基本情况

样地序号	经　纬　度	植被类型	植被覆盖率/%	海拔/m	坡向	坡度/(°)	土壤类型
1	N23°26′36″，E103°38′07″	柏树林	80	1901	南	40	红壤
2	N23°26′01″，E103°36′56″	旱地	0	1953	南	40	红壤
3	N23°25′19″，E103°35′49″	云南松次生林	40	1888	北	60	棕壤
4	N23°25′25″，E103°35′35″	华山松次生林	60	1896	南	60	棕壤
5	N23°26′07″，E103°37′19″	桃树林	30	1939	南	0	红壤
6	N23°26′08″，E103°36′24″	青冈栎次生林	75	1870	北	60	红壤
7	N23°26′27″，E103°36′34″	灌木林	20	1904	南	20	棕壤
8	N23°24′30″，E103°29′46″	桉树人工林	30	1857	南	30	棕壤
9	N23°24′10″，E103°29′45″	桉树人工林	10	1926	南	40	红壤
10	N23°26′10″，E103°36′28″	杉树林	40	1875	北	10	红壤

表 4.4　　　　　　　　　　　　东风水库水源地土壤样品基本情况

样地序号	经　纬　度	植被类型	植被覆盖率/%	海拔/m	坡向	坡度/(°)	土壤类型
1	N24°19′52″，E102°36′27″	柏树林	50	1764	北	20	红壤
2	N24°15′47″，E102°37′37″	云南松次生林	20	1936	北	40	棕壤
3	N24°19′01″，E102°39′35″	板栗林	28	1836	南	15	红壤
4	N24°15′19″，E102°40′14″	青冈栎次生林	30	1921	北	60	红壤
5	N24°15′34″，E102°39′41″	桃树林	20	1832	南	12	红壤
6	N24°15′37″，E102°39′40″	圣诞树林	40	1850	南	17	黄棕壤
7	N24°22′13″，E102°38′39″	耕地（玉米）	0	1831	南	0	水稻土
8	N24°22′12″，E102°39′51″	云南松次生林	64	1786	北	11	红壤
9	N24°21′58″，E102°40′14″	云南松次生林	50	1740	北	40	红壤
10	N24°22′08″，E102°40′32″	云南松次生林	30	1797	北	35	红壤
11	N24°22′26″，E102°40′37″	旱地	0	1841	南	3	红壤
12	N24°22′60″，E102°40′56″	杉树林	60	1800	南	41	红壤
13	N24°23′22″，E102°41′12″	青冈栎次生林	50	1830	北	20	棕壤
14	N24°23′40″，E102°41′56″	圣诞树林	10	1842	南	8	红壤
15	N24°24′05″，E102°40′45″	杉树林	64	1837	南	20	红壤
16	N24°26′30″，E102°38′56″	青冈栎次生林	70	2016	北	38	棕壤
17	N24°25′40″，E102°40′31″	云南松次生林	40	1904	南	18	红壤

表 4.5 潇湘水库水源地土壤样品基本情况

样地序号	经 纬 度	植被类型	植被覆盖率/%	海拔/m	坡向	坡度/(°)	土壤类型
1	N25°25′18″，E103°40′33″	华山松次生林	63	2029	南	30	黄壤
2	N25°25′36″，E103°41′19″	桉树人工林	45	2053	南	20	红壤
3	N25°26′16″，E103°44′55″	云南松次生林	25	1984	南	10	黄棕壤
4	N25°19′59″，E103°45′08″	华山松次生林	20	2159	南	20	黄壤
5	N25°19′04″，E103°45′30″	荒地	0	2131	南	8	黄壤
6	N25°19′26″，E103°45′20″	荒地	0	2173	南	15	黄壤
7	N25°18′43″，E103°45′26″	云南松次生林	30	2166	南	20	红壤
8	N25°18′46″，E103°45′35″	华山松次生林	70	2150	南	25	红壤

表 4.6 渔洞水库水源地土壤样品基本情况

样地序号	经 纬 度	植被类型	植被覆盖率/%	海拔/m	坡向	坡度/(°)	土壤类型
1	N27°29′25″，E103°29′05″	云南松次生林	30	2065	南	25	红壤
2	N27°28′41″，E103°31′54″	云南松次生林	15	2074	南	20	红壤
3	N27°28′56″，E103°35′38″	云南松次生林	8	2245	北	25	红壤
4	N27°24′48″，E103°20′26″	草地	0	3067	南	2	棕壤
5	N27°24′45″，E103°21′29″	华山松人工林	30	2945	南	20	棕壤
6	N27°24′26″，E103°23′18″	华山松次生林	50	2636	北	25	黄壤
7	N27°19′07″，E103°29′54″	华山松次生林	70	2484	南	20	红壤

表 4.7 信房水库水源地土壤样品基本情况

样地序号	经 纬 度	植被类型	植被覆盖率/%	海拔/m	坡向	坡度/(°)	土壤类型
1	N22°41′59″，E100°59′16″	混交林	60	1432	南	35	红壤
2	N22°41′58″，E100°59′17″	混交林	62	1422	南	32	红壤
3	N22°43′08″，E100°58′29″	混交林	70	1408	南	25	红壤
4	N22°43′01″，E100°59′41″	混交林	65	1367	南	48	红壤
5	N22°43′04″，E100°59′30″	混交林	60	1356	南	20	红壤

表 4.8　　　　　　　　　云龙水库水源地土壤样品基本情况

样地序号	经 纬 度	植被类型	植被覆盖率/%	海拔/m	坡向	坡度/(°)	土壤类型
1	N25°51′29″，E102°26′51″	云南松次生林	40	2145	南	30	黄棕壤
2	N25°54′04″，E102°24′25″	云南松人工林	30	2128	南	20	红壤
3	N26°6′59″，E102°26′20″	桉树人工林	20	2261	南	40	红壤
4	N26°04′14″，E102°25′50″	耕地	0	2222	南	0	水稻土
5	N26°04′15″，E102°25′58″	云南松人工林	40	2213	南	5	红壤
6	N26°00′14″，E102°29′13″	荒地	0	2226	南	7	水稻土
7	N25°57′48″，E102°30′49″	桉树人工林	50	2211	南	30	棕壤
8	N25°57′25″，E102°31′36″	云南松次生林	80	2131	南	50	棕壤

表 4.9　　　　　　　　　松华坝水库水源地土壤样品基本情况

样地序号	经 纬 度	植被类型	植被覆盖率/%	海拔/m	坡向	坡度/(°)	土壤类型
1	N25°12′02″，E102°50′50″	滇石栎次生林	20	1964	西	18	红壤
2	N25°13′33″，E102°52′40″	圣诞树林	40	2001	北	5	红壤
3	N25°14′40″，E102°51′54″	云南松人工林	18	1944	南	3	水稻土
4	N25°20′07″，E102°52′39″	云南松次生林	60	2267	南	30	黄棕壤
5	N25°23′19″，E102°53′48″	华山松次生林	10	2757	北	20	棕壤
6	N25°21′42″，E102°48′06″	人工林（小树苗）	5	2059	南	2	水稻土
7	N25°19′21″，E102°48′22″	耕地	0	2039	南	2	水稻土
8	N25°19′58″，E102°49′56″	云南松次生林	30	2106	南	21	红壤
9	N25°11′52″，E102°50′47″	人工林（小树苗）	4	1926	南	1	水稻土
10	N25°27′18″，E102°51′41″	云南松次生林	50	2310	北	40	红壤
11	N25°27′17″，E102°51′42″	旱地		2330	南	20	红壤
12	N25°27′16″，E102°51′45″	园地	23	2323	南	32	红壤
13	N25°22′53″，E102°49′00″	云南松次生林	45	2203	南	19	红壤
14	N25°22′53″，E102°49′00″	荒地	0	2210	南	21	红壤
15	N25°22′53″，E102°49′00″	耕地	34	2127	南	12	红壤
16	N25°19′40″，E102°48′49″	云南松次生林	38	2053	北	19	红壤
17	N25°19′38″，E102°48′47″	耕地	0	2013	南	8	红壤
18	N25°10′16″，E102°46′54″	耕地（玉米）	36	2007	南	45	红壤
19	N25°10′16″，E102°46′54″	云南松次生林	28	2038	南	33	红壤

2. 样品处理

各剖面以相同的方法进行采样。每个土壤剖面挖成 1.5m×1m×0.8m 的长方形坑，用环刀分别按 0～20cm、20～40cm、40～60cm 3 个土壤层次取原状土样，每层重复 3 次，用于测定土壤容重、孔隙度等。同时，每层采铝盒样品和散样样品，用于测定土壤含水量、有机质和其他土壤特性。

利用烘干法测定土壤含水量。利用环刀法所取的原状土样，根据常规分析方法，测定土壤容重、孔隙度和饱和含水量（鲁绍伟，2005；张伟，2011）。土壤有机质含量用高温外热重铬酸钾氧化——容量法测定（徐洪亮，2011；常龙芳，2013）。土壤的粒度用激光粒度仪测定（丁访军，2009；李海防，2011）。

4.1.2 结果分析

4.1.2.1 云龙水库水源地

云龙水库水源地主要有云南松次生林、桉树人工林、耕地和荒地，其土壤理化性质和水源涵养功能表现如图 4.1 所示。

土壤自然含水量方面，云南松次生林、桉树人工林随土壤深度的增加逐渐降低，桉树人工林表层和底层分别为 30.94%、21.64%；耕地随土壤深度的增加逐渐增加，表层和底层分别为 20.95%、22.66%；云南松人工林随土壤深度的增加先降低后逐渐增加，变化幅度不大，20cm 处最低，为 26.20%；荒地在 20cm 处最大，为 27.32%。

土壤有机质含量方面，云南松次生林在 20cm 处最高，为 1.58%，底层降至 0.37%，降幅较大；桉树人工林、耕地、荒地随土壤深度的增加逐渐降低，桉树人工林在 0cm 处高达 0.57%，底层为 0.28%，整体低于其他植被；耕地在 0cm 处最高，为 0.73%，底层降至 0.33%；荒地在 0cm 处最高，为 0.49%，底层降至 0.13%。云南松人工林有机质含量随土壤深度先增后降，在 20cm 处最高，为 0.42%，底层降至 0.08%。

土壤孔隙度方面，云南松次生林、桉树人工林、耕地随土壤深度的增加逐渐降低。云南松次生林在地表处最大，为 51.06%，60cm 处最小，为 44.81%；桉树人工林、耕地在地表处最大，分别为 45.06%、46.87%；荒地孔隙度随土壤深度变化复杂，20cm 处最大，为 46.10%，60cm 处最小。

从图 4.2 可以看出，有效储水量方面，云南松次生林随土壤深度降低先减少后增加，20cm 处最小，为 386.55t/hm²，土壤底层的最大，为 498.19t/hm²；云南松人工林表层最大，为 513.49t/hm²，20cm 处最小，为 470.61t/hm²；荒地 40cm 处降的值较大；耕地变化趋势相对平缓，在土层的表层处数值最小，底层最大。

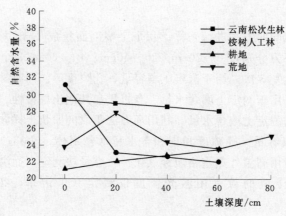

(a)自然含水量

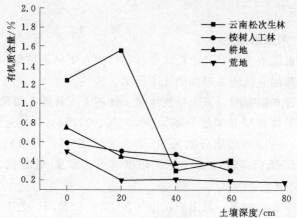
(b)有机质含量

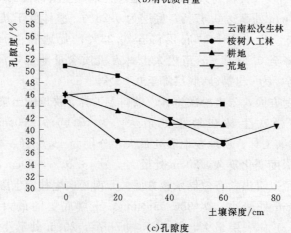
(c)孔隙度

图 4.1 云龙水库水源地主要土地类型的自然含水量、
有机质含量、孔隙度随土壤深度变化图

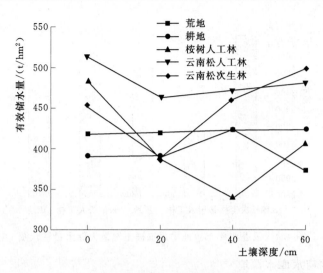

图 4.2 云龙水库水源地主要植被
有效储水量随土壤深度变化图

从图 4.3 和图 4.4 可以看出，最大储水量方面，云南松次生林、耕地、荒地和桉树人工林均随土壤深度的增加而逐渐降低，云南松次生林表层最大，为 1021.16t/hm²，底层降低至 866.48t/hm²；云南松人工林变化相对复杂，在 20cm 处数值最小；耕地为 3541.12t/hm²；荒地为 3415.84t/hm²，整体变化幅度较大；桉树人工林为 3174.54t/hm²。总体来看，次生林的最大储水量最高，耕地次之，人工林相对较低。

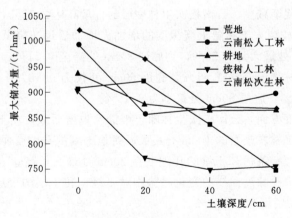

图 4.3 云龙水库水源地主要植被最大
储水量随土壤深度变化图

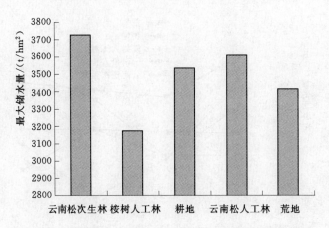

图 4.4　云龙水库水源地主要植被土壤最大储水量柱状图

4.1.2.2　北庙水库水源地

　　北庙水库水源地内主要有云南松次生林、华山松次生林、桉树人工林、茶树林和耕地，其土壤理化性质和水源涵养功能表现如图 4.5 所示。

　　土壤自然含水量方面，云南松次生林土壤的自然含水量曲线先增后减，40cm 处最大；桉树人工林土壤的自然含水量先减后增，20cm 处最小，80cm 处最大；耕地、茶树林和华山松次生林随土壤深度逐渐增加，耕地表层的含量为 16.06%，底层增至 20.67%，而茶树林表层的含量为 35.20%，60cm 处增至 40.61%；华山松次生林表层为 23.71%，80cm 处增至 30.62%。

　　土壤有机质含量方面，云南松次生林、耕地、茶树林和华山松次生林随土壤深度的增加逐渐减少。云南松次生林表层的含量高达 2.32%，底层 80cm 处降至 0.85%；桉树人工林随土壤深度的增加先增加后迅速降低，表层含量为 1.30%，20cm 处最大为 1.39%，到底层 80cm 处降至 0.51%；耕地变化幅度比较小；茶树林表层高达 1.41%，底层 60cm 处仅为 0.88%；华山松次生林表层高达 1.98%，底层 80cm 处最小为 0.43%。

　　土壤孔隙度方面，云南松次生林随土壤深度先增后减，在土层的 40cm 处最大；桉树人工林在土层的 40cm 处最大；耕地土壤的孔隙度曲线变化趋势与有机质含量相似；茶树林土壤的孔隙度在 20cm 处最大，高达 62.52%；华山松次生林土壤的孔隙度曲线的变化趋势相对平缓，在土层的表层处数值最大，为 61.06%，在底层为 49.41%。

　　从图 4.6 可以看出，土壤的有效储水量方面，华山松次生林土壤表层为 168.98t/hm²，20cm 处最大，为 563.73t/hm²，到底层 60cm 处降至 338.32t/hm²；云南松次生林土壤先减少后增加；桉树人工林的土壤随深度逐渐增加；耕地土壤先增后减，表层为 412.26t/hm²，20cm 处为 606.57t/hm²，60cm 处

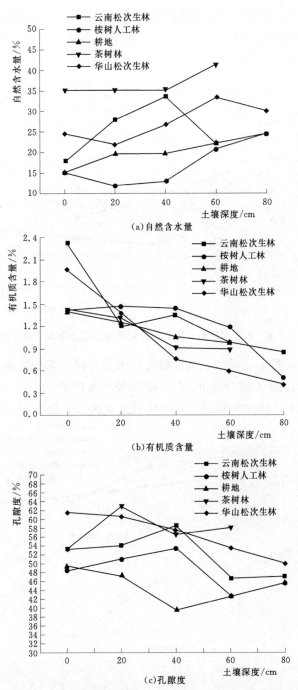

图 4.5 北庙水库水源地主要土地类型的自然含水量、
有机质含量、孔隙度随土壤深度变化图

为 456.59t/hm²；茶树林的土壤变化趋势相对平缓，表层处最大，为 324.07t/hm²，20cm 处最小，为 229.60t/hm²，底层为 271.05t/hm²。总体来看，耕地和云南松次生林的有效储水量较高，茶树林的相对较低。

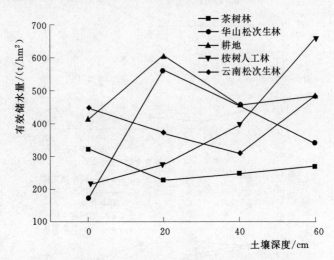

图 4.6　北庙水源地主要植被有效储水量随土壤深度变化图

从图 4.7 和图 4.8 可以看出，最大储水量方面，华山松次生林最高，为 4728.89t/hm²，随土壤深度的增加而降低，表层最大，为 1221.11t/hm²，60cm 处降低至 1146.97t/hm²；茶树林地土壤次之，为 4668.64t/hm²，在土

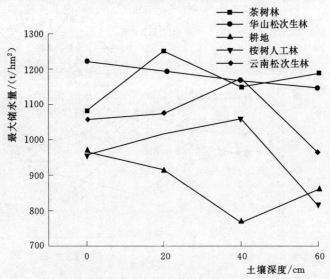

图 4.7　北庙水库水源地主要植被最大储水量随土壤深度变化图

层的 20cm 处最大，为 1250.33t/hm²，表层最小，仅为 1081.94t/hm²；云南松次生林土壤为 4267.35t/hm²，随土壤深度的增加先增大后迅速降低；桉树人工林的土壤为 3844.50t/hm²，40cm 处最大，为 1058.86t/hm²，底层最小，为 812.31t/hm²；耕地土壤在几种植被类型中最小，为 3506.84t/hm²，呈现出随土壤深度的增加先迅速降低然后有所增加，表层最大，为 965.76t/hm²，40cm 处最小，为 765.98t/hm²。总体来看，次生林的最大储水量最高，人工林次之，耕地相对较低。

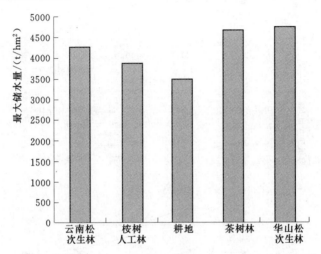

图 4.8 北庙水库水源地主要植被土壤最大储水量柱状图

4.1.2.3 九龙甸水库水源地

九龙甸水库水源地主要有云南松次生林、青冈栎次生林、桉树人工林、灌木林和耕地，其土壤理化性质和水源涵养功能表现如图 4.9 所示。

土壤自然含水量方面，云南松次生林、灌木林、耕地、桉树人工林和青冈栎次生林均随土壤深度的增加逐渐增大。青冈栎次生林在 40cm 处变化幅度大，底层高达 26.92%；灌木林表层最小，为 8.71%，底层最大，为 15.34%；耕地在 20~40cm 处变化幅度相对较大；桉树人工林在 20cm 处最小，为 13.05%，底层 80cm 处最大，为 16.42%，整个曲线变化幅度很小；青冈栎次生林表层最小，为 11.91%，底层 80cm 处最大，为 27.93%。

土壤有机质含量方面，云南松次生林和青冈栎次生林随土壤深度的增加逐渐减少。云南松次生林在 20cm 处急速降低，表层的含量高达 1.45%，20cm 处为 1.33%，到底层 80cm 处降至 0.20%；灌木林随土壤深度的增加变化比较复杂，表层的含量为 0.73%，20cm 处为 0.76%，在 40cm 处最低，为 0.02%；耕地随土壤深度的增加变化相对趋缓，没有明显的高、低值，在 0.5% 左右波动；

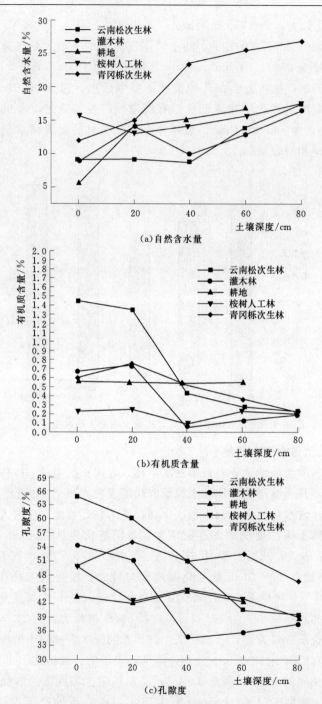

图 4.9　九龙甸水库水源地主要土地利用类型的自然含水量、
有机质含量、孔隙度随土壤深度变化图

桉树人工林变化趋势很平缓，在 0.2% 左右波动，相比其他植被类型的有机质含量很小；青冈栎次生林表层含量为 0.61%，20cm 处为 0.74%。

　　土壤孔隙度方面，云南松次生林和灌木林随土壤深度的增加逐渐减小，云南松次生林在表层最大，为 64.83%，40～60cm 处变化幅度最大；灌木林的曲线变化趋势和有机质含量的很相似，在表层最大，为 54.51%，在 20～40cm 处变化幅度最大；耕地随土壤深度的增加变化比较复杂，最小为 40.58%，最大为 45.33%；桉树人工林表层最大，为 48.47%，底层最小，为 41.06%；青冈栎次生林 20cm 处最大，为 55.74%，底层最小，为 45.28%。

　　从图 4.10 可以看出，有效储水量方面，青冈栎次生林随土壤深度的增加逐渐降低，表层为 549.90t/hm²，到底层 60cm 处降低至最小，为 362.75t/hm²；云南松次生林随土壤深度逐渐降低，整个曲线变化幅度相对平缓，表层最高，为 610.11t/hm²，底层最低，为 485.04t/hm²；桉树人工林随土壤深度的增加逐渐降低，变化幅度相对其他植被类型比较大；耕地先增后减，整条曲线变化幅度很小，在 450t/hm² 左右波动；灌木林随土壤深度的增加逐渐降低，表层处最大，为 628.20t/hm²，底层降至 244.6t/hm²。

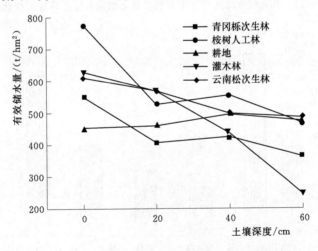

图 4.10　九龙甸水库水源地主要植被有效储水量随土壤深度变化图

　　从图 4.11 和图 4.12 可以看出，最大储水量方面，以云南松次生林最高，为 4273.13t/hm²，且由表层 1267.08t/hm² 降为底层的 796.28t/hm²；青冈栎次生林次之，为 4130.12t/hm²，其在土层的 20cm 处最大，为 1114.78t/hm²，表层最小，仅为 976.59t/hm²；桉树人工林为 3638.40t/hm²，随土壤深度的增加先降低后逐渐增加，在 20cm 处最低；灌木林随土壤深度的增加而逐渐降低，表层最大，为 1038.03t/hm²，底层降低至 661.00t/hm²，降低了约 36.32%；耕地为 3460.20t/hm²，随土壤深度的增加先减后增，20cm 处最小，为 811.69t/hm²，40cm 处最大，为 906.70t/hm²，整条曲线变化幅度较小，各层的数值变化不大。总体来看，云南松次生林的最大储水量最高，桉树人工林和耕地次之，灌木林最低。

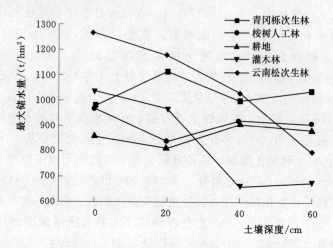

图 4.11   九龙甸水库水源地主要植被最大储水量随土壤深度变化图

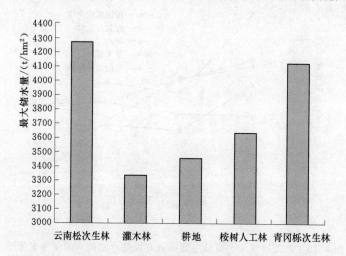

图 4.12   九龙甸水库水源地主要植被土壤最大储水量柱状图

4.1.2.4   东风水库水源地

东风水库水源地主要有云南松次生林、柏树林、杉树林、青冈栎次生林、圣诞树林、园地和耕地，其土壤理化性质和水源涵养功能表现如图 4.13 所示。

土壤自然含水量方面，园地（板栗）、云南松次生林、青冈栎次生林随土壤深度的增加逐渐增高，整体变化幅度不大，表层最低，底层最高；圣诞树林整体变化幅度不大。

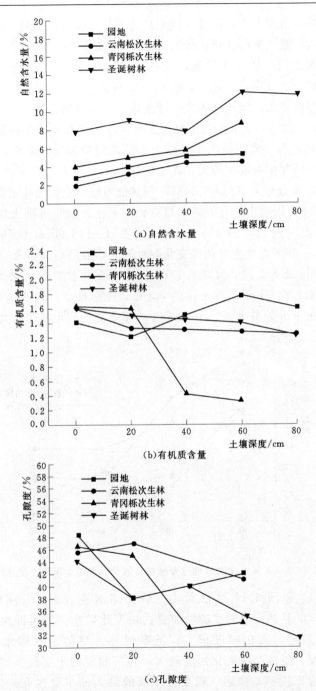

图 4.13　东风水库水源地主要土地利用类型的自然含水量、
有机质含量、孔隙度随土壤深度变化图

　　土壤有机质含量方面，园地（板栗）土壤的有机质含量随土壤深度的增加变化比较复杂，整体来说含量比较高，在 20cm 处最低，为 1.13%；云南松次生林随土壤深度的增加逐渐降低，表层为 1.63%；圣诞树林表层为 1.65%；青冈栎次生林上部较高，0cm、20cm 处分别高达 1.62%、1.56%。

　　土壤孔隙度方面，园地（板栗）随土壤深度的增加先减小后又回升，在表层最大，为 47.92%；云南松次生林随土壤深度的增加先增加后逐渐减小，在 20cm 处为 46.13%；青冈栎次生林随土壤深度的增加逐渐减小，整条曲线变化幅度比前面两种植被类型的大，在土层的 0cm 处最大，为 45.80%；圣诞树林在土层的 0cm 处最大，为 43.54%，与其他植被类型相比孔隙度相对较小。

　　从图 4.14 可以看出，有效储水量方面，云南松次生林随土壤深度的增加逐渐减小，表层最大，为 488.76t/hm²，在土层的 60cm 处降至最小，为 398.23t/hm²；青冈栎次生林曲线变化幅度较大，表层最大，为 621.04t/hm²，在土层的 60cm 处降至最小为 332.17t/hm²；圣诞树林曲线变化幅度较大，表层最大，为 477.84t/hm²，在土层的 60cm 处降至最小，为 245.56t/hm²；园地（板栗）在 0cm 处最大，40cm 处最小，整条曲线变化幅度不大。

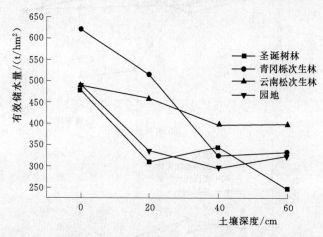

图 4.14　东风水库水源地主要植被有效储水量随土壤深度变化图

　　从图 4.15 和图 4.16 可以看出，最大储水量方面，云南松次生林为 3491.23t/hm²，且随土壤深度的增加变化幅度比较小；青冈栎次生林的最大储水量先减后增，变化幅度很大；圣诞树林土壤的最大储水量最小，为 2786.67t/hm²，整体曲线变化幅度较大，在所测定的土壤最大储水量中，这种植被类型的比较小；园地（板栗）土壤的最大储水量次高，为 3303.73t/hm²，随土壤深度的增加逐渐增高，底层为 893.49t/hm²，整条曲线变化幅度较小。总体来看，云南松次生林的最大储水量最高，远高于其他植被类型，圣诞树林最低。

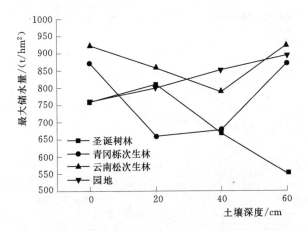

图 4.15 东风水库水源地主要植被最大储水量随土壤深度变化图

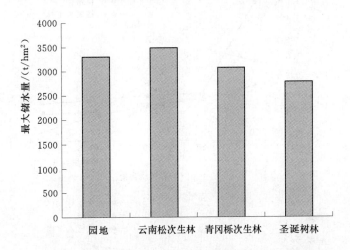

图 4.16 东风水库水源地主要植被土壤最大储水量柱状图

4.1.2.5 菲白水库水源地

菲白水库水源地主要有次生林（主要包括云南松、华山松、柏树和青冈栎）、人工林（包括桉树林和园地）和耕地，其土壤理化性质和水源涵养特性表现如图 4.17 所示。

土壤自然含水量方面，次生林、耕地和桉树人工林随土壤深度的增加逐渐增高，在 0～20cm 变化幅度大，底层的最高，高达 31.32％；耕地在表层处最低，为 15.06％，底层高达 35.86％；耕地变化幅度比较大。

土壤有机质含量方面，次生林和桉树人工林随土壤深度的增加逐渐减少。次生林在 0～20cm 急速降低，表层的含量高达 1.57％，到底层 80cm 处降至

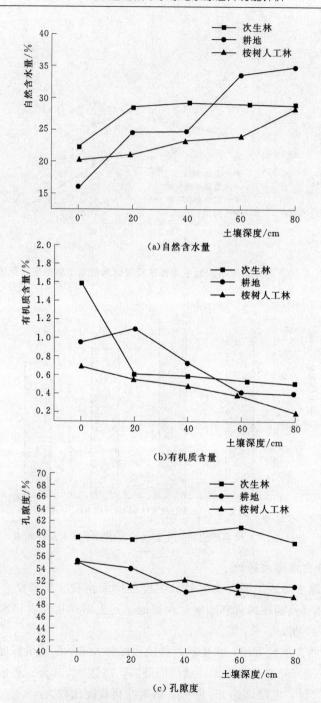

(a)自然含水量

(b)有机质含量

(c)孔隙度

图 4.17　菲白水库水源地主要土地利用类型的自然含水量、
有机质含量、孔隙度随土壤深度变化图

0.41%；耕地随土壤深度的增加先增后减，在20cm处最高，为1.03%，到底层80cm处降至0.36%；桉树人工林表层最大，为0.67%，到底层80cm处降至0.26%，明显比次生林和耕地小很多。

土壤孔隙度方面，次生林和耕地随土壤深度的增加逐渐减小，次生林在表层最大，为59.37%，在土层的60～80cm变化幅度最大，但耕地变化幅度较小；桉树人工林随土壤深度的增加先减少后略有回升，40cm处最小，整体曲线的变化幅度很小。

从图4.18可以看出，有效储水量方面，次生林随土壤深度的增加相对复杂，曲线变化幅度在20cm处比较大，为336.20t/hm²，在土层的40cm处最小，为161.55t/hm²；桉树人工林在0cm处最小，20cm处最高，整条曲线比较平缓，变化幅度不大。耕地土壤的有效储水量逐渐升高，整条曲线变化幅度很小，在350t/hm²左右波动。

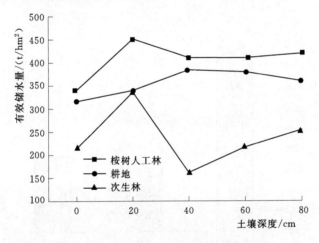

图4.18　菲白水库水源地主要植被
有效储水量随土壤深度变化图

从图4.19和图4.20可以看出，最大储水量方面，次生林最高，为4795.53t/hm²，远远高于桉树人工林和耕地，随土壤深度的增加变化很小；桉树人工林次之，为4269.81t/hm²；耕地为4214.16t/hm²，随土壤深度的增加先减后增，40cm处最小，为996.31t/hm²，表层最大，为1099.26t/hm²，各层的数值变化不大。总体来看，次生林的最大储水量最高，远远高于其他植被类型，桉树人工林略比耕地高一些。

4.1.2.6　潇湘水库水源地

潇湘水库水源地主要有次生林（主要包括云南松和华山松）、桉树人工林、荒地和耕地，其土壤理化性质和水源涵养功能表现如图4.21所示。

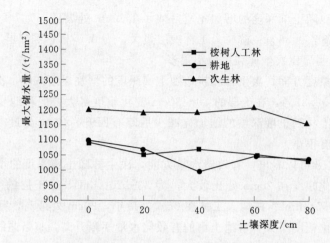

图 4.19   菲白水库水源地主要植被最大储水量随土壤深度变化图

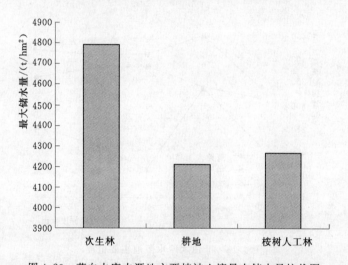

图 4.20   菲白水库水源地主要植被土壤最大储水量柱状图

土壤自然含水量方面，华山松次生林、荒地、桉树人工林随土壤深度增加呈现上升趋势，云南松次生林随土壤深度增加，含水量逐渐降低。

土壤有机质含量方面，桉树人工林、荒地、云南松次生林和华山松次生林整体来说比较低，均在 0cm 处最高，其值分别为 0.88%、0.99%、0.42% 和 0.90%。

土壤孔隙度方面，桉树人工林随土壤深度的增加先增加后逐渐降低，在土层的 20cm 处最大，为 48.31%；荒地在土层的表层处最大，为 56.92%；云南松次生林在土层的表层处最大，为 53.76%；华山松次生林随土壤深度的增加而逐渐升高。

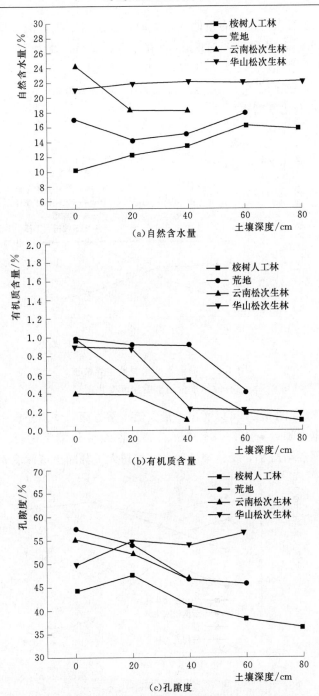

图 4.21 潇湘水库水源地主要土地利用类型的自然含水量、
有机质含量、孔隙度随土壤深度变化图

从图4.22可以看出，有效储水量方面，云南松次生林随土壤深度的增加变化幅度很小，表层为744.31t/hm²，在土层的60cm处为748.17t/hm²；华山松次生林变化幅度较大；桉树人工林变化幅度不大，表层最大，为671.08t/hm²，在土层的60cm处降至最小，为535.32t/hm²；荒地的有效储水量整条曲线变化幅度不大。

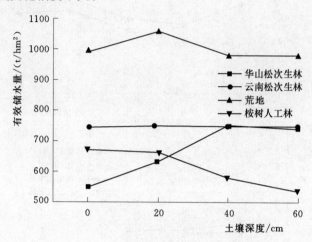

图4.22　潇湘水库水源地主要植被
有效储水量随土壤深度变化图

从图4.23和图4.24可以看出，最大储水量方面，华山松次生林随土壤深度的增加逐渐增加，为4277.88t/hm²，整体曲线变化幅度比较小；荒地随土壤深度增加而逐渐减小，变化幅度较大；桉树人工林随土壤深度先增后减，为

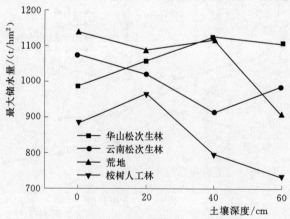

图4.23　潇湘水库水源地主要植被
最大储水量随土壤深度变化图

3377.89t/hm²；云南松次生林为3996.02t/hm²，随土壤深度的增加先减然后又升高，表层的最大，为1075.25t/hm²，整条曲线变化幅度较小，各层的数值变化不大。总体来看，华山松次生林的最大储水量最高，远高于桉树人工林。

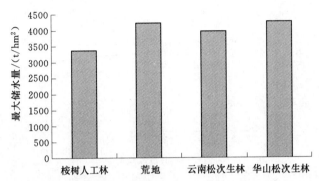

图4.24 潇湘水库水源地主要植被土壤最大储水量柱状图

4.1.2.7 信房水库水源地

信房水库水源地主要是混交林植被类型，土壤理化性质和水源涵养功能表现如图4.25所示。

土壤自然含水量方面，坡上混交林随土壤深度的增加逐渐降低，可能是雨季采样的原因，与其他的规律有出入，谷底混交林变化不大。

土壤有机质含量方面，坡上混交林随土壤深度的增加变化复杂，整体变化幅度较大，表层高达1.32%，底层为0.46%；谷底混交林有机质含量随土壤深度的增加逐渐降低，表层为2.10%，底层仅为0.73%。

土壤孔隙度方面，坡上混交林和谷底混交林孔隙度随土壤深度的增加逐渐降低，整条曲线变化幅度较大，坡上混交林表层和底层分别为59.75%和46.65%；谷底混交林表层和底层分别为61.30%和51.01%。

从图4.26可以看出，有效储水量方面，坡上混交林随土壤深度的增加逐渐增加，变化幅度较大，表层小，底层大。谷底混交林随土壤深度增加变化复杂，先增加后降低再增加，在20~40cm处变化最大。出现这种结果，可能与雨季采样有关。

从图4.27和图4.28可以看出，两种位置土壤的最大储水量以谷底混交林较高，为4301.26t/hm²，整体曲线变化幅度比较大；坡上混交林最大储水量为4024.42t/hm²；坡上混交林和谷底混交林都随土壤深度的增加逐渐减小，变化幅度较大；相同深度，谷底混交林较高。

4.1.2.8 渔洞水库水源地

渔洞水库水源地主要有云南松次生林、华山松次生林和草地，其理化性质和水源涵养功能表现如图4.29所示。

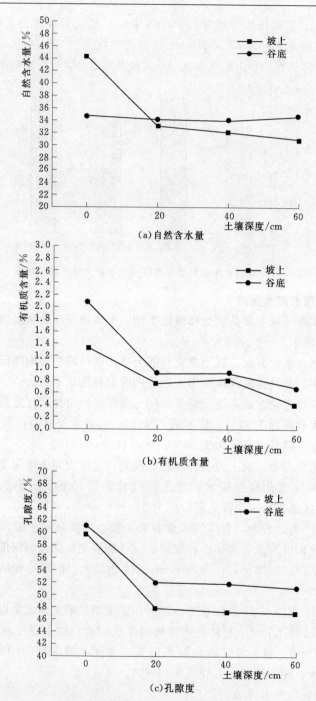

图 4.25　信房水库水源地主要土地利用类型的自然含水量、
有机质含量、孔隙度随土壤深度变化图

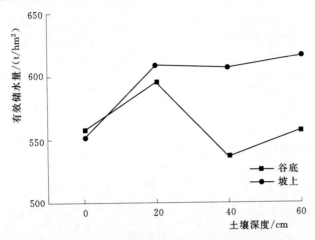

图 4.26 信房水库水源地主要植被有效储水量随土壤深度变化图

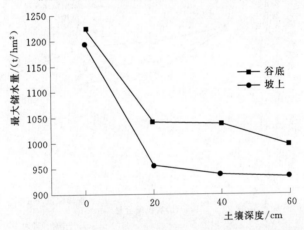

图 4.27 信房水库水源地主要植被的最大储水量随土壤深度变化图

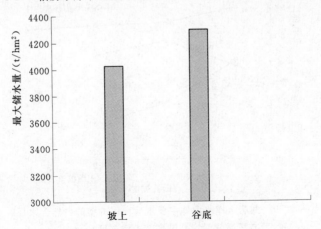

图 4.28 信房水库水源地各植被土壤最大储水量柱状图

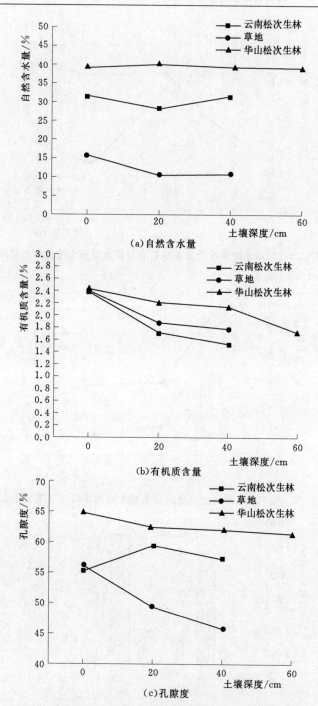

图 4.29　渔洞水库水源地主要土地利用类型的自然含水量、
有机质含量、孔隙度随土壤深度变化图

土壤自然含水量方面，华山松次生林随土壤深度的增加变化幅度很小，其值高于其他植被类型；草地随土壤深度的增加逐渐降低，与其他植被类型的规律有差别；云南松次生林随土壤深度的增加先降低后逐渐增加。

土壤有机质含量方面，云南松次生林、华山松次生林和草地均随土壤深度的增加逐渐减少，整体变化幅度较大。云南松次生林、华山松次生林和草地表层分别2.35％、2.43％和2.41％，底层分别为1.40％、1.58％和1.71％。

土壤孔隙度方面，云南松次生林随土壤深度的增加先增后减，草地与华山松次生林都随土壤深度的增加逐渐降低。云南松次生林在土层20cm处最大，为60.46％；草地表层为56.17％，底层为45.12％；华山松次生林随土壤深度的增加逐渐降低，变化幅度也不大，表层最大，为64.48％，底层为61.45％，孔隙度很高，高于其他植被类型的孔隙度。

从图4.30可以看出，有效储水量方面，华山松次生林变化幅度很小，云南松次生林表层为495.31t/hm²，20cm处为419.52t/hm²；草地在20cm处最大，为734.31t/hm²，表层0cm处最小，为666.36t/hm²。

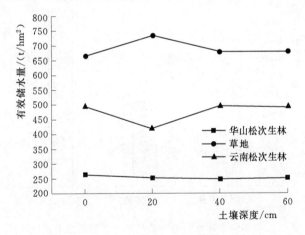

图4.30　渔洞水库水源地主要植被有效储水量随土壤深度变化图

从图4.31和图4.32可以看出，最大储水量方面，华山松次生林和草地随土壤深度的增加逐渐减小，华山松次生林最高，为4946.65t/hm²，远高于草地；草地的最大储水量为3922.76t/hm²，变化幅度较大，在3种植被类型中最小；云南松次生林为4604.23t/hm²，整体曲线变化幅度较小，先增后减。总体来看，华山松次生林最大储水量最高，云南松次生林次高，都远高于草地。

4.1.2.9　松华坝水库水源地

松华坝水库水源地主要有次生林（主要有云南松、华山松、滇石栎和圣诞树林）、人工林（包括树苗地、园地等）、耕地（包括旱耕地和水耕地）和荒

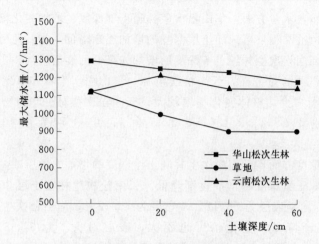

图 4.31　渔洞水库水源地主要植被
最大储水量随土壤深度变化图

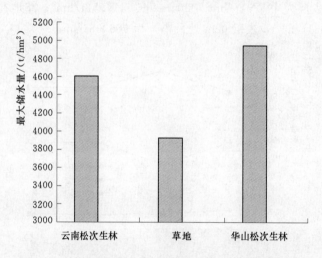

图 4.32　渔洞水库水源地主要植被土壤最大储水量柱状图

地,其土壤理化性质和水源涵养功能表现如图 4.33 所示。

　　土壤自然含水量方面,4 种植被类型的土壤自然含水量都随着土壤深度的增加而逐渐增高。在 0～80cm 的整个土层内,次生林土壤的平均自然含水量最高,为 20.84%,耕地次之,为 18.46%,荒地为 11.92%,人工林最小,为 11.81%,可见,次生林地能更好地保存水分,有效涵养水源。

　　土壤容重方面,4 种植被类型土壤的容重均表现为随着土层深度的增加而逐渐增大,在 0～20cm 的表层,次生林土壤容重最小,为 1.15g/cm³,荒地的土壤容重最大,为 1.46g/cm³,高出 26.96%。耕地、人工林地和荒地的平均

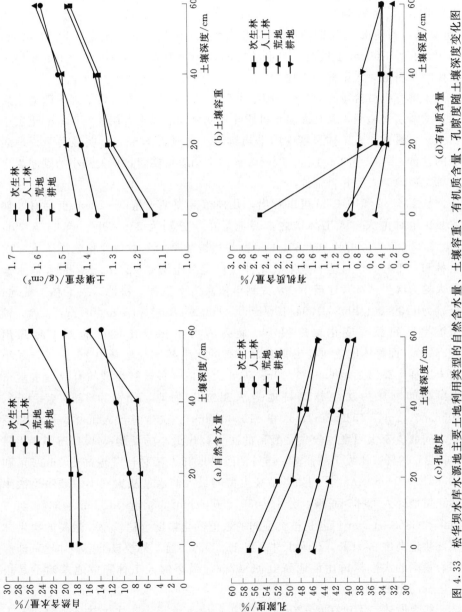

图 4.33 松华坝水库水源地主要土地利用类型的自然含水量、土壤容重、有机质含量、孔隙度随土壤深度变化图

土壤容重为 $1.35g/cm^3$，高出次生林 17.10%。在 $0\sim60cm$ 整个土层内，4 种植被类型土壤容重平均值从大到小的顺序为荒地＞人工林＞耕地＞次生林。

土壤孔隙度方面，4 种植被类型土壤的孔隙度与容重刚好相反，随土层厚度的增加而逐渐降低。在 $0\sim20cm$ 的表层，次生林的孔隙度最大，为 56.50%，耕地次之为 54.72%，人工林为 47.92%，荒地最小，为 44.82%。孔隙度在 $0\sim60cm$ 土层内，次生林的最大，荒地的最小，从大到小的顺序为次生林＞耕地＞人工林＞荒地。

土壤有机质含量方面，4 种植被类型土壤的有机质含量均表现为随着土层深度的增加而递减，并且表层有机质含量明显大于以下各层。$0\sim20cm$ 土层中次生林、耕地和人工林土壤中的平均有机质含量为 1.51%，明显高于荒地表层的含量，约是它的 3.4 倍。$0\sim60cm$ 的平均有机质含量从大到小的顺序为次生林＞耕地＞人工林＞荒地。

从图 4.34 和图 4.35 可以看出，几种植被类型土壤 $0\sim20cm$ 土层有效储水量次生林最大，人工林次之，耕地最小，分别为 $535.20t/hm^2$、$466.20t/hm^2$、$325.60t/hm^2$ 和 $301.80t/hm^2$。各植被类型间的数值变化幅度不大，次生林和人工林高于耕地和荒地。几种植被类型土壤 $0\sim20cm$ 土层最大储水量最大的为次生林，荒地最小，从大到小依次为次生林＞耕地＞人工林＞荒地，分别为 $1130.00t/hm^2$、$1094.40t/hm^2$、$958.50t/hm^2$ 和 $896.40t/hm^2$。前 3 种植被类型间数值变化幅度很小，最高的次生林只比最小的人工林高出 17.89%，而整体比荒地高出很多，最高的次生林比荒地高出 26.01%，最小的人工林也高出荒地 6.93%。$0\sim80cm$ 土层内，各植被类型的有效储水量从大到小的顺序为次生林＞耕地＞人工林＞荒地，分别为 $1958.40t/hm^2$、$1055.80t/hm^2$、$1039.20t/hm^2$ 和 $912.00t/hm^2$。次生林与人工林、耕地和荒地之间数值变化幅度比较大，最高的次生林比最小的荒地高 114.73%，比耕地高 85.49%，比人工林高 88.45%，而耕地和人工林比荒地高出 15.77% 和 13.95%。$0\sim80cm$ 土层内，各植被类型的最大储水量从大到小的顺序为次生林＞耕地＞人工林＞荒地，分别为 $3930.00t/hm^2$、$3894.40t/hm^2$、$3449.00t/hm^2$ 和 $3368.4t/hm^2$。各植被类型间的数值变化幅度也比较小，最高的次生林只比耕地高出 0.91%，比人工林高出 13.95%。前 3 种植被类型整体比荒地都高，最高的次生林树比荒地高出 16.67%，最小的人工林和荒地差幅不是很大，只高出 2.39%。

综上所述，无论在 $0\sim20cm$ 还是 $0\sim80cm$ 土层内，次生林、耕地和人工林的水源涵养能力高于荒地，即次生林水源涵养能力最好，耕地次之，人工林稍差。

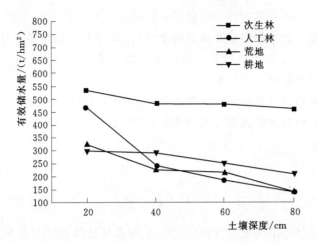

图 4.34 松华坝水库水源地主要植被有效储水量随土壤深度变化图

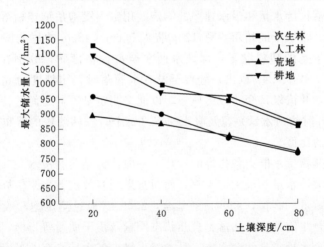

图 4.35 松华坝水库水源地主要植被最大储水量随土壤深度变化图

4.2 水源地枯落物水源涵养特性

4.2.1 实验方法

水源地森林枯落物水源涵养特性可通过以下步骤得到。

（1）枯落物采集及蓄积量的测定。根据各水源地植被情况，在水源地每种林分样地的 $100m^2$ 范围内随机选取 3 个 0.5m×0.5m 的样方，记录样地位置（海拔、经纬度）、样地概况（坡度、坡向）、树种的基本情况（树高、树龄、郁闭度）以及枯枝落叶层未分解层和半分解层的厚度，再将枯落物分层装入塑料袋进行收集，在收集过程中尽量不破坏枯落物的原形，将其密封好并贴上标签再称其鲜重（扣除塑料袋及标签的重量）。将样品带回实验室用电热鼓风干燥箱在 65℃条件下烘干再称其干重，最后以枯落物干重推算不同林分下枯落物的单位面积蓄积量（时忠杰，2009）。

枯落物分解强度是决定其蓄积量和水文特性的重要因素之一，一般分为绝对分解强度和相对分解强度，其计算公式为

$$A = \frac{A_2}{A_1}$$

$$A' = \frac{A_2}{A_1 + A_2}$$

式中：A 为森林枯落物绝对分解强度；A' 为森林枯落物相对分解强度；A_1 为枯落物未分解层蓄积量；A_2 为枯落物半分解层蓄积量。

（2）枯落物持水量和吸水速率的测定。用室内浸泡法测定枯落物的持水量和吸水速率。将烘干的枯落物称 120g 装入 75cm×48cm 的尼龙网袋，再将其放入装有自来水的塑料盆里，保证水面完全覆盖枯落物，分别在 0.5h、1h、2h、4h、8h、12h、24h 取出，静置至没有水滴落时，用精度为 0.01g 的电子秤称其质量，并记录每个时段的质量，以此来测定其不同时间的持水量和最大持水量（24h 时的持水量）以及吸水速率（每个时段枯落物的湿重与干重之差同浸水时间的比值）。

（3）枯落物持水能力各指标的计算。一般认为枯落物浸水 24h 的持水量和持水率为最大持水量和最大持水率，而通常采用有效拦蓄量来估算枯落物对降水的实际拦蓄量（高岗，2009；刘学全，2009）。通过测定饱和吸水后枯落物的质量，结合之前测定的枯落物自然状态质量及烘干质量等指标，可推算出枯落物的自然含水量、自然含水率、最大持水量、最大持水率、最大拦蓄率、有效拦蓄量等指标，各指标计算公式为

$$G_o = G_a - G_d$$

$$G'_o = \frac{G_a - G_d}{G_d} \times 100\%$$

$$G_{hmax} = G_{24} - G_{120}$$

$$G'_{hmax} = \frac{G_{24} - G_{120}}{G_{120}} \times 100\%$$

$$G_{smax} = (G'_{hmax} - G'_o) G_d$$

$$G'_{smax} = G'_{hmax} - G'_o$$

$$G_{sv} = (0.85 G'_{hmax} - G'_o) \times 100\%$$

$$G'_{sv} = 0.85G'_{hmax} - G'_o$$

式中：G_o、G'_o为枯落物的自然含水量和自然含水率；G_{hmax}、G'_{hmax}为枯落物的最大持水量和最大持水率；G_{smax}、G'_{smax}为枯落物的最大拦蓄量和有效拦蓄量；G_a为枯落物自然状态下的单位面积储水量；G_d为烘干状态下的单位面积储水量；G_{24}为120g枯落物浸泡24h后的湿重；G_{120}为浸泡的枯落物干重量即120g；0.85为枯落物的有效拦水系数。

（4）枯落物持水效应的综合评价。首先构建枯落物水源涵养功能评价指标体系（表4.10）。其次用因子分析法计算指标权重和综合指数，用SPSS软件对各指标原始数据进行标准化处理，通过主成分分析得到旋转后的因子方差贡献率和因子载荷矩阵，由因子得分系数与相应方差贡献率的乘积得到各指标在样本中的贡献，用各指标的贡献除以所有指标的贡献之和即得各指标的权重，综合指标值可由各指标的加权和求出，计算公式为

$$\omega_i = \frac{\sum_{j=1}^{m} \beta_{ji} e_j}{\sum_{i=1}^{p} \sum_{j=1}^{m} \beta_{ji} e_j}$$

$$I = \sum_{i=1}^{p} \omega_i Z_i$$

式中：ω_i为指标在样本中的贡献；β_{ji}为因子得分系数；e_j为因子方差贡献率；I为综合指标值；Z_i为原始数据标准化后的数据。

表 4.10　　　　　　　小范围森林枯落物水源涵养功能评价指标体系

目标层	准则层	指标层
枯落物水源涵养功能	枯落物因子	厚度 u_1/cm
		蓄积量 u_2/(t/hm²)
		自然含水率 u_3/%
		最大持水率 u_4/%
		最大拦蓄率 u_5/%
		有效拦蓄率 u_6/%

4.2.2 结果分析

4.2.2.1 云龙水库水源地

1. 森林枯落物蓄积量

从表4.11可以看出，云龙水库水源地两种主要森林类型枯落物总厚度分

别为 1.20cm 和 1.26cm，枯落物厚度相差较小，总蓄积量相差也较小，绝对分解强度分别为 1.34 和 2.02，相对分解强度分别为 0.57 和 0.67，云南松次生林枯落物绝对和相对分解强度均大于云南松次生林＋青冈栎次生林。

表 4.11　云龙水库水源地不同森林类型枯落物厚度、蓄积量及分解强度

森林类型	枯枝落叶层厚度 /cm			蓄积量 /(t/hm²)				分解强度		
	未分解层	半分解层	总厚度	未分解层	占总蓄积量比重/%	半分解层	占总蓄积量比重/%	总蓄积量	绝对强度	相对强度
云南松次生林＋青冈栎次生林	0.53	0.67	1.20	1.98	42.67	2.66	57.33	4.64	1.34	0.57
云南松次生林	0.40	0.86	1.26	1.75	33.08	3.54	66.92	5.29	2.02	0.67
平均值	0.47	0.77	1.23	1.87	37.88	3.10	62.13	4.97	1.68	0.62

2. 森林枯落物持水量与浸泡时间关系分析

从表 4.12 可以看出，两种森林类型枯落物饱和持水量分别为 11.64mm 和 11.63mm。其中，未分解层枯落物饱和持水量（浸泡 24h 后的持水量）分别为 5.64mm 和 5.65mm，而半分解层枯落物饱和持水量分别为 6.01mm 和 5.98mm。

表 4.12　　　　云龙水库水源地不同森林类型枯落物持水量　　　　单位：mm

森林类型	枯枝落叶层	浸泡时间							饱和持水量
		0.5h	1h	2h	4h	8h	12h	24h	
云南松次生林＋青冈栎次生林	未分解层	4.57	4.75	5.04	5.20	5.36	5.46	5.64	11.64
	半分解层	5.07	5.21	5.44	5.61	5.79	5.87	6.01	
云南松次生林	未分解层	4.55	4.75	4.93	5.15	5.29	5.45	5.65	11.63
	半分解层	4.92	5.10	5.31	5.51	5.74	5.79	5.98	
平均值	未分解层	4.56	4.75	4.99	5.18	5.33	5.46	5.65	11.65
	半分解层	5.00	5.16	5.38	5.56	5.77	5.83	6.00	

从表 4.12 和图 4.36 可以看出，两种森林类型未分解层和半分解层枯落物持水量均随着浸泡时间的持续而增加。如云南松次生林未分解层枯落物 0.5h、8h 和 24h 的持水量分别为 4.55mm、5.29mm、5.65mm；而半分解层枯落物 0.5h、8h 和 24h 的持水量分别为 4.92 mm、5.74mm、5.98mm。两种森林类型未分解层枯落物平均持水量从浸泡 0.5h 到 8h 时的增幅为 16.89％，从浸泡

8h 到 24h 时的增幅为 6.00％；半分解层枯落物平均持水量从浸泡 0.5h 到 8h 时的增幅为 15.40％，从浸泡 8h 到 24h 时的增幅为 3.99％。

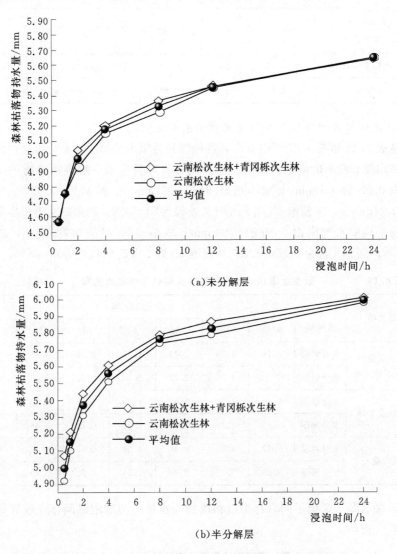

图 4.36　不同森林类型枯落物持水量随浸泡时间变化

　　云龙水库水源地不同森林类型枯落物持水量与浸泡时间存在较好的线性关系，各森林类型枯落物持水量拟合的相关系数 R^2 均大于 0.990。枯落物持水量与浸泡时间的关系式见表 4.13。

表4.13　云龙水库水源地不同森林类型枯落物持水量与浸泡时间关系式

森林类型	未分解层关系式	R^2	半分解层关系式	R^2
云南松次生林＋ 青冈栎次生林	$Y=4.785+0.276\ln t$	0.992	$Y=5.245+0.251\ln t$	0.995
云南松次生林	$Y=4.743+0.281\ln t$	0.998	$Y=5.115+0.279\ln t$	0.997
平均值	$Y=4.764+0.279\ln t$	0.998	$Y=5.180+0.265\ln t$	0.996

3. 森林枯落物吸水速率与浸泡时间关系分析

从表4.14和图4.37可以看出，两种森林类型未分解层和半分解层枯落物吸水速率均随着浸泡时间的持续而减小。两种森林类型未分解层枯落物平均吸水速率由0.5h的9.12mm/h减小到8h时的0.67mm/h，减幅为92.65%；到24h时为0.24mm/h，从浸泡8h到24h时的减幅为64.18%。两种森林类型半分解层枯落物平均吸水速率由0.5h的9.99mm/h减小到8h时的0.72mm/h，减幅为92.79%；到24h时为0.25mm/h，从浸泡8h到24h时的减幅为65.28%。

表4.14　　　　　云龙水库水源地不同森林类型枯落物吸水速率　　　单位：mm/h

森林类型	枯枝 落叶层	浸泡时间						
		0.5h	1h	2h	4h	8h	12h	24h
云南松次生林 ＋青冈栎次生林	未分解层	9.14	4.75	2.49	1.30	0.67	0.45	0.24
	半分解层	10.13	5.21	2.72	1.40	0.72	0.49	0.25
云南松次生林	未分解层	9.10	4.75	2.47	1.29	0.66	0.46	0.24
	半分解层	9.85	5.10	2.62	1.38	0.72	0.48	0.25
平均值	未分解层	9.12	4.75	2.48	1.30	0.67	0.46	0.24
	半分解层	9.99	5.16	2.67	1.39	0.72	0.49	0.25

云龙水库水源地不同森林类型枯落物吸水速率与浸泡时间存在较好的幂函数关系（表4.15）。

表4.15　云龙水库水源地不同森林类型枯落物吸水速率与浸泡时间关系式

森林类型	未分解层关系式	R^2	半分解层关系式	R^2
云南松次生林＋ 青冈栎次生林	$V=4.763t^{-0.943}$	1.000	$V=5.239t^{-0.955}$	1.000
云南松次生林	$V=4.739t^{-0.940}$	1.000	$V=5.102t^{-0.948}$	1.000
平均值	$V=4.751t^{-0.942}$	1.000	$V=5.170t^{-0.952}$	1.000

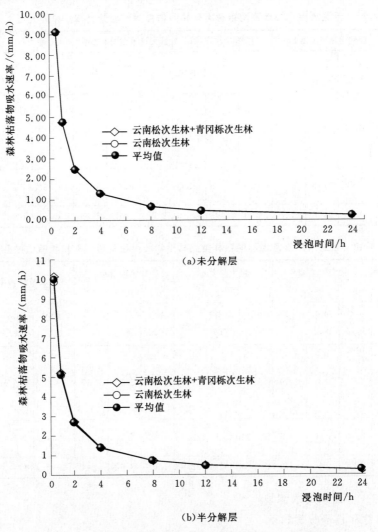

图 4.37　不同森林类型枯落物吸水速率随浸泡时间变化

4. 森林枯落物最大持水能力特性

从表 4.16 可以看出，两种森林类型总自然含水量分别为 2.63t/hm² 和 2.94t/hm²；平均自然含水率分别为 33.17% 和 31.92%；最大持水量分别为 7.83t/hm² 和 8.92t/hm²；平均最大持水率分别为 165.89% 和 164.45%。

5. 森林枯落物拦蓄能力

从表 4.17 可以看出，云龙水库水源地两种主要森林类型枯落物最大拦蓄量分别为 6.24t/hm² 和 7.15t/hm²；平均最大拦蓄率分别为 132.72% 和 132.53%；有效拦蓄量分别为 5.07 t/hm² 和 5.81t/hm²；平均有效拦蓄率分别为 107.84% 和 107.86%。

表 4.16　云龙水库水源地不同森林类型枯落物自然含水量（率）和最大持水量（率）

森林类型	自然含水量/(t/hm²)			自然含水率/%			最大持水量/(t/hm²)			最大持水率/%		
	未分解层	半分解层	总和	未分解层	半分解层	平均	未分解层	半分解层	总和	未分解层	半分解层	平均
云南松次生林＋青冈栎次生林	0.87	1.76	2.63	28.33	38.00	33.17	2.95	4.88	7.83	149.95	181.82	165.89
云南松次生林	0.78	2.16	2.94	28.29	35.55	31.92	2.61	6.31	8.92	150.32	178.57	164.45
平均值	0.83	1.96	2.79	28.31	36.78	32.55	2.78	5.60	8.38	150.14	180.20	165.17

表 4.17　云龙水库水源地不同森林类型枯落物最大拦蓄量（率）和有效拦蓄量（率）

森林类型	最大拦蓄量/(t/hm²)			最大拦蓄率/%			有效拦蓄量/(t/hm²)			有效拦蓄率/%		
	未分解层	半分解层	总和	未分解层	半分解层	平均	未分解层	半分解层	总和	未分解层	半分解层	平均
云南松次生林＋青冈栎次生林	2.37	3.87	6.24	121.62	143.82	132.72	1.93	3.14	5.07	99.13	116.55	107.84
云南松次生林	2.10	5.05	7.15	122.03	143.02	132.53	1.71	4.10	5.81	99.48	116.23	107.86
平均值	2.24	4.46	6.70	121.83	143.42	132.63	1.82	3.62	5.44	99.31	116.39	107.85

4.2.2.2　北庙水库水源地

1. 森林枯落物蓄积量

从表 4.18 可以看出，北庙水库水源地 7 种主要森林类型枯落物中，华山松次生林＋青冈栎次生林枯落物总厚度最大，为 3.56cm，杉木人工林＋华山松次生林枯落物总厚度最小，为 1.77cm，7 种森林类型枯落物总厚度从大到小依次为华山松次生林＋青冈栎次生林（3.56cm）＞云南松次生林＋华山松次生林＋杉木人工林＋冈栎林（3.19cm）＞华山松次生林（3.17cm）＞桉树人工林（2.73cm）＞云南松次生林（2.56cm）＞云南松次生林＋桉树人工林（2.30cm）＞杉木人工林＋华山松次生林（1.77cm）。未分解层枯落物厚度在 0.10～2.13cm 之间，而半分解层枯落物厚度在 0.47～1.67cm 之间。7 种森林类型枯落物总蓄积量相差较大，在 4.51～7.27t/hm² 之间，从大到小依次为桉树人工林（7.27t/hm²）＞云南松次生林＋华山松次生林＋杉木人工林＋冈栎林（6.37t/hm²）＞杉木人工林＋华山松次生林（5.82t/hm²）＞华山松次生林＋青冈栎次生林（5.28t/hm²）＞华山松次生林（5.26t/hm²）＞云南松次生林（4.72t/hm²）＞云南松次生林＋桉树人工林（4.51t/hm²）。未分解层枯落物蓄积量在0.32～4.21t/hm²之间，半分解层枯落物蓄积量在1.41～5.50t/hm²之间。云南松次生林、桉树人工林、云南松次生林＋桉树人工林、云南松次生林＋华山松次生林＋杉木人工林＋冈栎林、杉木人工林＋华山松次生林、华山松次生林、华山松次生林＋青冈栎次生林未分解层枯落物蓄积量占总蓄积量的比重分别为59.53%、57.91%、68.74%、28.57%、5.50%、40.87%和46.02%，半分解层枯落物蓄积量分别占总蓄积量的40.47%、42.09%、31.26%、71.43%、94.50%、59.13%、53.98%。

表4.18　北庙水库水源地不同森林类型枯落物厚度、蓄积量及分解强度

森林类型	枯枝落叶层厚度/cm			蓄积量/(t/hm²)				分解强度		
	未分解层	半分解层	总厚度	未分解层	占总蓄积量比重/%	半分解层	占总蓄积量比重/%	总蓄积量	绝对强度	相对强度
云南松次生林	1.70	0.86	2.56	2.81	59.53	1.91	40.47	4.72	0.68	0.40
桉树人工林	2.00	0.73	2.73	4.21	57.91	3.06	42.09	7.27	0.73	0.42
云南松次生林＋桉树人工林	1.83	0.47	2.30	3.10	68.74	1.41	31.26	4.51	0.45	0.31
云南松次生林＋华山松次生林＋杉木人工林＋冈栎林	1.69	1.50	3.19	1.82	28.57	4.55	71.43	6.37	2.50	0.71
杉木人工林＋华山松次生林	0.10	1.67	1.77	0.32	5.50	5.50	94.50	5.82	17.19	0.95
华山松次生林	1.75	1.42	3.17	2.15	40.87	3.11	59.13	5.26	1.45	0.59
华山松次生林＋青冈栎次生林	2.13	1.43	3.56	2.43	46.02	2.85	53.98	5.28	1.17	0.54
平均值	1.60	1.15	2.75	2.41	43.88	3.20	56.12	5.60	1.33	0.56

从表4.18还可以看出，北庙水库水源地7种主要森林类型枯落物绝对分解强度和相对分解强度分别在0.45～17.19和0.31～0.95之间，绝对分解强度从大到小依次为杉木人工林＋华山松次生林（17.19）＞云南松次生林＋华山松次生林＋杉木人工林＋冈栎（2.50）＞华山松次生林（1.45）＞华山松次生林＋青冈栎次生林（1.17）＞桉树人工林（0.73）＞云南松次生林（0.68）＞云

南松次生林＋桉树人工林（0.45）；相对分解强从大到小依次为杉木人工林＋华山松次生林（0.95）＞云南松次生林＋华山松次生林＋杉木人工林＋冈栎林（0.71）＞华山松次生林（0.59）＞华山松次生林＋青冈栎次生林（0.54）＞桉树人工林（0.42）＞云南松次生林（0.40）＞云南松次生林＋桉树人工林（0.31）。

2. 森林枯落物持水量与浸泡时间关系分析

从表 4.19 可以看出，北庙水库水源地 7 种森林类型枯落物饱和持水量相差较小，从大到小依次为云南松次生林＋华山松次生林＋杉木人工林＋冈栎林（12.39mm）＞华山松次生林（12.32mm）＞华山松次生林＋青冈栎次生林（12.19mm）＞杉木人工林＋华山松次生林（11.98mm）＞云南松次生林（11.72mm）＞桉树人工林（11.42mm）＞云南松次生林＋桉树人工林（11.38mm）。未分解层枯落物饱和持水量（浸泡 24h 后的持水量）在 5.23～5.86mm 之间，半分解层枯落物饱和持水量在 5.91～6.65mm 之间，未分解层和半分解层枯落物饱和持水量均相差较小。7 种森林类型枯落物平均饱和持水量为 11.92mm，未分解层和半分解层枯落物平均饱和持水量分别为 5.61mm 和 6.31mm，且均是半分解层大于未分解层。

表 4.19　　　　　　北庙水库水源地不同森林类型枯落物持水量　　　　　单位：mm

森林类型	枯枝落叶层	浸泡时间							饱和持水量
		0.5h	1h	2h	4h	8h	12h	24h	
云南松次生林	未分解层	3.92	4.10	4.21	4.69	5.12	5.28	5.61	11.72
	半分解层	4.78	4.90	5.03	5.37	5.69	5.80	6.11	
桉树人工林	未分解层	4.28	4.37	4.55	4.95	5.11	5.26	5.53	11.42
	半分解层	4.86	4.97	5.08	5.31	5.44	5.51	5.91	
云南松次生林＋桉树人工林	未分解层	3.81	3.99	4.10	4.52	4.77	4.93	5.42	11.38
	半分解层	4.59	4.73	4.77	5.11	5.38	5.49	5.96	
云南松次生林＋华山松次生林＋杉木人工林＋冈栎林	未分解层	4.56	4.64	4.68	5.13	5.29	5.42	5.80	12.39
	半分解层	5.64	5.73	5.78	6.09	6.27	6.38	6.59	
杉木人工林＋华山松次生林	未分解层	4.52	4.59	4.66	4.82	4.97	5.08	5.33	11.98
	半分解层	5.85	5.91	6.00	6.16	6.27	6.36	6.65	
华山松次生林	未分解层	4.47	4.72	4.80	5.11	5.42	5.56	5.86	12.32
	半分解层	5.39	5.56	5.60	5.90	6.03	6.14	6.46	
华山松次生林＋青冈栎次生林	未分解层	4.25	4.41	4.55	5.00	5.20	5.40	5.69	12.19
	半分解层	5.47	5.60	5.71	5.98	6.07	6.18	6.50	
平均值	未分解层	4.26	4.40	4.51	4.89	5.13	5.28	5.61	11.92
	半分解层	5.23	5.34	5.42	5.70	5.88	5.98	6.31	

从表 4.19 和图 4.38 可以看出,北庙水库水源地 7 种森林类型未分解层和半分解层枯落物持水量均随着浸泡时间的持续而增加。未分解层枯落物平均持水量由 0.5h 的 4.26mm 增加到 8h 时的 5.13mm,到 24h 时为 5.61mm,未分解层枯落物平均持水量从浸泡 0.5h 到 8h 时的增幅为 20.42%,从浸泡 8h 到24h 时的增幅为 9.37%;半分解层枯落物平均持水量由 0.5h 的 5.23mm 增加到 8h 时的 5.88mm,到 24h 时为 6.31mm,半分解层枯落物平均持水量从浸泡 0.5h 到 8h 时的增幅为 12.43%,从浸泡 8h 到 24h 时的增幅为 7.31%。未分解层和半分解层枯落物持水量均是从开始浸泡到浸泡 8h,迅速增加,从 8h之后枯落物持水量缓慢增加。

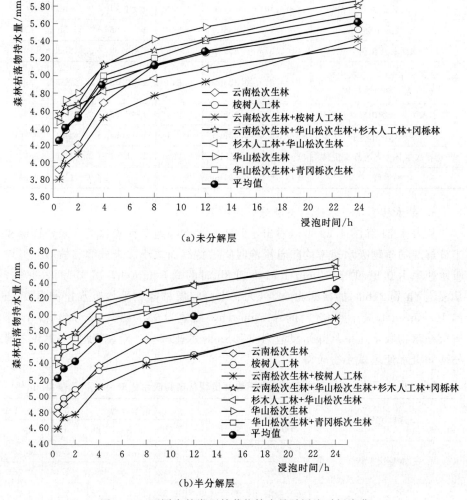

图 4.38 不同森林类型枯落物持水量随浸泡时间变化

经过对 7 种森林类型枯落物持水量及平均持水量与浸泡时间进行拟合分析，得出各森林类型枯落物持水量与浸泡时间的对数存在以下线性关系：

$$Y = b_0 + b_1 \ln t$$

式中：Y 为枯落物持水量；t 为浸泡时间；b_0 为方程常数项；b_1 为方程系数。

各森林类型未分解层和半分解层枯落物持水量与浸泡时间拟合关系式见表4.20。从表 4.20 可见，各森林类型枯落物持水量拟合的相关系数 R^2 均大于0.940，拟合效果较好。

表 4.20   北庙水库水源地不同森林类型枯落物持水量与浸泡时间关系式

森林类型	未分解层关系式	R^2	半分解层关系式	R^2
云南松次生林	$Y = 4.101 + 0.463 \ln t$	0.971	$Y = 4.916 + 0.358 \ln t$	0.976
桉树人工林	$Y = 4.423 + 0.338 \ln t$	0.980	$Y = 4.966 + 0.254 \ln t$	0.952
云南松次生林＋桉树人工林	$Y = 3.973 + 0.409 \ln t$	0.983	$Y = 4.697 + 0.345 \ln t$	0.943
云南松次生林＋华山松次生林＋杉木人工林＋冈栎林	$Y = 4.649 + 0.326 \ln t$	0.943	$Y = 5.733 + 0.257 \ln t$	0.967
杉木人工林＋华山松次生林	$Y = 4.585 + 0.205 \ln t$	0.954	$Y = 5.914 + 0.197 \ln t$	0.947
华山松次生林	$Y = 4.666 + 0.359 \ln t$	0.984	$Y = 5.522 + 0.266 \ln t$	0.967
华山松次生林＋青冈栎次生林	$Y = 4.426 + 0.385 \ln t$	0.981	$Y = 5.597 + 0.256 \ln t$	0.972
平均值	$Y = 4.403 + 0.355 \ln t$	0.976	$Y = 5.335 + 0.276 \ln t$	0.967

3. 森林枯落物吸水速率与浸泡时间关系分析

从表 4.21 和图 4.39 可以看出，北庙水库水源地 7 种森林类型未分解层和半分解层枯落物吸水速率均随着浸泡时间的持续而减小。未分解层枯落物平均吸水速率由 0.5h 的 8.52mm/h 减小到 8h 时的 0.64mm/h，减幅为 92.49%；从浸泡 8h 到 24h 时的减幅为 64.06%。半分解层枯落物平均吸水速率由 0.5h 的 10.45mm/h 减小到 8h 时的 0.73mm/h，减幅为 93.01%。未分解层和半分解层枯落物吸水速率从开始浸泡到浸泡 8h 时迅速减小，而在浸泡 8～24h 之间枯落物吸水速率减小得较慢。

表 4.21   北庙水库水源地不同森林类型枯落物吸水速率　　　　单位：mm/h

森林类型	枯枝落叶层	浸泡时间						
		0.5h	1h	2h	4h	8h	12h	24h
云南松次生林	未分解层	7.85	4.10	2.11	1.18	0.64	0.44	0.23
	半分解层	9.56	4.90	2.52	1.34	0.71	0.48	0.26
桉树人工林	未分解层	8.56	4.37	2.28	1.24	0.64	0.44	0.23
	半分解层	9.72	4.97	2.54	1.33	0.68	0.46	0.25

续表

森林类型	枯枝落叶层	浸泡时间						
		0.5h	1h	2h	4h	8h	12h	24h
云南松次生林＋桉树人工林	未分解层	7.62	3.99	2.05	1.13	0.60	0.41	0.23
	半分解层	9.18	4.73	2.39	1.28	0.67	0.46	0.25
云南松次生林＋华山松次生林＋杉木人工林＋冈栎林	未分解层	9.12	4.64	2.34	1.28	0.66	0.45	0.24
	半分解层	11.28	5.73	2.89	1.52	0.78	0.53	0.27
杉木人工林＋华山松次生林	未分解层	9.04	4.59	2.33	1.21	0.62	0.42	0.22
	半分解层	11.70	5.91	3.00	1.54	0.78	0.53	0.28
华山松次生林	未分解层	8.94	4.72	2.40	1.28	0.68	0.46	0.25
	半分解层	10.77	5.56	2.80	1.48	0.76	0.52	0.27
华山松次生林＋青冈栎次生林	未分解层	8.50	4.41	2.28	1.25	0.65	0.45	0.24
	半分解层	10.94	5.60	2.86	1.50	0.76	0.52	0.27
平均值	未分解层	8.52	4.40	2.26	1.22	0.64	0.44	0.23
	半分解层	10.45	5.34	2.71	1.43	0.73	0.50	0.26

经过对 7 种森林类型枯落物吸水速率与浸泡时间进行拟合分析，得出各森林类型枯落物吸水速率与浸泡时间之间存在以下幂函数关系：

$$V = b_0 t^{b_1}$$

式中：V 为枯落物吸水速率；b_0 为方程常数项；t 为浸泡时间；b_1 为指数。

枯落物吸水速率与浸泡时间拟合的相关系数 R^2 均为 1.000，拟合效果很好，枯落物吸水速率与浸泡时间的关系式见表 4.22。

表 4.22　北庙水库水源地不同森林类型枯落物吸水速率与浸泡时间关系式

森林类型	未分解层关系式	R^2	半分解层关系式	R^2
云南松次生林	$V = 4.114t^{-0.904}$	1.000	$V = 4.910t^{-0.931}$	1.000
桉树人工林	$V = 4.427t^{-0.930}$	1.000	$V = 4.963t^{-0.950}$	1.000
云南松次生林＋桉树人工林	$V = 3.973t^{-0.906}$	1.000	$V = 4.702t^{-0.932}$	1.000
云南松次生林＋华山松次生林＋杉木人工林＋冈栎林	$V = 4.652t^{-0.938}$	1.000	$V = 5.737t^{-0.961}$	1.000
杉木人工林＋华山松次生林	$V = 4.591t^{-0.960}$	1.000	$V = 5.910t^{-0.967}$	1.000
华山松次生林	$V = 4.661t^{-0.927}$	1.000	$V = 5.526t^{-0.952}$	1.000
华山松次生林＋青冈栎次生林	$V = 4.424t^{-0.920}$	1.000	$V = 5.604t^{-0.956}$	1.000
平均值	$V = 4.406t^{-0.927}$	1.000	$V = 5.336t^{-0.951}$	1.000

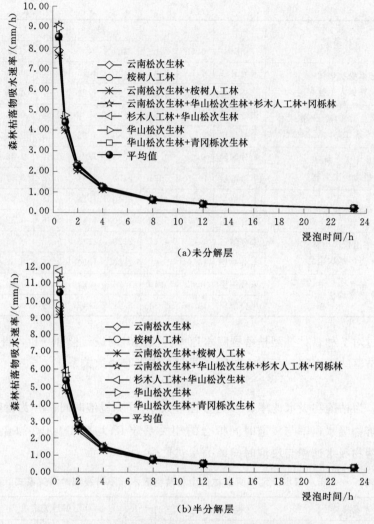

图 4.39　不同森林类型枯落物吸水速率随浸泡时间变化

4. 森林枯落物最大持水能力特性

　　从表 4.23 可以看出，7 种森林类型枯落物总自然含水量从大到小依次为华山松次生林＋青冈栎次生林（1.33t/hm²）＞云南松次生林＋华山松次生林＋杉木人工林＋冈栎林（1.01t/hm²）＞华山松次生林（0.98t/hm²）＞杉木人工林＋华山松次生林（0.85t/hm²）＞云南松次生林＋桉树人工林（0.73t/hm²）＞云南松次生林（0.69t/hm²）＞桉树人工林（0.64t/hm²）。未分解层枯落物自然含水量在 0.03～0.48t/hm² 之间，半分解层枯落物自然含水量在 0.25～0.95t/hm 之间。未分解层和半分解层枯落物平均自然含水率从大到小依次为华山松次生林＋青冈栎次生林（18.97%）＞华山松次生林（14.56%）＞云南松次生林+桉树人工林（13.79%）＞云南松次生林+华山松次生林+杉木人工林+冈栎林（12.83%）＞云南松次生林（12.50%）＞杉木人工林+华山松次生林（10.94%）＞桉树人工林（8.06%）。

表 4.23　北庙水库水源地不同森林类型枯落物自然含水量（率）和最大持水量（率）

森林类型	自然含水量 /(t/hm²)			自然含水率 /%			最大持水量 /(t/hm²)			最大持水率 /%		
	未分解层	半分解层	总和	未分解层	半分解层	平均	未分解层	半分解层	总和	未分解层	半分解层	平均
云南松次生林	0.35	0.34	0.69	10.90	14.10	12.50	4.08	3.66	7.74	146.95	190.15	168.55
桉树人工林	0.32	0.32	0.64	6.76	9.36	8.06	5.92	5.27	11.19	140.93	172.03	156.48
云南松次生林+桉树人工林	0.48	0.25	0.73	13.09	14.49	13.79	4.11	2.50	6.61	132.68	176.43	154.56
云南松次生林+华山松次生林+杉木人工林+冈栎林	0.24	0.77	1.01	11.68	13.97	12.83	2.96	10.84	13.80	162.59	238.49	200.54
杉木人工林+华山松次生林	0.03	0.82	0.85	9.09	12.78	10.94	0.40	13.48	13.88	126.18	245.07	185.63
华山松次生林	0.24	0.74	0.98	12.21	16.91	14.56	3.67	7.15	10.82	168.81	225.75	197.28
华山松次生林+青冈栎次生林	0.38	0.95	1.33	13.49	24.45	18.97	3.73	6.53	10.26	153.52	228.86	191.19
平均值	0.29	0.60	0.89	11.03	15.15	13.09	3.55	7.06	10.61	147.38	210.97	179.18

从表 4.23 还可以看出，7 种森林类型枯落物最大持水量从大到小依次为杉木人工林+华山松次生林（13.88t/hm²）＞云南松次生林+华山松次生林+杉木人工林+冈栎林（13.80t/hm²）＞桉树人工林（11.19t/hm²）＞华山松次生林（10.82t/hm²）＞华山松次生林+青冈栎次生林（10.26t/hm²）＞云南松次生林（7.74t/hm²）＞云南松次生林+桉树人工林（6.61t/hm²）。未分解层枯落物最大持水量在 0.40～5.92t/hm² 之间，半分解层枯落物最大持水量在 2.50～13.48t/hm² 之间。未分解层枯落物最大持水率在 126.18%～168.81% 之间，半分解层枯落物最大持水率在 172.03%～245.07% 之间。

5. 森林枯落物拦蓄能力

从表 4.24 可以看出，北庙水库水源地 7 种森林类型枯落物最大拦蓄量从大到小依次为杉木人工林+华山松次生林（13.15t/hm²）＞云南松次生林+华山松次生林+杉木人工林+冈栎林（12.95t/hm²）＞桉树人工林（10.63t/hm²）＞华山松次生林（9.99t/hm²）＞华山松次生林＋青冈栎次生林（9.23t/hm²）＞云南松次生林（7.14t/hm²）＞云南松次生林＋桉树人工林（6.00t/hm²）。未分解层枯落物最大拦蓄量在 0.37～5.65t/hm² 之间，半分解层枯落物最大拦蓄量在 2.29～12.78t/hm² 之间。7 种森林类型枯落物平均最大拦蓄率最大的是云南松次生林＋华山松次生林＋杉木人工林＋冈栎林，为 187.72％，最小的是云南松次生林＋桉树人工林，为 140.77％。

表 4.24　北庙水库水源地不同森林类型枯落物最大拦蓄量（率）和有效拦蓄量（率）

森林类型	最大拦蓄量 /(t/hm²)			最大拦蓄率 /%			有效拦蓄量 /(t/hm²)			有效拦蓄率 /%		
	未分解层	半分解层	总和	未分解层	半分解层	平均	未分解层	半分解层	总和	未分解层	半分解层	平均
云南松次生林	3.77	3.37	7.14	136.05	176.05	156.05	3.16	2.82	5.98	114.01	147.53	130.77
桉树人工林	5.65	4.98	10.63	134.17	162.67	148.42	4.76	4.19	8.95	113.03	136.87	124.95
云南松次生林＋桉树人工林	3.71	2.29	6.00	119.59	161.94	140.77	3.09	1.92	5.01	99.69	135.48	117.59
云南松次生林＋华山松次生林＋杉木人工林＋冈栎林	2.74	10.21	12.95	150.91	224.52	187.72	2.30	8.58	10.88	126.52	188.75	157.64
杉木人工林＋华山松次生林	0.37	12.78	13.15	117.09	232.29	174.69	0.31	10.76	11.07	98.17	195.53	146.85
华山松次生林	3.40	6.59	9.99	156.60	208.84	182.72	2.85	5.52	8.37	131.28	174.97	153.13
华山松次生林＋青冈栎次生林	3.40	5.83	9.23	140.03	204.41	172.22	2.84	4.85	7.69	117.00	170.08	143.54
平均值	3.29	6.58	9.87	136.35	195.82	166.08	2.76	5.52	8.28	114.24	164.17	139.21

从表 4.24 还可以看出，北庙水库水源地 7 种森林类型枯落物有效拦蓄量从大到小依次为杉木人工林＋华山松次生林（11.07t/hm²）＞云南松次生林＋华山松次生林＋杉木人工林＋冈栎林（10.88t/hm²）＞桉树人工林（8.95t/hm²）＞华山松次生林（8.37t/hm²）＞华山松次生林＋青冈栎次生林（7.69t/hm²）＞云南松次生林（5.98t/hm²）＞云南松次生林＋桉树人工林（5.01t/hm²），其中，未分解层枯落物有效拦蓄量中桉树人工林最大，为 4.76t/hm²，杉木人工林＋华山松次生林最小，为 0.31t/t/hm²；半分解层枯落物有效拦蓄量中杉木人工林＋华山松次生林最大，为 10.76t/hm²，云南松次生林＋桉树人工林最小，为 1.92t/hm²。7 种森林类型枯落物平均有效拦蓄率在 117.59％～157.64％ 之间。

4.2.2.3　九龙甸水库水源地

1. 森林枯落物蓄积量

从表 4.25 可以看出，九龙甸水库水源地 6 种主要森林类型枯落物总厚度从大到小依次为云南松次生林＋青冈栎次生林（4.17cm）＞青冈栎次生林（2.55cm）＞桉树人工林（2.42cm）＞灌木林（2.05cm）＞云南松次生林＋青冈栎次生林＋杉树林（1.90cm）＞杉树林（1.67cm）。未分解层枯落物厚度在 0.50～1.72cm 之间，半分解层枯落物厚度在 0.70～3.00cm 之间。6 种森林类型枯落物总蓄积量相差较小，在 4.22～6.75t/hm² 之间。未分解层枯落物蓄积量在 1.41～3.22t/hm² 之间，半分解层枯落物蓄积量在 1.82～4.56t/hm² 之间。未分解层枯落物蓄积量占总蓄积量的比重介于 27.39%～56.87%，半分解层枯落物蓄积量占总蓄积量的比重介于 43.13%～72.61%。6 种森林类型枯落物绝对分解强度和相对分解强度分别在 0.76～2.65 和 0.43～0.73 之间，绝对分解强度和相对分解强度排序一致，均按杉树林＞灌木林＞云南松次生林＋青冈栎次生林＋杉树林＞云南松次生林＋青冈栎次生林＞青冈栎次生林＞桉树人工林依次减少。

表 4.25　九龙甸水库水源地不同森林类型枯落物厚度、蓄积量及分解强度

森林类型	枯枝落叶层厚度/cm			蓄积量/(t/hm²)				分解强度		
	未分解层	半分解层	总厚度	未分解层	占总蓄积量比重/%	半分解层	占总蓄积量比重/%	总蓄积量	绝对强度	相对强度
云南松次生林＋青冈栎次生林＋杉树林	1.05	0.85	1.90	2.46	37.05	4.18	62.95	6.64	1.70	0.63
灌木林	0.55	1.50	2.05	1.41	27.65	3.69	72.35	5.10	2.62	0.72
云南松次生林＋青冈栎次生林	1.17	3.00	4.17	2.84	42.07	3.91	57.93	6.75	1.38	0.58
杉树林	0.50	1.17	1.67	1.72	27.39	4.56	72.61	6.28	2.65	0.73
桉树人工林	1.72	0.70	2.42	2.40	56.87	1.82	43.13	4.22	0.76	0.43
青冈栎次生林	1.45	1.10	2.55	3.22	54.21	2.72	45.79	5.94	0.84	0.46
平均值	1.07	1.39	2.25	2.34	40.87	3.48	59.13	5.82	1.49	0.59

2. 森林枯落物持水量与浸泡时间关系分析

从表 4.26 可以看出，九龙甸水库水源地 6 种森林类型枯落物饱和持水量相差较小，饱和持水量中杉木林最大，为 11.95mm，云南松次生林＋青冈栎次生林最小，为 11.57mm。未分解层枯落物饱和持水量在 5.23～5.94mm 之间，半分解层枯落物饱和持水量在 5.92～6.62mm 之间。枯落物平均饱和持水量为 11.73mm。

表 4.26　　　　**九龙甸水库水源地不同森林类型枯落物持水量**　　　单位：mm

森林类型	枯枝落叶层	浸泡时间							饱和持水量
		0.5h	1h	2h	4h	8h	12h	24h	
云南松次生林＋青冈栎次生林＋杉树林	未分解层	4.36	4.52	4.70	4.88	5.34	5.47	5.71	11.70
	半分解层	4.93	5.12	5.23	5.42	5.70	5.82	5.99	
灌木林	未分解层	4.05	4.18	4.33	4.66	4.89	5.01	5.23	11.85
	半分解层	5.81	5.90	6.05	6.23	6.39	6.51	6.62	
云南松次生林＋青冈栎次生林	未分解层	4.08	4.28	4.57	4.96	5.20	5.37	5.65	11.57
	半分解层	4.84	5.03	5.20	5.46	5.62	5.76	5.92	
杉树林	未分解层	4.67	4.79	4.87	5.17	5.58	5.77	5.94	11.95
	半分解层	5.19	5.27	5.34	5.52	5.75	5.89	6.01	
桉树人工林	未分解层	4.27	4.52	4.67	4.97	5.24	5.43	5.67	11.64
	半分解层	5.10	5.21	5.42	5.51	5.75	5.85	5.97	
青冈栎次生林	未分解层	4.28	4.52	4.74	4.98	5.34	5.49	5.73	11.65
	半分解层	4.86	5.09	5.18	5.37	5.71	5.79	5.92	
平均值	未分解层	4.29	4.47	4.65	4.94	5.27	5.42	5.66	11.73
	半分解层	5.12	5.27	5.40	5.59	5.82	5.94	6.07	

从表 4.26 和图 4.40 可以看出，6 种森林类型未分解层和半分解层枯落物持水量均随着浸泡时间的持续而增加。如云南松次生林＋青冈栎次生林＋杉树林未分解层枯落物持水量由 0.5h 的 4.36mm 增加到 8h 时的 5.34mm，到 24h 时为 5.71mm；而半分解层枯落物持水量由 0.5h 的 4.93mm 增加到 8h 时的 5.70mm，到 24h 时为 5.99mm。6 种不同森林类型未分解层枯落物平均持水量从浸泡 0.5h 到 8h 时的增幅为 22.84%，从浸泡 8h 到 24h 时的增幅为 7.40%；半分解层枯落物平均持水量由 0.5h 的 5.12mm 增加到 8h 时的 5.82mm，到 24h 时为 6.07mm。未分解层和半分解层枯落物持水量均是从开始浸泡到浸泡 8h 迅速增加，从 8h 之后枯落物持水量增幅较小。

经过对九龙甸水库水源地 6 种森林类型枯落物持水量及平均持水量与浸泡时间进行拟合分析，发现各森林类型枯落物层持水量与浸泡时间之间的关系与北庙水库水源地一致。

各森林类型枯落物持水量拟合的相关系数 R^2 均大于 0.950，拟合效果较

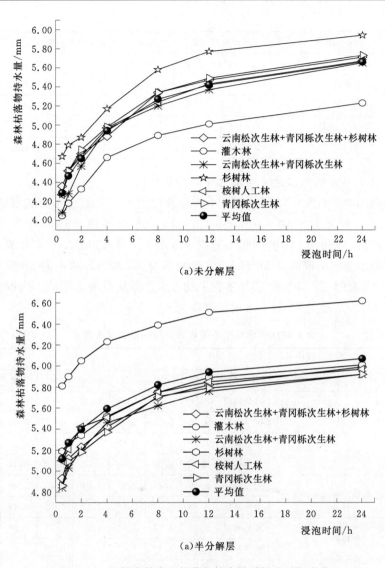

图 4.40 不同森林类型枯落物持水量随浸泡时间变化

好，枯落物持水量与浸泡时间的关系式见表 4.27。

表 4.27 九龙甸水库水源地不同森林类型枯落物持水量与浸泡时间关系式

森林类型	未分解层关系式	R^2	半分解层关系式	R^2
云南松次生林+青冈栎 次生林+杉树林	$Y=4.521+0.365\ln t$	0.974	$Y=5.093+0.280\ln t$	0.989
灌木林	$Y=4.204+0.320\ln t$	0.987	$Y=5.927+0.222\ln t$	0.993

森林类型	未分解层关系式	R^2	半分解层关系式	R^2
云南松次生林＋青冈栎次生林	$Y=4.327+0.419\ln t$	0.996	$Y=5.033+0.285\ln t$	0.997
杉树林	$Y=4.789+0.358\ln t$	0.956	$Y=5.271+0.227\ln t$	0.966
桉树人工林	$Y=4.490+0.366\ln t$	0.994	$Y=5.238+0.234\ln t$	0.990
青冈栎次生林	$Y=4.512+0.383\ln t$	0.995	$Y=5.047+0.284\ln t$	0.981
平均值	$Y=4.477+0.368\ln t$	0.990	$Y=5.268+0.256\ln t$	0.992

3. 森林枯落物吸水速率与浸泡时间关系分析

从表 4.28 和图 4.41 可以看出，6 种森林类型未分解层枯落物浸泡 0.5h 时的吸水速率介于 8.10～9.34mm/h；浸泡 8h 时的吸水速率介于 0.61～0.70mm/h；浸泡到 24h 时的吸水速率介于 0.22～0.25mm/h。未分解层枯落物平均吸水速率从浸泡 0.5h 到 8h 时的减幅为 92.30％，从浸泡 8h 到 24h 时的减幅为 63.64％；半分解层枯落物平均吸水速率从浸泡 0.5h 到 8h 时的减幅为 92.87％，从浸泡 8h 到 24h 时的减幅为 65.75％。

表 4.28　　　　　九龙甸水库水源地不同森林类型枯落物吸水速率　　　单位：mm/h

森林类型	枯枝落叶层	浸泡时间						
		0.5h	1h	2h	4h	8h	12h	24h
云南松次生林＋青冈栎次生林＋杉树林	未分解层	8.72	4.52	2.35	1.22	0.67	0.46	0.24
	半分解层	9.86	5.12	2.62	1.36	0.71	0.49	0.25
灌木林	未分解层	8.10	4.18	2.17	1.17	0.61	0.42	0.22
	半分解层	11.62	5.90	3.03	1.56	0.80	0.54	0.28
云南松次生林＋青冈栎次生林	未分解层	8.16	4.28	2.29	1.24	0.65	0.45	0.24
	半分解层	9.68	5.03	2.60	1.37	0.70	0.48	0.25
杉树林	未分解层	9.34	4.79	2.44	1.29	0.70	0.48	0.25
	半分解层	10.38	5.27	2.67	1.38	0.72	0.49	0.25
桉树人工林	未分解层	8.54	4.52	2.34	1.24	0.66	0.45	0.24
	半分解层	10.20	5.21	2.71	1.38	0.72	0.49	0.25
青冈栎次生林	未分解层	8.56	4.52	2.37	1.25	0.67	0.46	0.24
	半分解层	9.72	5.09	2.59	1.34	0.71	0.48	0.25
平均值	未分解层	8.57	4.47	2.32	1.23	0.66	0.45	0.24
	半分解层	10.24	5.27	2.70	1.40	0.73	0.49	0.25

九龙甸水库水源地不同森林类型枯落物吸水速率与浸泡时间关系与北庙水库水源地一样，呈现出幂函数关系。各森林类型枯落物吸水速率与浸泡时间拟

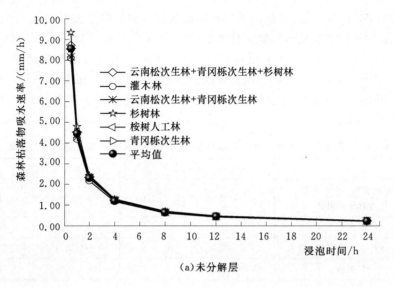

（a）未分解层

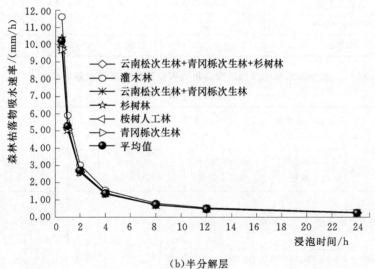

（b）半分解层

图 4.41　不同森林类型枯落物吸水速率随浸泡时间变化

合的相关系数 R^2 接近 1.000，拟合效果很好，枯落物吸水速率与浸泡时间的关系式见表 4.29。

4. 森林枯落物最大持水能力特性

从表 4.30 可以看出，九龙甸水库水源地 6 种森林类型枯落物总自然含水量在 $0.17 \sim 0.61 \mathrm{t/hm^2}$ 之间。未分解层枯落物自然含水量在 $0.09 \sim 0.25 \mathrm{t/hm^2}$ 之间，半分解层枯落物自然含水量在 $0.03 \sim 0.44 \mathrm{t/hm^2}$ 之间。6 种森林类型枯落物平均自然含水率在 $4.02\% \sim 9.98\%$ 之间。其中，未分解层枯落物自然含水率在3.81%～9.09%之间；半分解层枯落物自然含水率在3.61%～10.87%之间。6种森林类型枯落物最大持水量中云南松次生林＋青冈栎次生林最大，为11.69t/hm²，桉树人工林最小，为5.03t/hm²。未分解层枯落物最大持水量在1.68～5.09t/hm²之间，半分解层枯落物最大持水量在1.48～8.91t/hm²之间。未分解层和半分解层枯落物最大持水率分别在119.40%～174.60%和172.70%～241.40%之间。

表4.29　　九龙甸水库水源地不同森林类型枯落物吸水速率与浸泡时间关系式

森林类型	未分解层关系式	R^2	半分解层关系式	R^2
云南松次生林＋青冈栎次生林＋杉树林	$V = 4.521t^{-0.924}$	1.000	$V = 5.096t^{-0.948}$	1.000
灌木林	$V = 4.205t^{-0.928}$	1.000	$V = 5.924t^{-0.962}$	1.000
云南松次生林＋青冈栎次生林	$V = 4.320t^{-0.909}$	1.000	$V = 5.028t^{-0.945}$	1.000
杉树林	$V = 4.788t^{-0.930}$	1.000	$V = 5.273t^{-0.960}$	1.000
桉树人工林	$V = 4.487t^{-0.924}$	1.000	$V = 5.238t^{-0.956}$	1.000
青冈栎次生林	$V = 4.513t^{-0.921}$	1.000	$V = 5.038t^{-0.946}$	1.000
平均值	$V = 4.465t^{-0.923}$	1.000	$V = 5.273t^{-0.957}$	1.000

表4.30　　九龙甸水库水源地不同森林类型枯落物自然含水量（率）和最大持水量（率）

森林类型	自然含水量 /(t/hm²)			自然含水率 /%			最大持水量 /(t/hm²)			最大持水率 /%		
	未分解层	半分解层	总和	未分解层	半分解层	平均	未分解层	半分解层	总和	未分解层	半分解层	平均
云南松次生林＋青冈栎次生林＋杉树林	0.16	0.32	0.48	5.92	6.59	6.26	3.97	7.71	11.68	156.10	179.36	167.73
灌木林	0.14	0.44	0.58	9.09	10.87	9.98	1.68	8.91	10.59	119.40	241.40	180.40
云南松次生林＋青冈栎次生林	0.25	0.36	0.61	7.99	8.31	8.15	4.57	7.12	11.69	150.00	172.70	161.35
杉树林	0.09	0.27	0.36	4.83	5.29	5.06	3.00	8.24	11.24	174.60	180.80	177.70
桉树人工林	0.14	0.03	0.17	4.43	3.61	4.02	3.55	1.48	5.03	156.40	179.30	167.85
青冈栎次生林	0.12	0.16	0.28	3.81	4.64	4.23	5.09	5.38	10.47	158.50	174.70	166.60
平均值	0.15	0.26	0.41	6.01	6.55	6.28	3.64	6.47	10.12	152.50	188.04	170.24

5. 森林枯落物拦蓄能力

从表4.31可以看出，青冈栎次生林枯落物拦蓄量最大，为5.28t/hm²，灌木林最小，为 2.58t/hm²。未分解层枯落物最大拦蓄量在 1.56～4.97t/hm² 之间，半分解层枯落物最大拦蓄量在 0.05～1.02t/hm² 之间。未分解层枯落物最大拦蓄率中杉树林最大，为 169.77%，灌木林最小，为 110.31%；半分解层枯落物最大拦蓄率中灌木林最大，为 230.54%，青冈栎次生林最小，为 170.07%。6 种森林类型枯落物有效拦蓄量在 2.16～4.47t/hm² 之间。未分解层枯落物有效拦蓄量中青冈栎次生林最大，为 4.21t/hm²，灌木林最小，为 1.30t/hm²；半分解层枯落物有效拦蓄量中灌木林最大，为 0.86t/hm²，桉树人工林最小，为 0.04t/hm²。6 种森林类型枯落物平均有效拦蓄率在 129.00%～145.99% 之间。

表 4.31　九龙甸水库水源地不同森林类型枯落物最大拦蓄量（率）和有效拦蓄量（率）

森林类型	最大拦蓄量 /(t/hm²)			最大拦蓄率 /%			有效拦蓄量 /(t/hm²)			有效拦蓄率 /%		
	未分解层	半分解层	总和	未分解层	半分解层	平均	未分解层	半分解层	总和	未分解层	半分解层	平均
云南松次生林＋青冈栎次生林＋杉树林	3.70	0.57	4.27	150.18	172.78	161.48	3.12	0.48	3.60	126.77	145.87	136.32
灌木林	1.56	1.02	2.58	110.31	230.54	170.43	1.30	0.86	2.16	92.40	194.33	143.37
云南松次生林＋青冈栎次生林	4.03	0.60	4.63	142.01	164.39	153.20	3.39	0.50	3.89	119.51	138.49	129.00
杉树林	2.91	0.47	3.38	169.77	175.51	172.64	2.46	0.40	2.86	143.58	148.39	145.99
桉树人工林	4.41	0.05	4.46	151.98	175.70	163.84	3.72	0.04	3.76	128.52	148.80	138.66
青冈栎次生林	4.97	0.31	5.28	154.70	170.07	162.39	4.21	0.26	4.47	130.93	143.87	137.40
平均值	3.60	0.50	4.10	146.49	181.50	164.00	3.03	0.42	5.12	123.62	153.29	138.46

4.2.2.4　东风水库水源地

1. 森林枯落物蓄积量

从表 4.32 可以看出，东风水库水源地 9 种主要森林类型枯落物总厚度在 0.33～6.00cm 之间，其中未分解层枯落物厚度在 0.03～2.67cm 之间，半分解层枯落物厚度在 0.20～3.33cm 之间。枯落物总蓄积量在 2.62～11.21t/hm² 之间，其中未分解层枯落物蓄积量在 1.18～4.43t/hm² 之间，半分解层枯落物蓄积量在 1.44～7.68t/hm² 之间。9 种森林类型枯落物绝对分解强度和相对分解强度分别在 0.84～2.08 和 0.46～0.80 之间。

表 4.32　东风水库水源地不同森林类型枯落物厚度、蓄积量及分解强度

| 森林类型 | 枯枝落叶层厚度/cm | | | 蓄积量/(t/hm²) | | | | 分解强度 | | |
	未分解层	半分解层	总厚度	未分解层	占总蓄积量比重/%	半分解层	占总蓄积量比重/%	总蓄积量	绝对强度	相对强度
柏树林＋云南松次生林	0.40	0.93	1.33	3.53	33.94	6.87	66.06	10.40	1.95	0.66
云南松次生林	0.13	0.20	0.33	1.18	45.04	1.44	54.96	2.62	1.22	0.55
板栗林	2.00	0.27	2.27	3.01	54.23	2.54	45.68	5.55	0.84	0.46
青冈栎次生林＋旱冬瓜林＋云南松次生林	0.42	0.33	0.75	2.80	32.52	5.81	67.48	8.61	2.08	0.67
圣诞树林	0.03	1.33	1.36	3.87	40.52	7.68	80.42	9.55	1.98	0.80
青冈栎次生林＋云南松次生林	0.73	0.73	1.46	2.53	39.53	3.87	60.47	6.40	1.53	0.60
杉树林	0.33	0.68	1.01	2.19	35.90	3.81	62.46	6.10	1.74	0.62
青冈栎次生林＋杉树林	1.47	2.03	3.50	4.02	38.07	6.54	61.93	10.56	1.63	0.62
青冈栎次生林	2.67	3.33	6.00	4.43	39.52	6.78	60.47	11.21	1.53	0.60
平均值	0.91	1.09	2.00	3.06	39.92	5.04	62.22	7.89	1.61	0.62

2. 森林枯落物持水量与浸泡时间关系分析

从表 4.33 可以看出，东风水库水源地主要森林类型枯落物饱和持水量在 10.51～13.39mm 之间。未分解层枯落物饱和持水量在 5.21～6.46mm 之间，板栗林最大，圣诞树林最小；半分解层枯落物饱和持水量在 5.30～6.93mm 之间，板栗林最大，圣诞树林最小。9 种森林类型枯落物平均饱和持水量为 12.00mm，且均是半分解层大于未分解层。

表 4.33　　　　　东风水库水源地不同森林类型枯落物持水量　　　单位：mm

| 森林类型 | 枯枝落叶层 | 浸泡时间 | | | | | | | 饱和持水量 |
		0.5h	1h	2h	4h	8h	12h	24h	
柏树林＋云南松次生林	未分解层	3.89	4.15	4.49	4.67	5.00	5.21	5.50	11.29
	半分解层	4.69	4.89	5.07	5.19	5.49	5.66	5.79	
云南松次生林	未分解层	4.44	4.66	4.86	4.95	5.35	5.56	5.73	11.90
	半分解层	5.13	5.23	5.43	5.58	5.81	6.06	6.17	
板栗林	未分解层	5.23	5.54	5.72	5.87	6.15	6.32	6.46	13.39
	半分解层	5.93	6.22	6.40	6.50	6.76	6.84	6.93	

续表

森林类型	枯枝落叶层	浸泡时间							饱和持水量
		0.5h	1h	2h	4h	8h	12h	24h	
青冈栎次生林＋旱冬瓜林＋云南松次生林	未分解层	4.78	4.96	5.26	5.31	5.59	5.73	5.90	12.33
	半分解层	5.60	5.84	5.97	6.03	6.22	6.33	6.43	
圣诞树林	未分解层	4.05	4.31	4.47	4.74	4.89	5.08	5.21	10.51
	半分解层	4.53	4.73	4.84	4.95	5.08	5.19	5.30	
青冈栎次生林＋云南松次生林	未分解层	4.83	5.04	5.24	5.35	5.58	5.74	5.83	11.94
	半分解层	5.20	5.43	5.53	5.64	5.88	6.00	6.11	
杉树林	未分解层	4.04	4.41	4.61	4.91	5.36	5.60	5.83	12.30
	半分解层	5.38	5.55	5.81	5.90	6.18	6.31	6.47	
青冈栎次生林＋杉树林	未分解层	4.35	4.61	4.89	5.00	5.40	5.54	5.82	12.17
	半分解层	5.32	5.55	5.75	5.85	6.17	6.30	6.35	
青冈栎次生林	未分解层	4.08	4.41	4.62	4.82	5.19	5.53	5.72	12.17
	半分解层	5.24	5.49	5.63	5.81	6.15	6.38	6.45	
平均值	未分解层	4.41	4.68	4.91	5.07	5.39	5.59	5.78	12.00
	半分解层	5.22	5.44	5.60	5.72	5.97	6.12	6.22	

从表 4.33 和图 4.42 可以看出，东风水源地未分解层和半分解层枯落物持水量均随着浸泡时间的持续而增加。未分解层枯落物平均持水量从浸泡 0.5h 到 8h 时的增幅为 22.22%，从浸泡 8h 到 24h 时的增幅为 7.24%。未分解层和半分解层枯落物持水量均是从开始浸泡到浸泡 8h 迅速增加，从 8h 之后枯落物持水量缓慢增加。

东风水库水源地 9 种森林类型枯落物持水量与浸泡时间的对数存在较好的线性关系，其相关系数 R^2 均大于 0.970，拟合关系式见表 4.34。

表 4.34 东风水库水源地不同森林类型枯落物持水量与浸泡时间关系式

森林类型	未分解层关系式	R^2	半分解层关系式	R^2
柏树林＋云南松次生林	$Y=4.161+0.414\ln t$	0.996	$Y=4.874+0.292\ln t$	0.988
云南松次生林	$Y=4.634+0.341\ln t$	0.976	$Y=5.259+0.285\ln t$	0.977
板栗林	$Y=5.487+0.316\ln t$	0.991	$Y=6.176+0.257\ln t$	0.979
青冈栎次生林＋旱冬瓜林＋云南松次生林	$Y=4.982+0.291\ln t$	0.987	$Y=5.790+0.207\ln t$	0.982
圣诞树林	$Y=4.284+0.303\ln t$	0.994	$Y=4.694+0.193\ln t$	0.993
青冈栎次生林＋云南松次生林	$Y=5.029+0.263\ln t$	0.991	$Y=5.379+0.234\ln t$	0.986

森林类型	未分解层关系式	R^2	半分解层关系式	R^2
杉树林	$Y=4.351+0.472\ln t$	0.991	$Y=5.569+0.287\ln t$	0.992
青冈栎次生林＋杉树林	$Y=4.596+0.376\ln t$	0.990	$Y=5.353+0.279\ln t$	0.979
青冈栎次生林	$Y=4.353+0.427\ln t$	0.983	$Y=5.450+0.328\ln t$	0.978
平均值	$Y=4.653+0.356\ln t$	0.994	$Y=5.414+0.262\ln t$	0.990

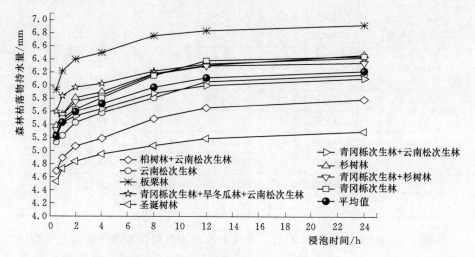

（a）未分解层

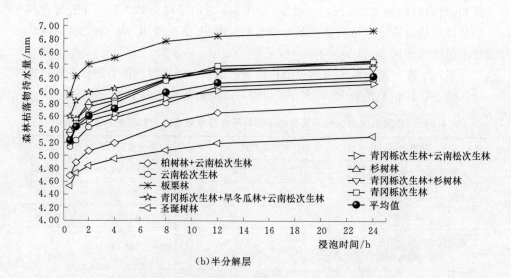

（b）半分解层

图 4.42　不同森林类型枯落物持水量随浸泡时间变化

3. 森林枯落物吸水速率与浸泡时间关系分析

从表4.35和图4.43可以看出，9种森林类型未分解层和半分解层枯落物吸水速率均随着浸泡时间的持续而减小。未分解层枯落物平均吸水速率由0.5h的8.82mm/h减小到8h时的0.67mm/h，到24h时为0.24mm/h；半分解层枯落物平均吸水速率由0.5h的10.45mm/h减小到8h时的0.75mm/h，到24h时为0.26mm/h。

表 4.35　　　　东风水库水源地不同森林类型枯落物吸水速率　　　　单位：mm/h

森林类型	枯枝落叶层	浸泡时间						
		0.5h	1h	2h	4h	8h	12h	24h
柏树林＋云南松次生林	未分解层	7.78	4.15	2.24	1.17	0.63	0.43	0.23
	半分解层	9.37	4.89	2.53	1.30	0.69	0.47	0.24
云南松次生林	未分解层	8.88	4.66	2.43	1.24	0.67	0.46	0.24
	半分解层	10.26	5.23	2.72	1.39	0.73	0.51	0.26
板栗林	未分解层	10.46	5.54	2.86	1.47	0.77	0.53	0.27
	半分解层	11.86	6.22	3.20	1.63	0.85	0.57	0.29
青冈栎次生林＋旱冬瓜林＋云南松次生林	未分解层	9.56	4.96	2.63	1.33	0.70	0.48	0.25
	半分解层	11.20	5.84	2.98	1.51	0.78	0.53	0.27
圣诞树林	未分解层	8.10	4.31	2.23	1.18	0.61	0.42	0.22
	半分解层	9.07	4.73	2.42	1.24	0.64	0.43	0.22
青冈栎次生林＋云南松次生林	未分解层	9.66	5.04	2.62	1.34	0.70	0.48	0.24
	半分解层	10.40	5.43	2.76	1.41	0.73	0.50	0.25
杉树林	未分解层	8.07	4.41	2.30	1.23	0.67	0.47	0.24
	半分解层	10.79	5.61	2.90	1.48	0.78	0.53	0.27
青冈栎次生林＋杉树林	未分解层	8.70	4.61	2.44	1.25	0.67	0.46	0.24
	半分解层	10.64	5.55	2.87	1.46	0.77	0.53	0.27
青冈栎次生林	未分解层	8.16	4.41	2.31	1.20	0.65	0.46	0.24
	半分解层	10.47	5.49	2.82	1.45	0.77	0.53	0.27
平均值	未分解层	8.82	4.68	2.45	1.27	0.67	0.47	0.24
	半分解层	10.45	5.44	2.80	1.43	0.75	0.51	0.26

东风水库水源地9种森林类型枯落物吸水速率与浸泡时间之间存在较好的幂函数关系。拟合的相关系数 R^2 接近1.000，拟合效果很好，关系式见表4.36。

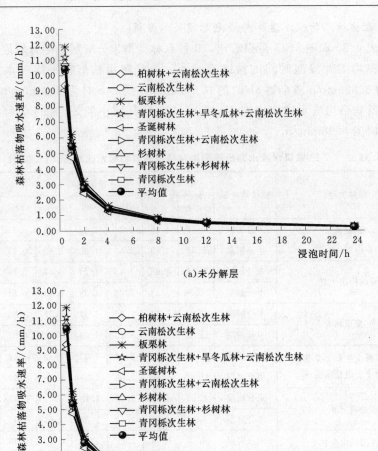

（a）未分解层

（b）半分解层

图 4.43　不同森林类型枯落物吸水速率随浸泡时间变化

表 4.36　东风水库水源地不同森林类型枯落物吸水速率与浸泡时间关系式

森林类型	未分解层关系式	R^2	半分解层关系式	R^2
柏树林＋云南松次生林	$V=4.158t^{-0.911}$	1.000	$V=4.874t^{-0.945}$	1.000
云南松次生林	$V=4.634t^{-0.932}$	1.000	$V=5.256t^{-0.946}$	1.000
板栗林	$V=5.485t^{-0.945}$	1.000	$V=6.177t^{-0.959}$	1.000
青冈栎次生林＋旱冬瓜林＋ 云南松次生林	$V=4.977t^{-0.942}$	1.000	$V=5.786t^{-0.964}$	1.000
圣诞树林	$V=4.272t^{-0.933}$	1.000	$V=4.699t^{-0.962}$	1.000

森林类型	未分解层关系式	R^2	半分解层关系式	R^2
青冈栎次生林＋云南松次生林	$V=5.034t^{-0.952}$	1.000	$V=5.380t^{-0.962}$	1.000
杉树林	$V=4.348t^{-0.905}$	1.00	$V=5.594t^{-0.951}$	1.000
青冈栎次生林＋杉树林	$V=4.594t^{-0.928}$	1.000	$V=5.522t^{-0.948}$	1.000
青冈栎次生林	$V=4.347t^{-0.911}$	1.000	$V=5.447t^{-0.943}$	1.000
平均值	$V=4.650t^{-0.930}$	1.000	$V=6.167t^{-0.972}$	1.000

4. 森林枯落物最大持水能力特性

从表 4.37 可以看出，9 种森林类型枯落物总自然含水量在 $0.19\sim1.16t/hm^2$ 之间。其中，未分解层枯落物自然含水量在 $0.09\sim0.36t/hm^2$ 之间，半分解层枯落物自然含水量在 $0.10\sim0.80t/hm^2$ 之间。9 种森林类型枯落物平均自然含水率在 $4.10\%\sim9.64\%$ 之间。其中，未分解层枯落物自然含水率在 $3.84\%\sim7.98\%$ 之间，半分解层枯落物自然含水率在 $4.13\%\sim11.73\%$ 之间。

表 4.37　东风水库水源地不同森林类型枯落物自然含水量（率）和最大持水量（率）

森林类型	自然含水量 /(t/hm²)			自然含水率 /%			最大持水量 /(t/hm²)			最大持水率 /%		
	未分解层	半分解层	总和	未分解层	半分解层	平均	未分解层	半分解层	总和	未分解层	半分解层	平均
柏树林＋云南松次生林	0.31	0.42	0.73	7.98	6.18	7.08	4.88	11.14	16.02	138.30	162.10	150.20
云南松次生林	0.09	0.10	0.19	5.32	6.59	5.96	2.84	4.23	7.07	156.80	195.30	176.05
板栗林	0.12	0.14	0.26	3.84	5.70	4.77	6.76	7.04	13.80	224.40	277.50	250.95
青冈栎次生林＋旱冬瓜林＋云南松次生林	0.13	0.40	0.53	4.18	6.85	5.52	4.80	12.89	17.69	171.40	221.80	196.60
圣诞树林	0.17	0.32	0.49	4.06	4.13	4.10	4.56	9.54	14.10	118.00	124.20	121.10
青冈栎次生林＋云南松次生林	0.14	0.20	0.34	5.17	5.29	5.23	4.18	7.33	11.51	164.80	189.60	177.20
杉树林	0.13	0.24	0.37	5.68	6.16	5.92	3.57	8.72	12.29	165.40	226.05	195.73
青冈栎次生林＋杉树林	0.20	0.34	0.54	4.79	5.16	4.98	6.59	13.94	20.53	163.90	213.30	188.60
青冈栎次生林	0.36	0.80	1.16	7.54	11.73	9.64	7.27	15.16	22.43	155.60	223.60	189.60
平均值	0.18	0.33	0.51	5.40	6.42	5.91	5.05	10.00	15.05	162.07	203.72	182.89

从表 4.37 还可以看出，9 种森林类型枯落物最大持水量中青冈栎次生林最大，为 22.43t/hm²，最小的是云南松次生林，为 7.07t/hm²。而未分解层枯落物最大持水量在 2.84～7.27t/hm² 之间，半分解层枯落物最大持水量在 4.23～15.16t/hm² 之间。9 种森林类型枯落物平均最大持水率最大的是板栗林，为 250.95%，最小的是圣诞树林，为 121.10%。未分解层枯落物最大持水率在 118.00%～224.40% 之间，半分解层枯落物最大持水率在 124.20%～277.50% 之间。

5. 森林枯落物拦蓄能力

从表 4.38 可以看出，9 种森林类型枯落物最大拦蓄量中青冈栎次生林最大，为 20.93t/hm²，云南松次生林最小，为 5.47t/hm²。而未分解层枯落物最大拦蓄量在 2.74～6.65t/hm² 之间，半分解层枯落物最大拦蓄量在 2.73～14.37 t/hm² 之间。9 种森林类型枯落物平均最大拦蓄率最大的是板栗林，为 246.18%，最小的是圣诞树林，为 117.01%。未分解层枯落物最大拦蓄率中板栗林最大，为 220.56%，圣诞树林最小，为 113.94%；半分解层枯落物最大拦蓄率中板栗林最大，为 271.80%，圣诞树林最小，为 120.07%。9 种森林类型枯落物有效拦蓄量在 4.61～17.61t/hm² 之间，其中未分解层枯落物有效拦蓄量中板栗林最大，为 5.63t/hm²，云南松次生林最小，为 2.31t/hm²；半分解层枯落物有效拦蓄量中青冈栎次生林最大，为 12.09t/hm²，云南松次生林最小，为 2.30t/hm²。9 种森林类型枯落物平均有效拦蓄率在 98.84%～208.54% 之间。

表 4.38　东风水库水源地不同森林类型枯落物最大拦蓄量（率）和有效拦蓄量（率）

森林类型	最大拦蓄量 /(t/hm²)			最大拦蓄率 /%			有效拦蓄量 /(t/hm²)			有效拦蓄率 /%		
	未分解层	半分解层	总和	未分解层	半分解层	平均	未分解层	半分解层	总和	未分解层	半分解层	平均
柏树林＋云南松次生林	4.60	10.72	15.32	130.32	155.92	143.08	3.86	9.05	12.91	109.58	131.61	120.60
云南松次生林	2.74	2.73	5.47	151.48	188.71	170.10	2.31	2.30	4.61	127.96	159.42	143.69
板栗林	6.65	6.90	13.55	220.56	271.80	246.18	5.63	5.84	11.47	186.90	230.18	208.54
青冈栎次生林＋旱冬瓜林＋云南松次生林	4.68	12.49	17.17	167.22	214.95	191.09	3.96	10.55	14.51	141.51	181.68	161.60
圣诞树林	4.41	9.22	13.63	113.94	120.07	117.01	3.72	7.79	11.51	96.24	101.44	98.84
青冈栎次生林＋云南松次生林	4.05	7.12	11.17	159.63	184.31	171.97	3.42	6.03	9.45	134.91	155.87	145.39

森林类型	最大拦蓄量 /(t/hm²)			最大拦蓄率 /%			有效拦蓄量 /(t/hm²)			有效拦蓄率 /%		
	未分解层	半分解层	总和	未分解层	半分解层	平均	未分解层	半分解层	总和	未分解层	半分解层	平均
杉树林	3.45	8.48	11.93	159.72	219.90	189.81	2.91	7.17	10.08	134.91	185.99	160.45
青冈栎次生林＋杉树林	6.40	13.61	20.01	159.11	208.14	183.63	5.41	11.51	16.92	134.53	176.15	155.34
青冈栎次生林	6.56	14.37	20.93	148.06	211.87	179.97	5.52	12.09	17.61	124.72	178.33	151.53
平均值	4.84	9.52	14.35	156.67	197.30	176.98	4.08	8.04	12.12	132.36	166.74	149.55

4.2.2.5 菲白水库水源地

1. 森林枯落物蓄积量

从表 4.39 可以看出，菲白水库水源地 5 种主要森林类型枯落物中，华山松次生林＋杉树林枯落物总厚度最大，为 3.85cm，桉树人工林最小，为 1.00cm。未分解层枯落物厚度在 0.20～1.67cm 之间，半分解层枯落物厚度在 0.27～2.18cm 之间。5 种森林类型枯落物总蓄积量在 3.20～9.48t/hm² 之间。未分解层枯落物蓄积量在 1.46～6.51t/hm² 之间，半分解层枯落物蓄积量在 1.74～5.52t/hm² 之间。5 种森林类型枯落物绝对分解强度和相对分解强度分别在 0.46～3.68 和 0.31～0.79 之间，绝对分解强度和相对分解强度均表现出一致的规律。

表 4.39 菲白水库水源地不同森林类型枯落物厚度、蓄积量及分解强度

森林类型	枯枝落叶层厚度/cm			蓄积量/(t/hm²)				分解强度		
	未分解层	半分解层	总厚度	未分解层	占总蓄积量比重/%	半分解层	占总蓄积量比重/%	总蓄积量	绝对强度	相对强度
柏树林	0.20	1.17	1.37	1.50	21.37	5.52	78.63	7.02	3.68	0.79
华山松次生林＋杉树林	1.67	2.18	3.85	3.32	46.83	3.77	53.17	7.09	1.14	0.53
青冈栎次生林＋云南松次生林	0.57	1.50	2.07	2.07	33.77	4.06	66.23	6.13	1.96	0.66
桉树人工林	0.50	0.50	1.00	1.46	45.63	1.74	54.37	3.20	1.19	0.54
杉树林	1.61	0.27	1.87	6.51	68.67	2.97	31.33	9.48	0.46	0.31
平均值	0.91	1.12	2.03	2.97	43.25	3.61	56.75	6.58	1.69	0.57

2. 森林枯落物持水量与浸泡时间关系分析

从表 4.40 可以看出，5 种森林类型枯落物饱和持水量在 11.55～13.23mm 之间。未分解层枯落物饱和持水量在 5.16～6.29mm，桉树人工林最大，杉树林最小；半分解层枯落物饱和持水量在 5.97～6.94mm 之间，桉树人工林最大，柏树林最小。枯落物平均饱和持水量为 12.20mm，未分解层和半分解层枯落物平均饱和持水量分别为 5.73mm 和 6.47mm，且均是半分解层大于未分解层。

表 4.40　　　　　　　　菲白水库水源地不同森林类型枯落物持水量　　　　　单位：mm

| 森林类型 | 枯枝落叶层 | 浸泡时间 | | | | | | | 饱和持水量 |
		0.5h	1h	2h	4h	8h	12h	24h	
柏树林	未分解层	4.27	4.36	4.70	4.99	5.22	5.41	5.71	11.68
	半分解层	4.83	4.94	5.20	5.49	5.58	5.73	5.97	
华山松次生林＋杉树林	未分解层	4.44	4.58	4.80	4.99	5.12	5.29	5.48	11.97
	半分解层	5.72	5.81	6.00	6.16	6.26	6.34	6.49	
青冈栎次生林＋云南松次生林	未分解层	4.71	4.84	5.27	5.44	5.62	5.76	6.01	12.58
	半分解层	5.54	5.70	5.97	6.14	6.28	6.34	6.57	
桉树人工林	未分解层	4.76	4.98	5.48	5.78	5.99	6.14	6.29	13.23
	半分解层	6.04	6.24	6.51	6.65	6.75	6.85	6.94	
杉树林	未分解层	3.91	4.13	4.37	4.56	4.79	4.94	5.16	11.55
	半分解层	5.58	5.71	5.90	6.04	6.18	6.27	6.39	
平均值	未分解层	4.42	4.58	4.92	5.15	5.35	5.51	5.73	12.20
	半分解层	5.54	5.67	5.92	6.10	6.21	6.31	6.47	

　　从表 4.40 和图 4.44 可以看出，5 种森林类型未分解层和半分解层枯落物持水量均随着浸泡时间的持续而增加。未分解层枯落物平均持水量从浸泡 0.5h 到 8h 时的增幅为 21.04%，从浸泡 8h 到 24h 时的增幅为 7.10%；半分解层枯落物平均持水量从浸泡 0.5h 到 8h 的增幅为 12.09%，从浸泡 8h 到 24h 时的增幅为 4.19%。菲白水库水源地 5 种森林类型枯落物持水量与浸泡时间对数之间的线性关系式见表 4.41。

表 4.41　菲白水库水源地不同森林类型枯落物持水量与浸泡时间关系式

森林类型	未分解层关系式	R^2	半分解层关系式	R^2
柏树林	$Y=4.449+0.385\ln t$	0.989	$Y=5.001+0.299\ln t$	0.988
华山松次生林＋杉树林	$Y=4.605+0.270\ln t$	0.995	$Y=5.848+0.202\ln t$	0.994
青冈栎次生林＋云南松次生林	$Y=4.936+0.339\ln t$	0.984	$Y=5.736+0.261\ln t$	0.990
桉树人工林	$Y=5.090+0.415\ln t$	0.974	$Y=6.265+0.233\ln t$	0.969
杉树林	$Y=4.132+0.322\ln t$	0.999	$Y=5.723+0.217\ln t$	0.994
平均值	$Y=4.642+0.346\ln t$	0.995	$Y=5.715+0.243\ln t$	0.992

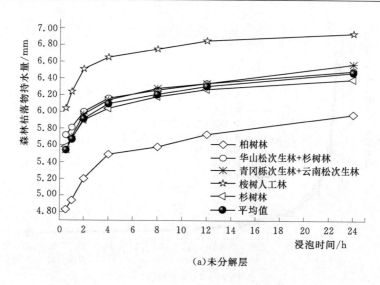

（a）未分解层

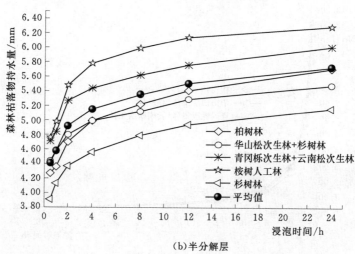

（b）半分解层

图 4.44 不同森林类型枯落物持水量随浸泡时间变化

3. 森林枯落物吸水速率与浸泡时间关系分析

从表 4.42 和图 4.45 可以看出，5 种森林类型未分解层枯落物平均吸水速率由 0.5h 的 8.83mm/h 减小到 8h 时的 0.67mm/h，到 24h 时为 0.24mm/h，从浸泡 0.5h 到 8h 的减幅为 92.41%，从浸泡 8h 到 24h 时的减幅为 64.18%；半分解层枯落物平均吸水速率由 0.5h 的 11.08mm/h 减小到 8h 时的 0.78mm/h，到 24h 时为 0.27mm/h，从浸泡 0.5h 到 8h 的减幅为 92.96%，从浸泡 8h 到 24h 时的减幅为 65.38%。

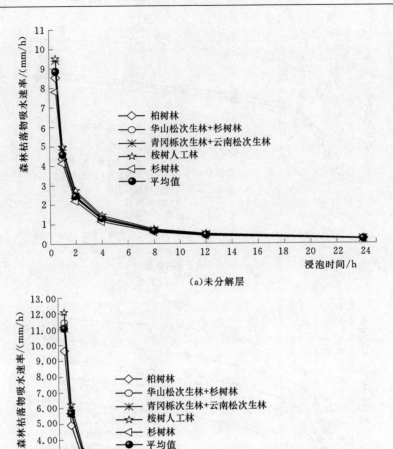

(a)未分解层

(b)半分解层

图 4.45　不同森林类型枯落物吸水速率随浸泡时间变化

表 4.42　　　　　　菲白水库水源地不同森林类型枯落物吸水速率　　　　单位：mm/h

森林类型	枯枝落叶层	浸泡时间						
		0.5h	1h	2h	4h	8h	12h	24h
柏树林	未分解层	8.54	4.36	2.35	1.25	0.65	0.45	0.24
	半分解层	9.65	4.94	2.60	1.37	0.70	0.48	0.25
华山松次生林＋杉树林	未分解层	8.88	4.58	2.40	1.25	0.64	0.44	0.23
	半分解层	11.44	5.81	3.00	1.54	0.78	0.53	0.27

续表

森林类型	枯枝落叶层	浸泡时间						
		0.5h	1h	2h	4h	8h	12h	24h
青冈栎次生林＋云南松次生林	未分解层	9.41	4.84	2.63	1.36	0.70	0.48	0.25
	半分解层	11.07	5.70	2.98	1.54	0.79	0.53	0.27
桉树人工林	未分解层	9.52	4.98	2.74	1.45	0.75	0.51	0.26
	半分解层	12.09	6.24	3.26	1.66	0.84	0.57	0.29
杉树林	未分解层	7.82	4.13	2.19	1.14	0.60	0.41	0.22
	半分解层	11.15	5.68	2.95	1.51	0.77	0.52	0.27
平均值	未分解层	8.83	4.58	2.46	1.29	0.67	0.46	0.24
	半分解层	11.08	5.67	2.96	1.52	0.78	0.53	0.27

菲白水库水源地 5 种森林类型枯落物吸水速率与浸泡时间之间存在着显著的幂函数关系，其关系式见表 4.43。

表 4.43 菲白水库水源地不同森林类型枯落物吸水速率与浸泡时间关系式

森林类型	未分解层关系式	R^2	半分解层关系式	R^2
柏树林	$V=4.445t^{-0.921}$	1.000	$V=4.996t^{-0.942}$	1.000
华山松次生林＋杉树林	$V=4.603t^{-0.944}$	1.000	$V=5.847t^{-0.967}$	1.000
青冈栎次生林＋云南松次生林	$V=4.928t^{-0.945}$	1.000	$V=5.740t^{-0.958}$	1.000
桉树人工林	$V=5.086t^{-0.926}$	1.000	$V=6.262t^{-0.964}$	1.000
杉树林	$V=4.125t^{-0.925}$	1.00	$V=5.713t^{-0.962}$	1.000
平均值	$V=4.638t^{-0.931}$	1.000	$V=5.712t^{-0.959}$	1.000

4. 森林枯落物最大持水能力特性

从表 4.44 可以看出，菲白水库水源地 5 种森林类型枯落物总自然含水量在 $0.39\sim2.03t/hm^2$ 之间。未分解层枯落物自然含水量在 $0.15\sim0.94t/hm^2$ 之间，半分解层枯落物自然含水量在 $0.24\sim1.44t/hm^2$ 之间。5 种森林类型枯落物平均自然含水率在 11.53%～25.01% 之间。

从表 4.44 还可以看出，5 种森林类型枯落物最大持水量中杉树林最大，为 $13.91t/hm^2$，桉树人工林最小，为 $7.85t/hm^2$。其中，未分解层枯落层最大持水量在 $1.91\sim7.46t/hm^2$ 之间，半分解层枯落物最大持水量在 $4.83\sim9.81t/hm^2$ 之间。5 种森林类型枯落物平均最大持水率最大的是桉树人工林，为 242.45%，最小的是杉树林，为 165.85%。未分解层枯落物最大持水率在 114.50%～207.00% 之间，半分解层枯落物最大持水率在 177.60%～277.90% 之间。

表 4.44　菲白水库水源地不同森林类型枯落物自然含水量（率）和最大持水量（率）

森林类型	自然含水量/(t/hm²)			自然含水率/%			最大持水量/(t/hm²)			最大持水率/%		
	未分解层	半分解层	总和	未分解层	半分解层	平均	未分解层	半分解层	总和	未分解层	半分解层	平均
柏树林	0.48	1.44	1.92	22.93	26.05	24.49	2.33	9.81	12.14	155.10	177.60	166.35
华山松次生林＋杉树林	0.94	1.09	2.03	21.26	28.75	25.01	4.49	8.34	12.83	137.45	228.70	183.08
青冈栎次生林＋云南松次生林	0.20	0.73	0.93	15.87	17.85	16.86	1.91	9.63	11.54	180.70	236.80	208.75
桉树人工林	0.15	0.24		9.15	13.91	11.53	3.02	4.83	7.85	207.00	277.90	242.45
杉树林	0.89	0.50	1.39	12.09	16.89	14.49	7.46	6.45	13.91	114.50	217.20	165.85
平均值	0.53	0.80	1.33	16.26	20.69	18.48	3.84	7.81	11.65	158.95	227.64	193.30

5. 森林枯落物拦蓄能力

从表 4.45 可以看出，5 种森林类型枯落物最大拦蓄量中杉木林最大，为 12.62t/hm²，桉树人工林最小，为 7.48t/hm²。未分解层枯落物最大拦蓄量在 1.74～6.67t/hm² 之间，半分解层枯落物最大拦蓄量在 4.59～8.90t/hm² 之间。5 种森林类型枯落物平均最大拦蓄率最大的是桉树人工林，为 230.92%，最小的是柏树人工林，为 141.85%。

表 4.45　菲白水库水源地不同森林类型枯落物最大拦蓄量（率）和有效拦蓄量（率）

森林类型	最大拦蓄量/(t/hm²)			最大拦蓄率/%			有效拦蓄量/(t/hm²)			有效拦蓄率/%		
	未分解层	半分解层	总和	未分解层	半分解层	平均	未分解层	半分解层	总和	未分解层	半分解层	平均
柏树林	1.98	8.37	10.35	132.14	151.55	141.85	1.63	8.32	9.95	108.87	124.91	116.89
华山松次生林＋杉树林	3.78	8.33	12.11	116.19	228.70	172.45	3.10	7.07	10.17	95.58	194.40	144.99
青冈栎次生林＋云南松次生林	1.74	8.90	10.64	164.83	218.95	191.89	1.46	8.18	9.64	137.72	183.43	160.58
桉树人工林	2.89	4.59	7.48	197.85	263.99	230.92	2.43	4.10	6.53	166.80	222.31	194.56
杉树林	6.67	5.95	12.62	102.41	200.31	151.36	5.55	5.48	11.03	85.24	167.73	126.49
平均值	3.41	7.23	10.64	142.68	212.70	177.69	2.83	6.63	9.46	118.84	178.56	148.70

从表 4.45 还可以看出，菲白水库水源地 5 种森林类型枯落物有效拦蓄量在 6.53～11.03t/hm² 之间，从大到小依次为杉树林（11.03t/hm²）＞华山松次

生林＋杉树林（10.17t/hm²）＞柏树林（9.95t/hm²）＞青冈栎次生林＋云南松次生林（9.64t/hm²）＞桉树人工林（6.53t/hm²）。其中，未分解层枯落物有效拦蓄量中杉树林最大，为5.55t/hm²，青冈栎次生林＋云南松次生林最小，为1.46t/hm²；半分解层中枯落物有效拦蓄量柏树林最大，为8.32t/hm²，桉树人工林最小，为4.10t/hm²。5种森林类型枯落物平均有效拦蓄率在116.89%～194.56%之间，从大到小依次为桉树人工林（194.56%）＞青冈栎次生林＋云南松次生林（160.58%）＞华山松次生林＋杉树林（144.99%）＞杉树林（126.49%）＞柏树林（116.89%）。其中，半分解层枯落物有效拦蓄率在85.24%～166.80%之间，半分解层枯落物有效拦蓄率在124.91%～222.31%之间。

4.2.2.6　信房水库水源地

1. 森林枯落物蓄积量

从表4.46可以看出，信房水库水源地3种主要森林类型枯落物总厚度分别为3.17cm、2.33cm和3.16cm。3种森林类型枯落物总蓄积量在7.46～12.44t/hm²之间，其中半分解层枯落物蓄积量分别为9.31t/hm²、8.11t/hm²、6.39t/hm²，分别占各总蓄积量的74.84%、70.40%、85.66%。3种森林类型枯落物分解强度从大到小依次为乌饭树林＋野琵琶林＋青冈栎次生林＞思茅松林＋野琵琶林＋青冈栎次生林＞思茅松林＋青冈栎次生林。

表 4.46　信房水源地不同森林类型枯落物厚度、蓄积量及分解强度

森林类型	枯枝落叶层厚度/cm			蓄积量/(t/hm²)				分解强度		
	未分解层	半分解层	总厚度	未分解层	占总蓄积量比重/%	半分解层	占总蓄积量比重/%	总蓄积量	绝对强度	相对强度
思茅松林＋野琵琶林＋青冈栎次生林	1.67	1.50	3.17	3.13	25.16	9.31	74.84	12.44	2.97	0.75
思茅松林＋青冈栎次生林	1.00	1.33	2.33	3.41	29.60	8.11	70.40	11.52	2.38	0.70
乌饭树林＋野琵琶林＋青冈栎次生林	1.33	1.83	3.16	1.07	14.43	6.39	85.66	7.46	5.97	0.86
平均值	1.33	1.55	2.89	2.54	23.06	7.94	76.97	10.47	3.77	0.77

2. 森林枯落物持水量与浸泡时间关系分析

从表4.47可以看出，3种森林类型枯落物饱和持水量分别为12.31mm、11.86mm和11.71mm；未分解层枯落物饱和持水量分别为6.09mm、5.82mm和

5.47mm；半分解层枯落物饱和持水量分别为 6.22mm、6.04mm 和 6.24mm。未
分解层和半分解层枯落物平均饱和持水量分别为 5.79mm 和 6.17mm，就 3 种
森林类型来看，半分解层均大于未分解层。

表 4.47　　　　　　　　信房水源地不同森林类型枯落物持水量　　　　　　单位：mm

森林类型	枯枝落叶层	浸泡时间							饱和持水量
		0.5h	1h	2h	4h	8h	12h	24h	
思茅松林＋野琵 琶林＋青冈栎次生林	未分解层	5.09	5.19	5.42	5.62	5.87	6.00	6.09	12.31
	半分解层	5.34	5.47	5.69	5.84	6.03	6.1	6.22	
思茅松林 ＋青冈栎次生林	未分解层	4.71	4.83	5.04	5.23	5.51	5.64	5.82	11.86
	半分解层	5.15	5.21	5.4	5.57	5.78	5.95	6.04	
乌饭树林＋野琵 琶林＋青冈栎次生林	未分解层	4.93	5.03	5.14	5.29	5.34	5.43	5.47	11.71
	半分解层	5.34	5.6	5.75	5.9	6.02	6.14	6.24	
平均值	未分解层	4.91	5.02	5.20	5.38	5.57	5.69	5.79	11.96
	半分解层	5.28	5.43	5.61	5.77	5.94	6.06	6.17	

从表 4.47 和图 4.46 可以看出，信房水库水源地 3 种森林类型未分解层和
半分解层枯落物持水量均随着浸泡时间的持续而增加。3 种森林类型枯落物未
分解层枯落物平均持水量由 0.5h 的 4.91mm 增加到 8h 时的 5.57mm，到 24h
时增加为 5.79mm；半分解层枯落物平均持水量由 0.5h 的 5.28mm 增加到 8h
时的 5.94mm，到 24h 时增加为 6.17mm。未分解层和半分解层枯落物持水量
均是从开始浸泡到浸泡 8h 之间迅速增加，之后枯落物持水量开始缓慢增加。
信房水库水源地 3 种森林类型枯落物持水量与浸泡时间对数存在较好的线性关
系，其关系式见表 4.48。

表 4.48　信房水库水源地不同森林类型枯落物持水量与浸泡时间关系式

森林类型	未分解层关系式	R^2	半分解层关系式	R^2
思茅松林＋野琵琶林＋ 青冈栎次生林	$Y=5.244+0.282\ln t$	0.987	$Y=5.504+0.237\ln t$	0.994
思茅松林＋青冈栎次生林	$Y=4.862+0.301\ln t$	0.991	$Y=5.259+0.251\ln t$	0.981
乌饭树林＋野琵琶林＋ 青冈栎次生林	$Y=5.042+0.146\ln t$	0.983	$Y=5.561+0.226\ln t$	0.984
平均值	$Y=5.049+0.243\ln t$	0.993	$Y=5.441+0.238\ln t$	0.997

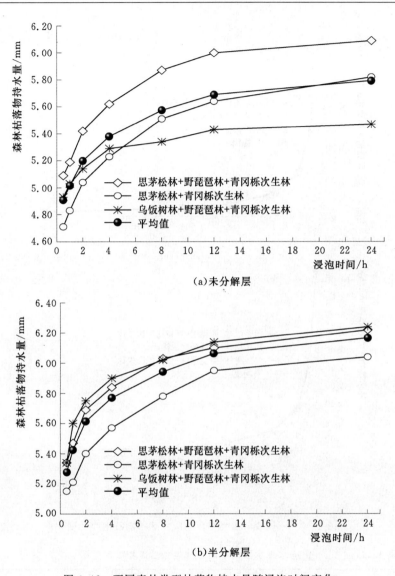

(a)未分解层

(b)半分解层

图 4.46 不同森林类型枯落物持水量随浸泡时间变化

3. 森林枯落物吸水速率与浸泡时间关系分析

从表 4.49 和图 4.47 可以看出，3 种森林类型未分解层枯落物平均吸水速率由 0.5h 的 9.82mm/h 减小到 8h 时的 0.70mm/h，到 24h 时为 0.24mm/h；半分解层枯落物平均吸水速率由 0.5h 的 10.55mm/h 减小到 8h 时的 0.74mm/h，到 24h 时为 0.26mm/h，从浸泡 0.5h 到 8h 时的减幅为 92.99%，从浸泡 8h 到 24h 时的减幅为 64.86%。信房水库水源地 3 种森林类型枯落物吸水速率与浸泡时间之间存在着显著的幂函数关系，其关系式见表 4.50。

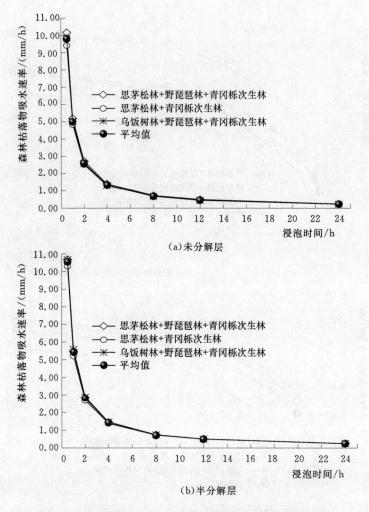

(a)未分解层

(b)半分解层

图 4.47   不同森林类型枯落物吸水速率随浸泡时间变化

表 4.49   信房水库水源地不同森林类型枯落物吸水速率   单位：mm/h

森林类型	枯枝落叶层	浸泡时间						
		0.5h	1h	2h	4h	8h	12h	24h
思茅松林＋野琵琶林＋青冈栎次生林	未分解层	10.18	5.19	2.71	1.41	0.73	0.50	0.25
	半分解层	10.68	5.47	2.85	1.46	0.75	0.51	0.26
思茅松林＋青冈栎次生林	未分解层	9.42	4.83	2.52	1.31	0.69	0.47	0.24
	半分解层	10.30	5.21	2.70	1.39	0.72	0.50	0.25
乌饭树林＋野琵琶林＋青冈栎次生林	未分解层	9.86	5.03	2.57	1.32	0.68	0.45	0.23
	半分解层	10.68	5.60	2.88	1.48	0.75	0.51	0.26

续表

森林类型	枯枝落叶层	浸泡时间						
		0.5h	1h	2h	4h	8h	12h	24h
平均值	未分解层	9.82	5.02	2.60	1.35	0.70	0.47	0.24
	半分解层	10.55	5.43	2.81	1.44	0.74	0.51	0.26

表 4.50　信房水库水源地不同森林类型枯落物吸水速率与浸泡时间关系式

森林类型	未分解层关系式	R^2	半分解层关系式	R^2
思茅松林＋野琵琶林＋青冈栎次生林	$V=5.249t^{-0.952}$	1.000	$V=5.502t^{-0.959}$	1.000
思茅松林＋青冈栎次生林	$V=4.867t^{-0.944}$	1.000	$V=5.259t^{-0.955}$	1.000
乌饭树林＋野琵琶林＋青冈栎次生林	$V=5.042t^{-0.970}$	1.000	$V=5.562t^{-0.962}$	1.000
平均值	$V=5.052t^{-0.955}$	1.000	$V=5.441t^{-0.959}$	1.000

4. 森林枯落物最大持水能力特性

从表 4.51 可以看出，信房水库水源地 3 种森林类型枯落物总自然含水量分别为 14.36t/hm²、12.59t/hm²、7.58t/hm²；平均自然含水率分别为 63.81%、60.31%、52.36%；最大持水量分别为 15.29t/hm²、13.93t/hm²、13.27 t/hm²；平均最大持水率分别为 194.26%、174.29%、169.36%。

表 4.51　信房水库水源地不同森林类型枯落物自然含水量（率）和最大持水量（率）

森林类型	自然含水量 /(t/hm²)			自然含水率 /%			最大持水量 /(t/hm²)			最大持水率 /%		
	未分解层	半分解层	总和	未分解层	半分解层	平均	未分解层	半分解层	总和	未分解层	半分解层	平均
思茅松林＋野琵琶林＋青冈栎次生林	5.05	9.31	14.36	61.69	65.92	63.81	5.88	9.41	15.29	187.91	200.60	194.26
思茅松林＋青冈栎次生林	4.48	8.11	12.59	56.55	64.06	60.31	5.61	8.32	13.93	164.50	184.08	174.29
乌饭树林＋野琵琶林＋青冈栎次生林	1.19	6.39	7.58	52.06	52.66	52.36	1.45	11.82	13.27	136.49	202.22	169.36
平均值	3.57	7.94	11.51	56.77	60.88	58.83	4.31	9.85	14.16	162.97	195.63	179.30

5. 森林枯落物拦蓄能力

从表 4.52 可以看出，信房水库水源地 3 种森林类型枯落物最大拦蓄量分别为 10.27t/hm²、9.10t/hm² 和为 9.64t/hm²；平均最大拦蓄率分别为 130.45%、113.99% 和 117.00%。；有效拦蓄量分别为 7.98t/hm²、7.01t/hm²、7.65t/hm²；平均有效拦蓄率分别为 101.32%、87.85%、91.59%。半分解层枯落物有效拦蓄率介于 63.96%～98.04%，半分解层枯落物有效拦蓄率介于 92.41%～119.22%。

表 4.52　信房水库水源地不同森林类型枯落物最大拦蓄量（率）和有效拦蓄量（率）

森林类型	最大拦蓄量 /(t/hm²)			最大拦蓄率 /%			有效拦蓄量 /(t/hm²)			有效拦蓄率 /%		
	未分解层	半分解层	总和	未分解层	半分解层	平均	未分解层	半分解层	总和	未分解层	半分解层	平均
思茅松林＋野琵琶林＋青冈栎次生林	3.95	6.32	10.27	126.22	134.68	130.45	3.07	4.91	7.98	98.04	104.59	101.32
思茅松林＋青冈栎次生林	3.68	5.42	9.10	107.95	120.02	113.99	2.84	4.17	7.01	83.28	92.41	87.85
乌饭树林＋野琵琶林＋青冈栎次生林	0.90	8.74	9.64	84.43	149.56	117.00	0.68	6.97	7.65	63.96	119.22	91.59
平均值	2.84	6.83	9.67	106.20	134.75	120.48	2.20	5.35	7.55	81.76	105.41	93.59

4.2.2.7　渔洞水库水源地

1. 森林枯落物蓄积量

从表 4.53 可以看出，渔洞水库水源地主要森林类型华山松次生林枯落物总厚度为 8.25cm，其中未分解层枯落物厚度为 3.50cm，半分解层枯落物厚度为 4.75cm，未分解层和半分解层枯落物厚度及总厚度均较大。枯落物总蓄积量为 14.28t/hm²，其中未分解层枯落物蓄积量为 4.59t/hm²，占总蓄积量的 32.14%，半分解层枯落物蓄积量为 9.69t/hm²，占总蓄积量的 67.86%。枯落物绝对分解强度为 2.11，相对分解强度为 0.68。

表 4.53　渔洞水库水源地主要森林类型枯落物厚度、蓄积量及分解强度

森林类型	枯枝落叶层厚度/cm			蓄积量/(t/hm²)				分解强度		
	未分解层	半分解层	总厚度	未分解层	占总蓄积量比重/%	半分解层	占总蓄积量比重/%	总蓄积量	绝对强度	相对强度
华山松次生林	3.50	4.75	8.25	4.59	32.14	9.69	67.86	14.28	2.11	0.68

2. 森林枯落物持水量与浸泡时间关系分析

从表 4.54 和图 4.48 可以看出,渔洞水库水源地主要森林类型华山松次生林枯落物饱和持水量为 12.03mm,其中未分解层枯落物饱和持水量为 5.60mm,半分解层枯落物饱和持水量为 6.43mm,且半分解层大于未分解层。未分解层和半分解层枯落物持水量均随着浸泡时间的持续而增加。其中,未分解层枯落物持水量由 0.5h 的 4.32mm 增加到 8h 时的 5.03mm,增幅为 16.44%;到 24h 时为 5.60mm,从浸泡 8h 到 24h 时的增幅为 11.33%。半分解层枯落物持水量由 0.5h 的 5.59mm 增加到 8h 时的 6.10mm,增幅为 9.12%;到 24h 时为 6.43mm,从浸泡 8h 到 24h 时的增幅为 5.41%。

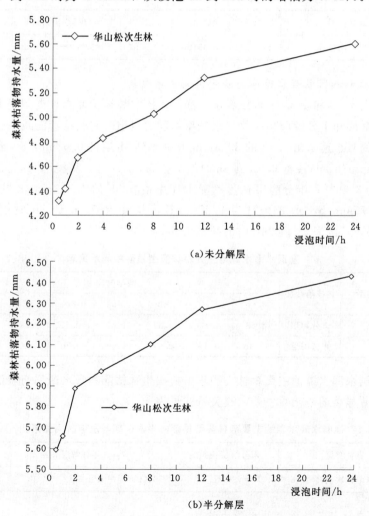

图 4.48 主要森林类型枯落物持水量随浸泡时间变化

表 4.54　　　　　渔洞水库水源地主要森林类型枯落物持水量　　　　单位：mm

森林类型	枯枝落叶层	浸泡时间							饱和持水量
		0.5h	1h	2h	4h	8h	12h	24h	
华山松次生林	未分解层	4.32	4.42	4.67	4.83	5.03	5.32	5.60	12.03
	半分解层	5.59	5.66	5.89	5.97	6.10	6.27	6.43	

渔洞水库水源地主要森林类型华山松次生林枯落物持水量与浸泡时间对数存在较好的线性关系，其关系式见表 4.55。

表 4.55　渔洞水库水源地主要森林类型枯落物持水量与浸泡时间关系式

森林类型	未分解层关系式	R^2	半分解层关系式	R^2
华山松次生林	$Y=4.453+0.331\ln t$	0.969	$Y=5.702+0.218\ln t$	0.981

3. 森林枯落物吸水速率与浸泡时间关系分析

从表 4.56 和图 4.49 可以看出，渔洞水库水源地主要森林类型华山松次生林未分解层和半分解层枯落物吸水速率均随着浸泡时间的持续而减小。未分解层枯落物吸水速率由 0.5h 的 8.63mm/h 减小到 8h 时的 0.63mm/h，到 24h 时为 0.23mm/h，从浸泡 0.5h 到 8h 时的减幅为 92.70%，从浸泡 8h 到 24h 时的减幅为 63.49%；半分解层枯落物吸水速率由 0.5h 的 11.18mm/h 减小到 8h 时的 0.76mm/h，到 24h 时为 0.27mm/h，从浸泡 0.5h 到 8h 时的减幅为 93.20%，从浸泡 8h 到 24h 时的减幅为 64.47%。

表 4.56　　　　　渔洞水库水源地主要森林类型枯落物吸水速率　　　单位：mm/h

森林类型	枯枝落叶层	浸泡时间						
		0.5h	1h	2h	4h	8h	12h	24h
华山松次生林	未分解层	8.63	4.42	2.34	1.21	0.63	0.44	0.23
	半分解层	11.18	5.66	2.94	1.49	0.76	0.52	0.27

渔洞水库水源地主要森林类型华山松次生林枯落物吸水速率与浸泡时间之间存在着显著的幂函数关系，其关系式见表 4.57。

表 4.57　渔洞水库水源地主要森林类型枯落物吸水速率与浸泡时间关系式

森林类型	未分解层关系式	R^2	半分解层关系式	R^2
华山松次生林	$V=4.461t^{-0.935}$	1.000	$V=5.695t^{-0.963}$	1.000

4. 森林枯落物最大持水能力特性

从表 4.58 可以看出，渔洞水库水源地主要森林类型华山松次生林枯落物

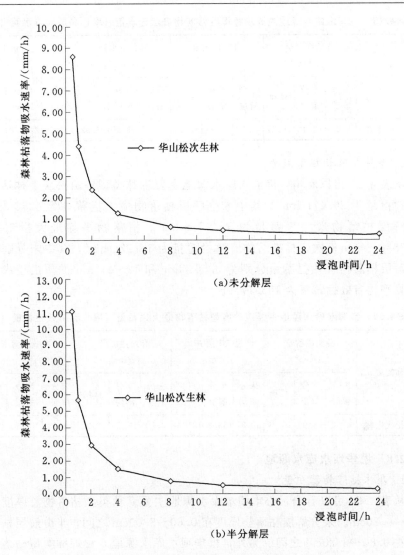

图 4.49 主要森林类型枯落物吸水速率随浸泡时间变化

总自然含水量为 18.37t/hm²，其中未分解层枯落物自然含水量为 2.91t/hm²，半分解层枯落物自然含水量为 15.46t/hm²。未分解层和半分解层枯落物平均自然含水率分别为 52.72% 和 17.14%。华山松次生林枯落物最大持水量为 26.92t/hm²，其中未分解层枯落物最大持水量为 5.37t/hm²，半分解层枯落物最大持水量为 21.55t/hm²。华山松次生林枯落物平均最大持水率为 184.26%。

表 4.58　渔洞水库水源地主要森林类型枯落物自然含水量（率）和最大持水量（率）

森林类型	自然含水量 /(t/hm²)			自然含水率 /%			最大持水量 /(t/hm²)			最大持水率 /%		
	未分解层	半分解层	总和	未分解层	半分解层	平均	未分解层	半分解层	总和	未分解层	半分解层	平均
华山松次生林	2.91	15.46	18.37	47.72	57.71	52.72	5.37	21.55	26.92	146.59	221.60	184.26

5. 森林枯落物拦蓄能力

从表 4.59 可以看出，渔洞水库水源地主要森林类型华山松次生林枯落物最大拦蓄量为 20.47t/hm²，其中未分解层枯落物最大拦蓄量为 4.52t/hm²，半分解层枯落物最大拦蓄量为 15.95 t/hm²。枯落物平均最大拦蓄率为 131.38%。华山松次生林枯落物有效拦蓄量为 16.22t/hm²，其中未分解层和半分解层枯落物有效拦蓄量分别为 3.50t/hm² 和 12.72t/hm²。华山松次生林枯落物平均有效拦蓄率为 103.77%。

表 4.59　渔洞水库水源地主要森林类型枯落物最大拦蓄量（率）和有效拦蓄量（率）

森林类型	最大拦蓄量 /(t/hm²)			最大拦蓄率 /%			有效拦蓄量 /(t/hm²)			有效拦蓄率 /%		
	未分解层	半分解层	总和	未分解层	半分解层	平均	未分解层	半分解层	总和	未分解层	半分解层	平均
华山松次生林	4.52	15.95	20.47	98.87	163.89	131.38	3.50	12.72	16.22	76.88	130.65	103.77

4.2.2.8　松华坝水库水源地

1. 森林枯落物蓄积量

从表 4.60 可以看出，松华坝水库水源地主要森林类型枯落物总厚度介于 2.30～6.20cm。未分解层枯落物厚度在 0.60～3.00cm 之间，半分解层枯落物厚度在 0.80～3.20cm 之间。另外，松华坝水库水源地 5 种森林类型枯落物总蓄积量相差较大，在 3.90～14.43t/hm² 之间。5 种森林类型未分解层枯落物蓄积量占总蓄积量的比重介于 4.70%～69.49%；半分解层枯落物蓄积量所占比重介于 30.51%～95.30%。5 种森林类型枯落物绝对分解强度和相对分解强度分别在 0.44～20.28 和 0.31～0.95 之间，分解强度从大到小依次为青冈栎次生林＞灌木林＞华山松次生林＞圣诞树林＞云南松次生林。

2. 森林枯落物持水量与浸泡时间关系分析

从表 4.61 可以看出，松华坝水库水源地主要森林类型枯落物饱和持水量相差较小。未分解层枯落物饱和持水量在 5.89～7.09mm 之间，半分解层枯落物饱和持水量在 6.17～7.35mm 之间。枯落物平均饱和持水量为 13.03mm。

表 4.60 松华坝水库水源地不同森林类型枯落物厚度、蓄积量及分解强度

森林类型	枯枝落叶层厚度/cm			蓄积量/(t/hm²)				分解强度		
	未分解层	半分解层	总厚度	未分解层	占总蓄积量比重/%	半分解层	占总蓄积量比重/%	总蓄积量	绝对强度	相对强度
青冈栎次生林	0.60	1.75	2.35	0.57	4.70	11.56	95.30	12.13	20.28	0.95
圣诞树林	1.51	0.81	2.32	1.52	32.48	3.16	67.52	4.68	2.08	0.68
云南松次生林	1.50	0.80	2.30	2.71	69.49	1.19	30.51	3.90	0.44	0.31
灌木林	3.00	3.20	6.20	1.68	11.64	12.75	88.36	14.43	7.59	0.88
华山松次生林	1.33	1.43	2.76	1.89	30.39	4.33	69.61	6.22	2.29	0.70
平均值	1.59	1.60	3.19	1.67	29.74	6.60	70.26	8.27	6.54	0.70

表 4.61　　　　松华坝水库水源地不同森林类型枯落物持水量　　　　单位：mm

森林类型	枯枝落叶层	浸泡时间							饱和持水量
		0.5h	1h	2h	4h	8h	12h	24h	
青冈栎次生林	未分解层	6.01	6.06	6.11	6.23	6.51	6.58	6.68	13.64
	半分解层	6.51	6.60	6.72	6.78	6.89	6.92	6.96	
圣诞树林	未分解层	5.51	5.64	5.68	5.77	5.89	5.97	5.99	12.16
	半分解层	5.69	5.73	5.81	5.92	5.98	6.11	6.17	
云南松次生林	未分解层	4.68	4.87	4.96	5.15	5.71	5.88	5.97	12.39
	半分解层	5.60	5.76	5.82	5.92	6.09	6.18	6.42	
灌木林	未分解层	6.38	6.54	6.60	6.67	6.77	7.04	7.09	14.44
	半分解层	6.66	6.80	7.07	7.19	7.26	7.30	7.35	
华山松次生林	未分解层	4.86	4.96	5.08	5.25	5.46	5.60	5.89	12.52
	半分解层	5.89	5.95	5.99	6.16	6.34	6.46	6.63	
平均值	未分解层	5.49	5.61	5.69	5.81	6.07	6.21	6.32	13.03
	半分解层	6.07	6.17	6.28	6.39	6.51	6.59	6.71	

从表 4.61 和图 4.50 可以看出，未分解层和半分解层枯落物持水量均随着浸泡时间的持续而增加。未分解层枯落物平均持水量由 0.5h 的 5.49mm 增加到 8h 时的 6.07mm，增幅为 10.56%；到 24h 时为 6.32mm，增幅为 4.12%。半分解层枯落物平均持水量由 0.5h 到 8h 时的增幅为 7.25%，从浸泡 8h 到 24h 时的增幅为 3.07%。

松华坝水库水源地 5 种森林类型枯落物持水量及平均持水量与浸泡时间之间的拟合关系与北庙水库水源地一致，各森林类型枯落物持水量拟合的相关系数 R^2 大于 0.900，拟合效果较好，枯落物持水量与浸泡时间的关系式见表 4.62。

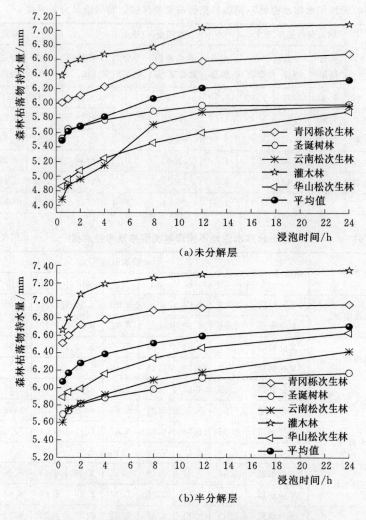

（a）未分解层

（b）半分解层

图 4.50　不同森林类型枯落物持水量随浸泡时间变化

表 4.62　松华坝水库水源地不同森林类型枯落物持水量与浸泡时间关系式

森林类型	未分解层关系式	R^2	半分解层关系式	R^2
青冈栎次生林	$Y = 6.063 + 0.191\ln t$	0.939	$Y = 6.611 + 0.121\ln t$	0.982
圣诞树林	$Y = 5.611 + 0.128\ln t$	0.978	$Y = 5.740 + 0.130\ln t$	0.965
云南松次生林	$Y = 4.838 + 0.367\ln t$	0.942	$Y = 5.713 + 0.197\ln t$	0.965
灌木林	$Y = 6.491 + 0.181\ln t$	0.931	$Y = 6.851 + 0.184\ln t$	0.928
华山松次生林	$Y = 4.958 + 0.262\ln t$	0.967	$Y = 5.945 + 0.198\ln t$	0.952
平均值	$Y = 5.592 + 0.226\ln t$	0.968	$Y = 6.172 + 0.166\ln t$	0.998

3. 森林枯落物吸水速率与浸泡时间关系分析

从表 4.63 和图 4.56 可以看出，松华坝水库水源地 5 种森林类型未分解层和半分解层枯落物吸水速率均随着浸泡时间的持续而减小。未分解层枯落物平均吸水速率由 0.5h 的 10.97mm/h 减小到 8h 时的 0.76mm/h，减幅为 97.07%；到 24h 时为 0.27mm/h，减幅为 64.47%。半分解层枯落物平均吸水速率从浸泡 0.5h 到 8h 时的减幅为 93.33%，从浸泡 8h 到 24h 时的减幅为 65.43%。

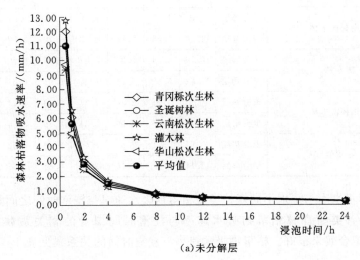

(a)未分解层

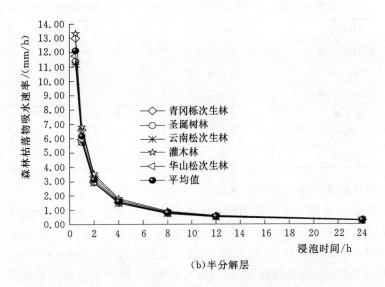

(b)半分解层

图 4.51 不同森林类型枯落物吸水速率随浸泡时间变化

表 4.63　　　　　　松华坝水源地不同森林类型枯落物吸水速率　　　　　单位：mm/h

森林类型	枯枝落叶层	浸泡时间						
		0.5h	1h	2h	4h	8h	12h	24h
青冈栎次生林	未分解层	12.01	6.06	3.05	1.56	0.81	0.55	0.28
	半分解层	13.01	6.60	3.36	1.69	0.86	0.58	0.29
圣诞树林	未分解层	11.02	5.64	2.84	1.44	0.74	0.50	0.25
	半分解层	11.38	5.73	2.91	1.47	0.75	0.51	0.26
云南松次生林	未分解层	9.36	4.87	2.48	1.29	0.71	0.49	0.25
	半分解层	11.20	5.76	2.91	1.48	0.76	0.52	0.27
灌木林	未分解层	12.76	6.54	3.30	1.67	0.85	0.59	0.30
	半分解层	13.32	6.80	3.54	1.80	0.91	0.61	0.31
华山松次生林	未分解层	9.71	4.96	2.54	1.31	0.68	0.47	0.25
	半分解层	11.77	5.95	2.99	1.54	0.79	0.54	0.28
平均值	未分解层	10.97	5.61	2.84	1.45	0.76	0.52	0.27
	半分解层	12.14	6.17	3.14	1.60	0.81	0.55	0.28

　　松华坝水库水源地不同森林类型枯落物吸水速率与浸泡时间之间具有幂函数关系，各类型森林枯落物吸水速率与浸泡时间拟合的相关系数 R^2 均为 1.000，拟合效果很好。枯落物吸水速率与浸泡时间的关系式见表 4.64。

表 4.64　　　松华坝水库水源地不同森林类型枯落物吸水速率与浸泡时间关系式

森林类型	未分解层关系式	R^2	半分解层关系式	R^2
青冈栎次生林	$V=6.057t^{-0.969}$	1.000	$V=6.606t^{-0.981}$	1.000
圣诞树林	$V=5.611t^{-0.977}$	1.000	$V=5.739t^{-0.976}$	1.000
云南松次生林	$V=4.837t^{-0.930}$	1.000	$V=5.710t^{-0.965}$	1.000
灌木林	$V=6.488t^{-0.970}$	1.000	$V=6.847t^{-0.971}$	1.000
华山松次生林	$V=4.950t^{-0.947}$	1.000	$V=5.935t^{-0.966}$	1.000
平均值	$V=5.588t^{-0.960}$	1.000	$V=6.167t^{-0.972}$	1.000

4. 森林枯落物最大持水能力特性

　　从表 4.65 可以看出，松华坝水库水源地 5 种森林类型枯落物总自然含水量在 0.16～1.16t/hm² 之间，总自然含水量从大到小依次为灌木林（1.16t/hm²）＞华山松次生林（0.87t/hm²）＞青冈栎次生林（0.72t/hm²）＞云南松次生林（0.37t/hm²）＞圣诞树林（0.16t/hm²）。其中，未分解层枯落物自然含水量在 0.05～0.32t/hm² 之间，半分解层枯落物自然含水量在 0.08～0.88t/hm² 之间。5 种森林类型枯落物平均自然含水率在 4.27%～17.14% 之间，从大到小依次为华山松次生林（17.14%）>灌木林（14.92%）>青冈栎次生林（10.81%）>云南松次生林（8.96%）>圣诞树林（4.27%）。其中，未分解层枯落物自然含水率在 3.28%～15.34%之间；半分解层枯落物自然含水率在 5.26%～18.94%之间。灌木枯落物最大持水量最大，为 20.86t/hm²，圣诞树林最小，为 6.57t/hm²。5 种森林类型枯落物平均最大持水率中最大的是灌木林，为 313.90%，最小的是云南松次生林，为 177.40%。

表 4.65　松华坝水库水源地不同森林类型枯落物自然含水量（率）和最大持水量（率）

森林类型	自然含水量 /(t/hm²)			自然含水率 /%			最大持水量 /(t/hm²)			最大持水率 /%		
	未分解层	半分解层	总和	未分解层	半分解层	平均	未分解层	半分解层	总和	未分解层	半分解层	平均
青冈栎次生林	0.06	0.66	0.72	9.29	12.33	10.81	1.52	14.29	15.81	249.50	280.60	265.05
圣诞树林	0.05	0.11	0.16	3.28	5.26	4.27	2.73	3.84	6.57	179.40	195.90	187.65
云南松次生林	0.29	0.08	0.37	9.51	8.41	8.96	4.81	4.81	9.62	177.40	177.40	177.40
灌木林	0.28	0.88	1.16	14.42	15.41	14.92	4.99	15.87	20.86	297.40	330.40	313.90
华山松次生林	0.32	0.55	0.87	15.34	18.94	17.14	3.46	5.61	9.07	171.37	242.82	207.10
平均值	0.20	0.46	0.66	10.37	12.07	11.22	3.50	8.88	12.39	215.01	245.42	230.22

5. 森林枯落物拦蓄能力

从表 4.66 可以看出，灌木林枯落物最大拦蓄量最大，为 19.87t/hm²，云南松次生林最小，为 5.98t/hm²。未分解层枯落物最大拦蓄量在 1.46～4.74t/hm²之间，半分解层枯落物最大拦蓄量在 1.42～15.13t/hm²之间。5 种森林类型枯落物平均最大拦蓄率中最大的是灌木林，为 298.99%，最小的是云南松次生林，为 168.44%

从表 4.66 可以看出，5 种森林类型枯落物有效拦蓄量在 5.02～16.75t/hm²之间，未分解层和半分解层枯落物有效拦蓄量中灌木林最大，分别为 4.00t/hm² 和 12.75t/hm²。未分解层枯落物有效拦蓄量中青冈栎次生林最小，为 1.24t/hm²；半分解层枯落物有效拦蓄量中云南松次生林最小，为 1.19t/hm²。5 种森林类型枯落物平均有效拦蓄率在 141.83%～251.90%之间。

综上所述，通过对云南高原盆地城市水源地不同森林类型枯落物的水源涵养特性进行研究，可以得出以下结论。

（1）高原盆地城市水源地不同森林类型枯落物蓄积量相差较大。分解强度与总蓄积量和自然含水量成反比；最大持水量、最大拦蓄量和有效拦蓄量均与枯落物厚度成正比。

表 4.66　松华坝水库水源地不同森林类型枯落物最大拦蓄量（率）和有效拦蓄量（率）

森林类型	最大拦蓄量/(t/hm²)			最大拦蓄率/%			有效拦蓄量/(t/hm²)			有效拦蓄率/%		
	未分解层	半分解层	总和	未分解层	半分解层	平均	未分解层	半分解层	总和	未分解层	半分解层	平均
青冈栎次生林	1.46	13.70	15.16	240.22	268.28	254.25	1.24	11.56	12.80	202.79	226.19	214.49
圣诞树林	2.68	3.74	6.42	176.12	190.64	183.38	2.27	3.16	5.43	149.21	161.26	155.24
云南松次生林	4.56	1.42	5.98	167.89	168.99	168.44	3.83	1.19	5.02	141.29	142.38	141.83
灌木林	4.74	15.13	19.87	282.98	314.99	298.99	4.00	12.75	16.75	238.37	265.43	251.90
华山松次生林	3.19	5.17	8.36	156.03	223.87	189.95	2.67	4.33	7.00	130.33	187.45	158.89
平均值	3.33	7.83	11.16	204.65	233.35	219.00	2.80	6.60	9.40	172.40	196.54	184.47

（2）高原盆地城市水源地不同森林类型枯落物持水量与浸泡时间的对数存在线性关系；枯落物吸水速率与浸泡时间存在幂函数关系，其相关系数均在0.90 以上。

4.3　不同林分水源涵养功能评价

　　森林水源涵养功能的优劣与分布在森林各层次（林冠层、枯落物层和土壤层）间的水分传输过程相关，且主要取决于枯落物的蓄水能力和土壤层的储水能力等。林地类型的不同，其植物生物学特性及林分结构也不同（赵筱青，2012）。水源地作为城市饮用水供水保障的基础（王杰，2012；黄英，2013），探讨不同林型与涵养水源功能之间的关系，可对森林健康的监测、评价及其合理经营提供一定的理论依据。现阶段，对于森林的水源涵养功能，国内外已有大量研究，但这些研究都是针对某一特定层的定性研究，如针对树冠层穿透降雨的空间异质性研究，针对枯落物层的水文生态效应研究，针对土壤层的水文物理特性与涵养水源功能研究，而在整体层次上的水源涵养功能研究和评价方法的选用上显得很片面，因而很多学者开展了森林水源涵养功能的综合评价，本节以东风水库水源地为例对不同林分水源涵养功能进行评价。

4.3.1　评价方法

1. 评价指标

　　影响东风水库水源地森林植被水源涵养功能的因子比较多，主要涉及林冠因子、枯落物因子、土壤因子和地形因子，其中土壤因子选取 0～60cm 土层的理化性质进行分析（程金花，2002；张万儒，1986；刘世梁，2003）。东风水库水源地 5 种不同森林类型水源涵养功能评价指标值见表 4.67。

表 4.67　东风水库水源地不同森林类型水源涵养功能评价指标值

评价指标	板栗林	冈栎林	圣诞树林	混交林	杉木林
郁闭度 X_1/%	0.15	0.50	0.30	0.35	0.30
坡度 X_2/(°)	9.00	45.00	18.00	29.00	30.00
枯落物厚度 X_3/cm	2.27	0.73	1.36	1.46	0.86
枯落物积累量 X_4/(t/hm²)	5.55	8.61	11.55	6.40	5.87
枯落物自然含水量 X_5/(t/hm²)	0.26	0.53	0.49	0.34	0.37
枯落物最大拦截量 X_6/(t/hm²)	13.56	17.19	13.64	11.19	10.64
枯落物有效拦截量 X_7/(t/hm²)	11.48	14.54	11.52	9.46	8.99
枯落物最大持水量 X_8/(t/hm²)	13.80	17.66	14.10	11.51	10.99
枯落物分解强度 X_9	45.77	67.48	66.49	60.47	51.96
土壤磷含量 X_{10}/(mg/kg)	365.49	163.20	218.54	171.48	249.01
土壤钾含量 X_{11}/(g/kg)	2.21	2.08	1.31	2.72	2.37
土壤容重 X_{12}/(g/cm³)	1.45	1.42	1.43	1.40	1.45
自然含水量 X_{13}/%	4.55	11.00	6.48	3.04	5.48
饱和含水量 X_{14}/%	18.86	18.09	22.10	17.99	17.57
有效涵蓄量 X_{15}/mm	53.05	36.53	49.02	67.79	55.87
涵蓄降水量 X_{16}/mm	76.96	61.80	76.98	85.96	74.54
非毛管孔隙度 X_{17}/%	11.95	12.64	13.98	9.15	9.33
毛管孔隙度 X_{18}/%	33.20	33.93	33.57	38.18	35.87
总孔隙度 X_{19}/%	45.15	46.57	47.55	47.34	45.20
非毛管蓄水量 X_{20}/(t/hm²)	8.22	8.92	10.06	6.56	6.43
毛管蓄水量 X_{21}/(t/hm²)	31.06	32.89	34.21	33.92	31.13
有机质含量 X_{22}/(g/kg)	1.67	1.66	1.42	1.39	0.51

2. 指标标准化结果

将东风水库水源地 5 种不同森林类型植物群落和评价指标看成一个由 5 个评价方案和 22 个评价指标组成的评价系统，构成指标实际矩阵，通过统计、标准化方法计算后的指标评价矩阵 $\boldsymbol{Y}=(y_{ij})_{29×6}$，见表 4.68。

表 4.68　东风水库水源地不同森林类型水源涵养功能评价指标标准化矩阵

评价指标	板栗林	冈栎林	圣诞树林	混交林	杉木林
X_1	0	1	0.429	0.571	0.429
X_2	1	0	0.750	0.444	0.417
X_3	1	0	0.409	0.474	0.084
X_4	0	0.510	1	0.142	0.053
X_5	0	1	0.852	0.296	0.407
X_6	0.446	1	0.458	0.084	0
X_7	0.449	1	0.456	0.085	0
X_8	0.421	1	0.466	0.078	0
X_9	0	1	0.954	0.677	0.285
X_{10}	1	0	0.274	0.041	0.424
X_{11}	0.638	0.546	0	1	0.752
X_{12}	0	0.600	0.400	1	0
X_{13}	0.190	1	0.432	0	0.307
X_{14}	0.284	0.114	1	0.093	0
X_{15}	0.528	0	0.400	1	0.619
X_{16}	0.627	0	0.628	1	0.527
X_{17}	0.580	0.723	1	0	0.037
X_{18}	0	0.147	0.074	1	0.536
X_{19}	0	0.592	1	0.913	0.021
X_{20}	0.586	0.725	1	0	0.051
X_{21}	0	0.147	0.074	1	0.536
X_{22}	1	0.991	0.784	0.759	0

3. 指标权重

　　根据东风水库水源地生态环境特征，按照综合性原则、主导性原则、科学性原则和可操作性原则，选择了能够反映研究区水源涵养功能基本内涵的指标，构成具有 4 个层次结构的森林植被水源涵养功能指标体系，指标的权重由熵值法获得（邱菀华，2002），具体结果见表 4.69。

表 4.69 东风水库水源地不同森林类型水源涵养功能评价指标权重

准则层	指标层	权重	小计
林冠因子	郁闭度 X_1	0.031	0.031
地形因子	坡度 X_2	0.030	0.031
枯落物因子	枯落物厚度 X_3	0.049	0.326
	枯落物积累量 X_4	0.065	
	枯落物自然含水量 X_5	0.035	
	枯落物最大拦截量 X_6	0.048	
	枯落物有效拦截量 X_7	0.048	
	枯落物最大持水量 X_8	0.049	
	枯落物分解强度 X_9	0.033	
土壤因子	土壤磷含量 X_{10}	0.060	0.613
	土壤钾含量 X_{11}	0.026	
	土壤容重 X_{12}	0.061	
	自然含水量 X_{13}	0.043	
	饱和含水量 X_{14}	0.069	
	有效涵蓄量 X_{15}	0.030	
	涵蓄降水量 X_{16}	0.027	
	非毛管孔隙度 X_{17}	0.050	
	毛管孔隙度 X_{18}	0.062	
	总孔隙度 X_{19}	0.052	
	非毛管蓄水量 X_{20}	0.048	
	毛管蓄水量 X_{21}	0.062	
	有机质含量 X_{22}	0.024	

4.3.2 评价结果

计算地形因子、林冠层因子、枯落物层因子、土壤层因子水源涵养能力得分，其结果见表4.70。

表 4.70 不同森林类型水源涵养功能评价结果

林分类型	地形因子得分	林冠层因子得分	枯落物层因子得分	土壤层因子得分	总得分
板栗林	0.031	0	0.113	0.221	0.365
冈栎林	0	0.031	0.248	0.248	0.527
圣诞树林	0.023	0.012	0.214	0.340	0.589
混交林	0.014	0.017	0.077	0.334	0.442
杉木林	0.013	0.013	0.031	0.158	0.215

东风水库水源地5种不同森林类型地形因子水源涵养能力得分排序为板栗林（0.031）＞圣诞树林（0.023）＞混交林（0.014）＞杉木林（0.013）＞冈栎林（0）。不同森林类型林冠层因子水源涵养能力得分排序为冈栎林（0.031）＞混交林（0.017）＞杉木林（0.013）＞圣诞树林（0.012）＞板栗林（0）。不同森林类型枯落物层因子水源涵养能力得分排序为冈栎林（0.248）＞圣诞树林（0.214）＞板栗林（0.113）＞混交林（0.077）＞杉木林（0.031）。不同森林类型土壤层因子水源涵养能力得分排序为圣诞树林（0.340）＞混交林（0.334）＞冈栎林（0.248）＞板栗林（0.221）＞杉木林（0.158）。不同森林类型水源涵养功能总得分排序为圣诞树林（0.589）＞冈栎林（0.527）＞混交林（0.442）＞板栗林（0.365）＞杉木林（0.215）。

4.4　小结

本章在分析高原盆地城市水源地土壤特征及水源涵养功能特性、森林枯落物特征及水源涵养特性基础上，对云南高原盆地城市水源地土壤植被水源涵养功能特征进行了研究。

（1）在典型高原盆地城市水源地内主要测定了土壤的含水量、饱和含水量、容重、孔隙度、非毛管孔隙度、有效储水量、最大储水量、pH值、有机质含量、常量化学元素和土壤粒度。并以此对各水源地土壤特征及水源涵养特性进行了分析，结果如下：次生林的土壤物理特性、有机质含量、有效储水量和最大储水量均表现为最好，耕地次之，人工林地表现最差。次生林因为植被良好，高大的树冠可涵养、调节水源和减少下垫面蒸发，丰富的枯落物和发达的根系使得土壤的有机质含量多，土质疏松，容重小，孔隙度大，有效储水量和最大储水量也最高。耕地和园地的各指标优于人工林的原因完全是人为因素的干扰，人为的耕种、松土、施粪等都在很大程度上影响着两种植被的水源涵养能力。人工林各项指标较差的原因是因为树苗较小，覆盖度低，不仅发挥不了森林系统的功能，还强有力地吸取土壤的养分和水分供其快速生长，是典型的强有力的植物抽水机。加之林下有机质含量少，容重大，孔隙度小，有效储水量和最大储水量都很低。

（2）研究分析了高原盆地城市水源地森林枯落物特征及水源涵养特性、森林枯落物水文效应特征，并从森林枯落物蓄积量、森林枯落物持水量与浸泡时间关系、森林枯落物吸水速率与浸泡时间关系、森林枯落物最大持水能力特性、森林枯落物拦蓄能力对9个典型高原盆地城市水源地进行了研究。

（3）对不同林分类型水源涵养功能进行了评价研究。采用野外调查和室内分析相结合的方法，运用基于熵值的水源涵养能力相对优异性量化评价模型对东风水库水源地板栗林、冈栎林、圣诞树林、混交林和杉木林5种林分类型进行了水源涵养能力量化分析。

参 考 文 献

[1] 鲁绍伟，毛富玲，靳芳，等．中国森林生态系统水源涵养功能［J］．水土保持研究，2005，12（4）：223-226.

[2] 张伟，杨新兵，张汝松，等．冀北山地不同林分枯落物及土壤的水源涵养功能评价［J］．水土保持通报，2011，31（3）：208-212.

[3] 徐洪亮，满秀玲，盛后财，等．大兴安岭不同类型落叶松天然林水源涵养功能研究［J］．水土保持研究，2011，18（4）：92-96.

[4] 常龙芳，史正涛，曾建军，等．滇中城市水源地森林枯落物及土壤水源特性［J］．城市环境与城市生态，2013，26（1）：15-19.

[5] 丁访军，王兵．赤水河下游不同林地类型土壤物理及其水源涵养功能［J］．水土保持学报，2009，23（3）：179-183.

[6] 李海防，卫伟，陈利顶，等．黄土高原林草地覆盖土壤水量平衡研究进展［J］．水土保持研究，2011，18（4）：287-291.

[7] 汪永英，段文标．小兴安岭南坡3种林型林地水源涵养功能评价［J］．中国水土保持科学，2011，9（5）：31-36.

[8] 莫非，李叙勇，贺淑霞，等．东灵山山区不同森林植被水源涵养功能评价［J］．生态学报，2011，31（17）：5009-5016.

[9] 聂忆黄，龚斌，衣学文，等．青藏高原水源涵养能力评估［J］．水土保持研究，2009，16（5）：210-213.

[10] 刘少冲，段文标，赵雨森．莲花湖库区几种主要林型枯落物层的持水性能［J］．中国水土保持科学，2005，3（2）：81-86.

[11] 郭汉清，韩有志，白秀梅．不同林分枯落物水文效应和地表糙率系数研究［J］．水土保持学报，2010，24（2）：179-183.

[12] 段文标，刘少冲，陈立新．莲花湖库区水源涵养林水文效应的研究［J］．水土保持学报，2005，19（5），26-30.

[13] 时忠杰，王彦辉，徐丽宏，等．六盘山华山松林降雨再分配及其空间变异特征［J］．生态学报，2009，29（1）：76-85.

[14] 高岗，秦富仓，姚云峰，等．东北农牧交错带小流域不同林草植被类型水源涵养功能综合评价［J］．干旱区环境与资源，2009，23（6）：132-135.

[15] 刘学全，唐万鹏，崔鸿侠，等．丹江口库区主要植被类型水源涵养功能综合评价［J］．南京林业大学学报（自然科学版），2009，33（1）：59-63.

[16] 赵筱青，和春兰，易琦．大面积桉树引种区土壤水分及水源涵养性能研究［J］．水土保持学报，2012，26（3）：205-210.

[17] 王杰，黄英，段琪彩，黄松柏．基于SWAT模型的松华坝水源区径流模拟研究［J］．中国农村水利水电，2012（9）：153-157.

[18] 黄英，王杰，黄松柏，朱俊．昆明松华坝水源区小流域土壤侵蚀分析［J］．长江科

学院院报，2013，30（04）：21 - 24，28.

[19]　程金花，张洪江，张东升，等 . 贡嘎山冷杉纯林地被物及土壤持水特性［J］. 北京林业大学学报，2002，24（3）：45 - 49.

[20]　张万儒，徐本彤 . 森林土壤定位研究方法［M］. 北京：中国林业出版社，1986.

[21]　刘世梁，傅伯杰，陈利顶，等 . 两种土壤质量变化的定量评价方法比较［J］. 长江流域资源与环境，2003，12（5）：422 - 426.

[22]　邱菀华 . 管理决策与应用熵学［M］. 北京：机械工业出版社，2002.

[23]　战金艳，闫海明，邓祥征，等 . 森林生态系统恢复力评价——以江西省莲花县为例［J］. 自然资源学报，2012，27（8）：1304 - 1315.

第 5 章　高原盆地城市水源地脆弱性诊断方法

早在 1972 年，联合国第一次环境与发展大会就预言石油危机后的下一个危机便是水危机。随着水资源紧缺和水环境恶化的不断加剧，许多国家都将水安全问题列入国家安全战略并给予高度重视（严立冬，2007）。其中，如何保障城市水安全更是关注的焦点，2005 年第七届国际水文科学大会上，就专门设立了"大型城市可持续水资源管理"研讨会（夏军，2006）。当前，我国城市饮用水水源安全形势仍十分严峻，受到社会高度关注，而城市饮用水水源地安全更是饮用水安全的重中之重（翟浩辉，2006）。

在我国云贵高原，受岩溶山区地形的制约，城市多分布于地形相对封闭的山间盆地，很少有大江大河流经，绝大部分以盆地周围水库为主要水源。因此，水库水源地是高原盆地城市水安全，乃至城市经济社会发展的命脉。但西南岩溶山区生态环境的最大特点是空间介质具有地上、地下双层结构，由于这种"土在楼上，水在楼下"（土地在各级高原面上，水在峡谷中流）的水土资源不配套的基本格局，又由于可溶岩造壤能力低，土层瘠薄，地下岩溶发育，引起水源漏失和碳酸盐岩的偏碱性环境，共同造成生态环境脆弱（袁道先，2000），是我国 5 个主要生态脆弱区之一（李阳兵，2002）。从脆弱性研究角度，阐述高原盆地城市水源地脆弱性的概念和内涵，构建适合西南岩溶山区特点的城市水源地脆弱性评价指标体系和模型，找出城市水源地脆弱性评价主导影响因子，揭示城市水源地脆弱性的形成机制，对高原盆地城市水源地生态修复及重建决策具有重大的现实意义。

5.1　高原盆地城市水源地脆弱性的概念

自 20 世纪 60 年代 Albinet 和 Marget 提出"脆弱性"这一科学术语以来，脆弱性研究已从最初的自然灾害领域，逐步扩大到横跨资源环境和社会经济的几乎所有领域。近年来，脆弱性研究作为全球环境变化及可持续性科学领域关注的热点问题（Cutter S L，2009），被许多国际性科学计划和机构（IHDP、IPCC、IGBP 等）提上研究日程（Bohle H G，2001；Moran E，2005；IPCC，2007）。由于不同领域的研究对象和视角不同，关于脆弱性的概念也存在很大差异。据统计，当前文献中大约有 25 种以上不同的脆弱性定义（Birkmannn J，2006），但在人-环境耦合系统脆弱性研究领域，对脆弱性内涵的理解初步达成了一些共识（Adegr，2006；李鹤，2008；李鹤，2011；陈萍，2010）。高原盆地城市水源地作为一个典型的人-环境耦合系统，可从已有的脆弱性相关概念中寻求其基本要义。

2000 年，美国环保署和国际水文地质协会将"脆弱性"用于地下水脆弱性定义：地下水系统对人类和（或）自然的有效敏感性，可分为固有（天然）脆弱性和特殊（综合）脆弱性两部分（Gogu R C，2000）。2001 年，IPCC 第 3 次评估报告将脆弱性定义为：系统容易受到气候变化造成的不良后果影响的程度及对这种不良影响的应对能力，是系统外在气候变化的特征、强度和速率，敏感性和适应性的函数（Houghton J T，2001）。目前仍以 IPCC 的脆弱性定义应用最为广泛（Brooks N，2005）。20 世纪 90 年代以来，随着生态环境和水资源问题的全面爆发，国内学者开始关注生态脆弱性和水资源脆弱性研究。生态脆弱性研究多以西北干旱半干旱区、西南岩溶地区等生态脆弱区域，以及典型地貌类型区为研究对象，在理论、方法和应用方面取得了许多研究成果（姚健，2003；胡宝清，2004；乔青，2008；张克楠，2009），生态脆弱性的定义也多从特定的研究区域与研究内容出发。水资源脆弱性研究涉及自然和人类活动多个方面，目前仍未建构出系统的研究体系，多停留在概念和内涵探讨层面。从已有研究（刘绿柳，2002；邹君，2007；冯少辉，2010）来看，多认为水资源脆弱性是水资源系统在人类活动和自然灾害干扰下表现出的性质和状态，强调脆弱性是自身属性与人类活动共同作用的结果。

近年来，随着脆弱性研究实践的发展和理论探讨的不断深入，科学界对脆弱性的概念逐渐趋于共识，即普遍认为脆弱性逐渐演变成包含"风险"、"敏感性"、"适应性"、"恢复力"等一系列相关概念在内的一个概念的集合；它是源于系统内部的、与生俱来的一种属性，只有当系统遭受扰动时这种属性才表现出来。综合脆弱性含义和高原盆地城市水源地的特征，高原盆地城市水源地脆弱性可定义为：高原盆地城市水源地自然条件下的生态环境系统在抗干扰时表现出的性质和状态，包括原生脆弱性和胁迫脆弱性两个方面。原生脆弱性是历史作用的结果，指水源地目前所处的相对稳定的状态，是脆弱性的内因，主要包括气候系统和生态环境系统；胁迫脆弱性指人类活动对水源地的直接影响，是脆弱性的外因，主要表现为水源污染和地表扰动两个方面。

5.2　高原盆地城市水源地脆弱性的内涵

从高原盆地城市水源地脆弱性的概念出发，其内涵包括水源地自然属性、脆弱性表现形式和脆弱性外部驱动力 3 个方面。

5.2.1 水源地自然属性

高原盆地城市水源地脆弱性的自然属性是其内部稳定的维持系统,指的是构成高原盆地城市水源地系统结构的相对稳定的自然要素,主要包括气象水文属性和生态环境属性两个方面。气象水文属性影响因子主要包括降水、蒸发、气温等,其中降水是主导因子。生态环境属性主要包括地质环境、地形地貌、土壤、植被等,这些因子主要体现的是水源涵养功能。云贵高原地区降水相对丰沛,多年平均年降水量达 1000mm 以上,但降水变率大且时空分布极为不均,雨季(5—10 月)降水量占全年降水量的 80% 以上;地表崎岖破碎,土层浅薄,植被生长条件差,水源涵养功能较差,生态系统抗干扰能力低。气象水文属性和生态环境属性并不是独立的,降水与地质环境、地形地貌、土壤等共同决定了产汇流特征。云贵高原岩溶山区特殊的地形地貌有利于系统内物质的输出而不利于系统外物质的输入。总的来说,该区域生态环境脆弱性主要是由特殊的水文地质背景所引起的,人类不合理的活动使本来脆弱的生态地质环境更加恶化。因此,该区域的生态环境脆弱性主要是一个地质生态问题(袁道先,1997)。

5.2.2 脆弱性表现形式

高原盆地城市水源地脆弱性的表现形式,是指高原盆地城市水源地在应对自然灾害和不合理人类活动时呈现出的功能退化现象,具体体现在生态环境、水质和水源涵养功能变化等方面。在相同外部干扰强度下,若生态环境退化、水质恶化和水源涵养功能退化速度快,即水源地对外部干扰敏感度高,则说明水源地原生脆弱度高。在水源地遭到破坏时,水质恶化和水源涵养功能退化可能单独出现,也可能同时出现,但一般都伴随着生态环境退化。单独出现水质恶化或水源涵养功能退化通常是由某种突发事件引起的,而同时出现水质恶化和水源涵养功能退化则是渐变的,常常是由不合理人类活动长期作用于生态环境而积累导致的。许多云南高原盆地城市水源地历史上一直有村落分布,有些水源地甚至分布有城镇,以至生态环境在人口增长的压力下逐步恶化,水源地脆弱性呈现出不断增强的趋势。

5.2.3 脆弱性外部驱动力

高原盆地城市水源地脆弱性的外部驱动力,是指改变高原盆地城市水源地脆弱性的人类活动和自然灾害。随着人类活动的加剧,一些自然灾害在一定程度上是人类活动过度干扰自然的结果,人类活动是诱因,如泥石流、石漠化、水土流失等。因此，总体来看，人类活动在高原盆地城市水源地外部驱动力中占据绝对的主导地位。高原盆地城市水源地多分布于山区，迫于人口压力，不断毁林开垦，破坏生态，制约了经济的可持续发展，陷入了生态环境恶化与贫困并存的恶性循环中。现阶段，人类活动对高原盆地水源地的影响仍以负面为主，以至一些水源地不堪重负，开始出现严重的功能退化。虽然这一问题已开始引起关注，但多处于研究阶段，仅有少部分水源地开展了局部修复工作。目前，直接对水源地水体造成污染的人类活动，如水产养殖、工业废污水排放等已得到初步遏制，人口增长、农业面源污染、旅游开发是水源地面临的主要问题。

5.3　高原盆地城市水源地脆弱性评价指标体系构建

5.3.1　指标体系设计思路与原则

指标体系构建是实现高原盆地城市水源地脆弱性定量评价的关键环节。高原盆地城市水源地是一个特定地域范围的人-环境耦合系统，也是一个随自然演化和社会历史发展而变化的动态系统。因此，高原盆地城市水源地脆弱性评价指标体系构建的思路是从其概念和内涵出发，结合可持续发展理论和人地关系理论的指导思想，借鉴国内外相关成果（钟晓娟，2011；朱党生，2010；Tunner B L），建立能全面反映高原盆地城市水源地自然本底、人类活动影响及其相互关系的评价指标体系。同时，高原盆地城市水源地脆弱性评价指标体系构建还应遵循以下原则。

（1）层次性原则。先将高原盆地城市水源地脆弱性评价指标体系根据类型分为若干个子系统和准则层，再根据从属关系罗列指标，从而构成层次分明，逻辑清晰的评价指标体系。在实际操作中，既可以对高原盆地城市水源地脆弱性进行总体评价，也可以对其中的某一方面的脆弱性进行评价。

（2）主导性原则。影响高原盆地城市水源地脆弱性的因素很多，必须从中选择对高原盆地城市水源地脆弱性影响起主导作用的因素。因此，在罗列出具有足够的涵盖面的指标之后，应对其予以筛选、分类，挑选出具有代表性和意义集成度较大的指标，使其反映的问题更深刻、更具有实际意义。

（3）可比性原则。指标应具有标准的名称、明确的物理意义和计算方法，尽可能采用各地域和各时间段共有的、可比性较强的指标，同时还应明确各指标的分析水平年、口径和范围，确保可比性。

（4）可操作性原则。指标计算所需的数据易于从各种渠道获取，指标统计和计算方法简单明了，以确保高原盆地城市水源地脆弱性评价的顺利实施。

5.3.2 指标体系设计

按照上述总体思路与设计原则，结合高原盆地城市水源地脆弱性的内涵，将评价指标体系按照从属关系由上到下确定为 4 个层次：目标层、系统层、准则层和指标层。目标层为"高原盆地城市水源地脆弱度"，系统层分为"原生脆弱度"和"胁迫脆弱度"两个子系统，"原生脆弱度"子系统中设立"水文气象因子"和"生态环境因子"两个准则层，"胁迫脆弱度"子系统中设立"水源污染因子"和"地表扰动因子"两个准则层。

水文气象因子选取多年平均年降水量（D_1）、降水年际变差系数（D_2）、降水年内分配均匀度（D_3）、气温变化速率（D_4）4 个指标，它们比较全面地表达了高原盆地城市水源地水文气象方面的内涵。其中，D_1 是水源地水资源丰富程度的重要指标。D_2 和 D_3 并不重复，D_2 是在时间和空间上考虑水源地的影响，D_3 更多的是在考虑地域因空间分布不均而造成的影响。D_4 是水环境有机体生存和演绎的重要因子。

生态环境因子选取水文地质条件（D_5）、土壤侵蚀模数（D_6）、森林覆盖率（D_7）、土壤饱和含水量（D_8）、水质类别（D_9）、综合营养状态指数（D_{10}）6 个指标。D_5 对地下水的分布和形成规律，以及物理性质和化学成分，都有一定影响。D_6 是表征土壤侵蚀强度的指标，用以反映水源地单位时间内侵蚀强度的大小。D_7 的高低往往是人为活动的结果。通过 D_8 的状况即可大体了解土壤的持水特性和释水性质，对计算土壤剖面的水分含量，推求土壤给水度，预测地下水位因降水、灌溉和抽水、排水的升高或降低值，都是一个重要指标。D_9 的好坏间接反映水源地受到污染（面源污染和点源污染）的程度。D_{10} 的高低威胁水源地系统的生态水文功能，引起水域的富营养化。

水源污染因子主要选取单位面积废污水排放量（D_{11}）和单位面积固体污染物负荷（D_{12}）两个指标。废污水和固体废弃物中携带有大量的营养盐和其他有毒有害重金属，当这些物质进入水体后极易造成水体富营养化，使水体混浊度升高，颜色改变，还会堵塞土壤孔隙，危害水体底栖生物的繁殖，是水质下降的最主要原因。

地表扰动因子主要选择建设用地面积比例（D_{13}）和耕地面积比例（D_{14}）。土地过度开垦改变了下垫面的水文特征和流域的水资源分配，降低了水源地对水文情势变化的缓冲和调节能力。所以大面积的耕作和建设用地对水源地系统的脆弱性产生直接影响。

在高原盆地城市水源地脆弱性评价指标体系的 14 个指标中，除水文地质条件和水质类别为定性指标外，其他 12 个指标均为定量指标，其数值可以在查阅统计年鉴和水文气象观测数据、遥感影像解译、实地调查、采样分析的基础上，直接获取或通过计算获取。其中，降水年际变差系数和降水年内分配均匀度计算采用基尼系数法计算得到（黄英，2010）；森林覆盖率通过遥感影像解译和实地调查相结合的方法获取；土壤侵蚀模数通过水文站泥沙观测数据推算，无泥沙观测数据时采样通用水土流失方程估算；土壤饱和含水量通过采样分析获取，也可借鉴前人关于不同土壤类型的蓄水能力的研究成果；水质类别和综合营养状态指数直接采用水文部门水质监测结果；单位面积废污水排放量和单位面积固体污染物负荷根据水源地内典型调查推算，避免采用定额计算掩盖不同对象差异的弊端；建设用地面积比例和耕地面积比例通过遥感影像解译获取。

高原盆地城市水源地脆弱性评价指标体系见表 5.1。

表 5.1　　　　　　　　高原盆地城市水源地脆弱性评价指标体系

目　标　层	系统层	准则层	指　标　层	单位
高原盆地城市水源地脆弱度（A）	原生脆弱度（B_1）	水文气象因子（C_1）	多年平均年降水量（D_1）	mm
			降水年际变差系数（D_2）	无量纲
			降水年内分配均匀度（D_3）	无量纲
			气温变化速率（D_4）	℃/10a
		生态环境因子（C_2）	水文地质条件（D_5）	无量纲
			土壤侵蚀模数（D_6）	t/(km^2·a)
			森林覆盖率（D_7）	%
			土壤饱和含水量（D_8）	万 m^3/km^2
			水质类别（D_9）	无量纲
			综合营养状态指数（D_{10}）	无量纲
	胁迫脆弱度（B_2）	水源污染因子（C_3）	单位面积废污水排放量（D_{11}）	m^3/(km^2·a)
			单位面积固体污染物负荷（D_{12}）	t/(km^2·a)
		地表扰动因子（C_4）	建设用地面积比例（D_{13}）	%
			耕地面积比例（D_{14}）	%

5.4　高原盆地城市水源地脆弱性诊断模型

脆弱性诊断是对某一自然和人文系统自身的结构、功能进行探讨，并预测和评价外部胁迫（自然的和人为的）对系统可能造成的影响，还可评估系统自身对外部胁迫的抵抗力以及从不利影响中恢复的能力，其目的是维护系统的可持续发展、减轻外部胁迫对系统的不利影响和为退化系统的综合整治提供决策依据。脆弱性评估主要关注以下问题：

（1）研究对象面临的主要扰动是什么？

（2）脆弱性较高（低）的单元具有什么典型特征？

（3）研究区域（内）的脆弱性时间、时间格局？

（4）决定脆弱性格局的因素？

（5）如何降低单元的脆弱性？

针对一般的评价，解决问题的一般步骤如下。

（1）要明确评价的问题、确定评价的目的。

（2）确定被评价对象。

（3）建立评价指标体系，包括收集评价指标的原始数据及对这些数据的预处理。

（4）确定与各项评价指标相对应的权重系数。

（5）选择或构造评价模型。

（6）计算各评价对象的综合评价指标值，并以此做出合理决策（排序或分类选择）。

5.4.1 模糊综合评判模型

模糊综合评判是以模糊数学为基础，可将一些边界不清，不易定量的评价指标定量化，即确定隶属度，由此经过一个低层次、小系统过渡到高层次、大系统的逐渐综合，形成最终的评价结果。由于这种方法在处理各种难以用精确数学方法描述的复杂系统问题方面，表现出了独特的优越性，在各个学科领域中得到了越来越广泛的应用。在地理学中，模糊综合评判方法常常被用于资源与环境条件评价、生态评价、区域可持续发展评价等各个方面。

模糊综合评判是模糊决策中最常用的一种有效方法。在实际中，常常需要对一个事物做出评价（或评估），一般都涉及多个因素或多个指标，此时就要求人们根据这些因素对事物做出综合评价，这就是所谓的综合评判。

设 $U=\{U_1,U_2,\cdots,U_n\}$ 为研究对象的 n 种因素（或指标），称为因素集（或指标集）。$V=\{V_1,V_2,\cdots,V_m\}$ 为诸因素（或指标）的 m 种评判所构成的评判集（或评语集、评价集、决策集等），它们的元素个数和名称均可根据实际问题的需要和决策人主观确定。实践中，很多问题的因素评判集都是模糊的，因此综合评判应该是 V 上的一个模糊子集：

$$B=(b_1,b_2,\cdots,b_m)\in F(V)$$

其中，b_k（$k=1,2,\cdots,m$）为评判 V_k 对模糊子集 B 的隶属度：$U_B(V_k)=b_k$，即反映了第 k 种评判 V_k 在综合评价中所起的作用。综合评判 B 依赖于各因素的权重，即它应该是 U 上的模糊子集 $A=(a_1,a_2,\cdots,a_n)\in F(U)$，且各权重之和为 1，其中 a_i 表示第 i 种因素的权重。于是，当权重给定以后，相应地就可以给定一个综合评判 B。

模糊综合评判的一般步骤如下（雷宏军，2008；姜军，2007）。

（1）建立评价对象组成的因素集：$U = \{U_1, U_2, \cdots, U_n\}$，共有 n 个因素（评价指标）。

（2）建立由评价结果组成的评语集：$V = \{V_1, V_2, \cdots, V_m\}$，共有 m 个因素（评价等级）。

（3）确定评价指标的权重向量集：$W = [W_1, W_2, \cdots, W_n]$。

指标权重的确定分为主观确定和客观确定。主观确定权重的方法主要有德尔菲法，客观确定权重的方法主要有熵权法、变异系数法和主成分分析法，主客观相结合确定权重的方法主要有层次分析法。由于高原盆地城市水源地脆弱性评价指标涉及不同类型，指标量纲也各不相同，需要借助专家经验对具体指标权重进行判断。因此，宜采用以专家判断为基础的层次分析法确定评价指标权重。

层次分析（analytic hierarchy process，AHP）是一种定性与定量相结合的、系统化的、层次化的分析方法。它是将半定性、半定量问题转化为定量问题行之有效的一种方法，使人们的思维过程化。通过逐层比较多种关联因素来为分析、决策、预测或控制事物的发展提供定量依据，它特别适用于那些难以完全用定量进行分析的复杂问题，为解决这类问题提供了一种简便实用的方法。其基本步骤如下（赵焕臣，1986；陆建红，2011）。

1）构造判断矩阵。在层次结构中，针对上一层次的某元素，对下一层次的各个元素的相对重要性进行比较，给出判断，并将这些判断用数值表示出来，构成判断矩阵（表 5.2）。

表 5.2　　　　　　　　　　层次分析法相对重要性矩阵

指标	B_1	B_2	$\cdots$	B_n
B_1	b_{11}	b_{12}	$\cdots$	b_{1n}
B_2	b_{21}	b_{22}	$\cdots$	b_{2n}
$\vdots$	$\vdots$	$\vdots$	$\vdots$	$\vdots$
B_n	b_{n1}	b_{n2}	$\cdots$	b_{m}

在层次结构模型的基础上，采用同层次成对因素的分析比较，构成两两因素的比较判断矩阵。

以 $B_i (i = 1, 2, 3, \cdots, m)$ 表示一级评价因素，$B_{ij} (i = 1, 2, 3, \cdots, m;\ j = 1, 2, 3, \cdots, m)$ 表示一级评价因素 B_i 对 B_j 的相对重要性数值，B_{ij} 的取值参照相关文献。

可得一致评价因素 $A - B$ 判断矩阵：

$$P_{B_i} = \begin{bmatrix} B_{11} & B_{12} & \cdots & B_{1m} \\ B_{21} & B_{22} & \cdots & B_{2m} \\ \vdots & \vdots & \vdots & \vdots \\ B_{m1} & B_{m2} & \cdots & B_{mm} \end{bmatrix}$$

设 C_i 表示二级评价因素，则同理可得二级评价因素的 $C_i - C_{ij}\,(i=1, 2,$ $3, \cdots, m; j=1, 2, 3, \cdots, m)$判断矩阵：

$$P_{C_i} = \begin{bmatrix} C_{11} & C_{12} & \cdots & C_{1m} \\ C_{21} & C_{22} & \cdots & C_{2m} \\ \vdots & \vdots & \vdots & \vdots \\ C_{m1} & C_{m2} & \cdots & C_{mm} \end{bmatrix}$$

式中：$C_{ij}\,(i=1, 2, 3, \cdots, m; j=1, 2, 3, \cdots, m)$为二级评价因素 C_i 对 C_j 的重要性数值。

设 D_i 表示三级评价因素，则同理可得三级评价因素的 $D_i - D_j\,(i=1, 2,$ $3, \cdots, m; j=1, 2, 3, \cdots, m)$判断矩阵：

$$P_{D_i} = \begin{bmatrix} D_{11} & D_{12} & \cdots & D_{1m} \\ D_{21} & D_{22} & \cdots & D_{2m} \\ \vdots & \vdots & \vdots & \vdots \\ D_{m1} & D_{m2} & \cdots & D_{mm} \end{bmatrix}$$

式中：$D_{ij}\,(i=1, 2, 3, \cdots, m; j=1, 2, 3, \cdots, m)$表示二级评价因素 D_i 对 D_j 的相对重要性数值。

判断矩阵中元素的数值 B_{ij}（C_{ij} 和 D_{ij}，以 B_{ij} 为例）表示该项所对应的 B_i 比 B_j 的重要程度，一般由 9 位标度法确定，即用 1、3、5、7、9 依次表示 B_i 相比 B_j 一样重要、重要一点、重要、重要得多、绝对重要；用 2、4、6、8 表示重要性介于上述邻近两项之间；每个标度的倒数则有相反的意义。任何判断矩阵都满足 $b_{ii}=1$，$b_{ij}=1/b_{ji}$。

2）计算各评价因素的权重。

a. 方根法。计算判断矩阵每一行元素的乘积：

$$M_i = \prod_{j=1}^{n} b_{ij}, i = 1, 2, \cdots, n$$

计算 M_i 的 n 次方根：

$$\overline{W}_i = \sqrt[n]{M_i}, i = 1, 2, \cdots, n$$

将向量 $W=[W_1, W_2, \cdots, W_n]^{\mathrm{T}}$ 归一化：

$$W_i = \overline{W}_i / \sum_{i=1}^{n} \overline{W}_i, i = 1, 2, \cdots, n$$

计算最大特征根：

$$\lambda_{\max} = \sum_{i=1}^{n} \frac{(AW)_i}{nW_i}$$

式中：$(AW)_i$ 为向量 AW 的第 i 个分量。

　　b. 和积法。将判断矩阵每一列归一化：

$$\overline{b_{ij}} = b_{ij} / \sum_{k=1}^{n} b_{kj}, i = 1, 2, \cdots, n$$

对按列归一化的判断矩阵，再按行求和：

$$\overline{W_i} = \sum_{j=1}^{n} \overline{b_{ij}}, i = 1, 2, \cdots, n$$

将向量 $W = [W_1, W_2, \cdots, W_n]^T$ 归一化：

$$W_i = \overline{W_i} / \sum_{1}^{n} \overline{W_i}, i = 1, 2, \cdots, n$$

计算最大特征根：

$$\lambda_{\max} = \sum_{i=1}^{n} \frac{(AW)_i}{nW_i}$$

式中：$(AW)_i$ 为向量 AW 的第 i 个分量。

　　为了检验判断矩阵的一致性，需要计算一致性指标：

$$CI = \frac{\lambda_{\max} - n}{n - 1}$$

$$CR = \frac{CI}{RI} < 0.10$$

其中，CI 为一致性指标，当 $CI = 0$ 时，判断矩阵具有完全一致性；反之，CI 越大，判断矩阵的一致性就越差。CR 为随机一致性比例，当 $CR < 0.10$ 时，就认为判断矩阵具有令人满意的一致性；否则，当 $CR \geq 0.1$ 时，就需要调整判断矩阵，直到满意为止。随机一致性指标见表5.3。

表 5.3　　　　　　　　　　　随 机 一 致 性 指 标

阶数	1	2	3	4	5	6	7	8	9	10	11	12	13	14	15
RI	0.00	0.00	0.58	0.90	1.12	1.24	1.32	1.41	1.45	1.49	1.52	1.54	1.56	1.58	1.59

　　注　RI 为判断矩阵的随机一致性指标。

5.4.2　物元可拓模型

　　可拓学是采用形式化的模型研究事物拓展的可能性和开拓创新的规律与方法，从定性和定量两个角度去研究解决矛盾问题的规律和方法。目前可拓学已成功应用于监测、管理、控制、评价和决策等多个领域。简单地说，在评价领域应用可拓方法，就是把评价对象的优劣划分成若干等级，由专家给出等级的数据范围，再将评价对象的指标代入到各等级集合的关联度进行比较（陈守煜，1998；李祚泳，2004）。关联度越大，说明评价对象和该等级结合的相符程度度越高，反之亦然。

1. 物元矩阵

物元分析是研究解决不相容问题的规律和方法的新兴学科。在物元分析中，所描述的事物 M 及其特征 C 和量值 X 组成有序三元组 $R=（M，C，X）$ 作为描述事物的基本单元，简称物元。如果一个事物 M 需用 n 个特征 $C_1，C_2，\cdots，C_n$，及相应的量值 $X_1，X_2，\cdots，X_n$ 来描述，则称它为 n 维物元。并可用矩阵表示为

$$R = \begin{bmatrix} M & C_1 & X_1 \\ & C_2 & X_2 \\ & \vdots & \vdots \\ & C_n & X_n \end{bmatrix}$$

2. 经典域对象物元矩阵

经典域对象物元矩阵可表示为

$$R = \begin{bmatrix} M_p & C_1 & [a_{p_1}，b_{p_1}] \\ & C_2 & [a_{p_2}，b_{p_2}] \\ & \vdots & \vdots \\ & C_n & [a_{p_n}，b_{p_n}] \end{bmatrix}$$

式中：M_p 为由标准事物加上可转化为标准事物组成的经典域对象；$x_{p_i} = [a_{p_i}，b_{p_i}]$ 为经典域对象关于特征 C_i 的量值范围。

3. 节域对象物元矩阵

节域对象物元矩阵可表示为

$$R = \begin{bmatrix} M_B & C_1 & [a_{B_1}，b_{B_1}] \\ & C_2 & [a_{B_2}，b_{B_2}] \\ & \vdots & \vdots \\ & C_n & [a_{B_n}，b_{B_n}] \end{bmatrix}$$

式中：M_B 为由标准事物加上可转化为标准事物组成的节域对象，$x_{B_i} = [a_{B_i}，b_{B_i}]$ 为标准对象关于特征 C_i 的量值范围。显然有 $x_{p_i} \in x_{B_i}（i=1，2，\cdots，n）$。

4. 确定权重

采用层次分析法确定的权重（龚雁冰，2009）。

5. 关联函数的计算

关联函数定义：在物元评价中，关联函数表示物元的量值取为实轴上一点时，物元符合要求的取值范围程度。它是解决不相容问题的结果量化的关键

（潘竟虎，2008；徐存东，2013）。

区间的模：在有界区间 $X=[a, b]$ 的模定义为

$$|x| = |b-a|$$

一个点 x_0 到区间 $x=[a, b]$ 的距离定义为

$$\rho(x_0, x) = \left| x_0 - \frac{1}{2}(a-b) \right| - \frac{1}{2}|b-a|$$

若区间 $x_0=[a, b]$，$x_1=[c, d]$，且 $x_0 \in x_1$，则关联函数 $k(x)$ 的计算式为

$$k_j(x) = \begin{cases} -\dfrac{\rho(x, x_0)}{|x_0|}, & x \in x_0 \\ \dfrac{\rho(x, x_0)}{\rho(x, x_0) - \rho(x, x_0)}, & x \in x_0 \end{cases}$$

6. 确定待评价物元与各类别的关联度

$$k_j(p) = \sum_{i=1}^{n} r_{ij} k_j(x)$$

式中：r_{ij} 为指标的权重系数；$k_j(p)$ 为待评价事物各指标关于各类别的关联度综合值；$k_j(x)$ 为关联函数的计算值（薛小杰，2010）。

确定待评价物元的类别和级别变量特征值、待评价物元最终所属的类别，其实就是确定综合关联度最大的级别，即

$$k_j(p) = \max\{k_j(p)\}$$

5.4.3 综合评价模型

综合评价主要应用于研究多目标决策有关的评价问题，因此研究解决这类问题在实际中有广泛的意义，特别是在政治、经济、社会及军事管理、工程技术及科学决策等领域有重要的应用价值。

实际中的一个综合评价问题必须要5个要素组成，即评价对象、评价指标、权重系数、综合评价模型和评价者，缺一不可。因此，针对一般综合评价的实际问题，解决问题的一般步骤如下。

（1）明确综合评价的问题，确定综合评价的目的。

（2）确定被评价对象。

（3）建立评价指标体系，包括收集评价指标的原始数据及对这些数据的预处理。

（4）确定与各项评价指标相对应的权重系数。

（5）选择或构造综合评价模型。

（6）计算各被评价对象的综合评价指标值，并依此做出合理决策。

因此，按照综合评价的一般步骤和流程，下面分步介绍实现综合评价的一般方法。

（1）评价指标体系的建立及筛选方法。选取评价指标的一般原则是：尽量少地选取"主要"的评价指标用于实际评价。通常情况下，首先将有关的指标都收集起来，然后按照某种原则进行筛选，分清主次，合理地选择主要指标，忽略次要目标。同时，评价指标要具有系统性、科学性、可比性、可测性和独立性等特性。具体常用的筛选方法有专家调研法、最小均方差法、极小极大离差法等。

（2）综合评价指标的预处理方法。由于来自实际中的指标数据可能是各种各样的，特别是对于不同类型、不同单位、不同数量级的数据，即存在着不可共度性。在应用之前需要对这样的数据做一定的预处理，以便于在综合评价中做相应的运算、比较和分析等，这也是综合评价过程中必须要做的一项重要工作。一般综合指标的预处理方法有两种：一是评价指标类型的一致化处理，主要将极小型转化为极大型、居中型转化为极大型、区间型转化为极大型；二是评价指标的无量纲化处理，主要有标准化方法、极差化方法、功能系数化方法。

对原始数据采用以下公式进行标准化：

$$u_{ij} = (x_{ij} - \min x_{ij}) / (\max x_{ij} - x_{ij})$$

式中：x_{ij} 为第 i 个事物第 j 项特征对应的量值（$i=1$, 2, …, m；$j=1$, 2, …, n）；$\max x_{ij}$ 为各事物中第 j 项特征所对应的所有量值中的最大值；$\min x_{ij}$ 为各事物中第 j 项特征所对应的所有量值中的最小值。

（3）评价指标权重的确定方法。本书根据层次分析法确定评价指标的权重系数。

（4）拉格朗日插值的引入及"边际效益递减"的引入。

1）拉格朗日插值的引入。

已知某函数 $y = f(x)$ 的一组观测（或实验）数据 $(x_i, y_i)(i=1, 2, …, n)$，要寻求一个函数 $\Phi(x)$，使 $\Phi(x_i) = y_i (i=1, 2, …, n)$，则 $\Phi(x) = f(x)$。具体地讲，实际中，常常在不知道函数 $\Phi(x)$ 为 $f(x)$ 的插值函数，x_0, x_1, x_2, …, x_n 称为插值节点，$\Phi(x) = y_i (i=1, 2, …, n)$ 称为插值条件，$\Phi(x) = y_i = f(x_i) (i=1, 2, …, n)$，则 $\Phi(x) = f(x)$。

拉格朗日插值：设函数 $y = f(x)$ 在 $n+1$ 个相异点 x_0, x_1, x_2, …, x_n 上函数值为 y_0, y_1, y_2, …, y_n，要求一个函数不超过 n 的代数多项式：

$$P_n(x) = a_0 + a_1 x + a_2 x^2 + \cdots + a_n x^n$$

使在节点 x_i 上有 $P_n(x_i) = y_i (i=0, 1, 2, …, n)$ 成立，称为 n 维代数插值问题，$P_n(x)$ 称为插值多项式，可以证明 n 次代数插值的解是唯一的。

事实上可以得到

$$P_n(x) = \sum_{j=0}^{n} \left[\prod_{i \neq j}^{n} \left(\frac{x - x_i}{x_i - x_j} \right) \right] y_i$$

当 $n=1$ 时，有两点一次（线性）插值多项式：

$$P_1(x) = \frac{x - x_1}{x_0 - x_1} y_0 + \frac{x - x_0}{x_1 - x_0} y_1$$

2）"边际效益递减"的引入。"边际效益递减"原理是随着资源投入的增加，单位资源投入所产生的效益是不断递减的。用该原理审视指标数值变化对高原盆地城市水源地脆弱性系统影响的规律，便会发现：一些指标变化对整个系统的影响有着与"边际效益递减"原理类似或相反的规律。在其他要素不变的情况下，随着指标数值的增大，相同的指标变化值对系统产生的影响逐渐减小。对于高原盆地城市水源地而言，有些指标的值越大越好，可称为越大越优型指标；而有些指标的值越小越好，可称为越小越优型指标。根据各类型指标对高原盆地城市水源地影响的规律分析，可以把指标分成直线型和曲线型两种类型，其中曲线型指标又可分为越大越优曲线型和越小越优曲线型两种类型。这 3 类指标评价模型可采用函数 $y = a + bx^p$，（$y \in [0, 1]$）表示。其中，直线型指标评价模型中 $p=1$，越大越优曲线型指标评价模型中 $p \in (0, 1)$（这里取 1/2），越小越优曲线型指标评价模型中 $p \in (1, \infty)$（这里取 2，此时 b 为负数）。为得出指标得分计算模型，需设定 2 个指标核算标准代入上述函数得出系数 a 和 b 的值。因此，令 x 为最差值时，y 取 0；x 为中间值时，y 取 0.5；x 为最优值时，y 取 1。将对应的 x 值和 y 值代入计算函数，即可计算得出 a 和 b 的值，从而确定指标评价模型。把各个指标的实际数值代入其对应的指标得分计算模型中，即可得到各指标的得分。

（5）综合评价数学模型的建立方法。在实际中，综合评价的过程就是通过数学模型将多个评价指标"合成"为一个整体性的综合评价指标，针对 n 个被评价对象，m 项评价指标 x_1，x_2，$\cdots$，x_m，其指标值对应的得分分别为 $V_j = f(x_{i1}, x_{i2}, \cdots, x_{im})(i = 1, 2, \cdots, n)$，相应的权重系数向量为 W_j 的情形，来构造合适的综合评价函数：

$$y = \sum_{j=1}^{m} W_j V_j$$

式中：W_j 为各评价指标的权重值；V_j 为指标得分计算模型值。

5.5　高原盆地城市水源地脆弱性诊断模型比选

为比较各种诊断方法和模型在水源地脆弱性诊断中的应用效果，选取松华坝水库水源地为代表，分别应用模糊综合评判模型、物元可拓模型和综合评价模型对其进行脆弱性诊断。

5.5.1 基于模糊综合评判模型的松华坝水库水源地脆弱性诊断

1. 评判等级划分及评价指标标准的确定

关于高原盆地城市水源地评价标准的参照系，国内仍无统一标准可循。为此，书中的各指标评价标准选取归纳为 3 类：已有的国际标准、国家标准；根据高原盆地城市水源地脆弱性评价指标的峰值或极值进行均匀分布确定各等级区间；对没有任何标准可供参考的指标，由已有的研究成果或经验，通过专家咨询，在实地调查、采样分析的基础上进行确定。依据以上原则，将评判集合 V 分为 5 个等级，即 $V = \{V_1$（不脆弱），V_2（轻度脆弱），V_3（中度脆弱），V_4（高度脆弱），V_5（极度脆弱）\}。指标评价等级标准见表 5.4。

表 5.4   高原盆地城市水源地脆弱性指标体系的分级标准

脆弱度 指标	不脆弱 V_1	轻度脆弱 V_2	中度脆弱 V_3	高度脆弱 V_4	极度脆弱 V_5
D_1	>1000	850～1000	700～850	550～700	<550
D_2	<0.3	0.3～0.43	0.43～0.56	0.56～0.7	>0.7
D_3	>0.8	0.63～0.8	0.47～0.63	0.3～0.47	<0.3
D_4	<0	0～0.2	0.2～0.4	0.4～0.6	>0.6
D_5	<10	10～40	40～70	70～100	>100
D_6	<500	500～2000	2000～3500	3500～5000	>5000
D_7	>80	80～60	60～40	40～20	<20
D_8	>25	25～37	37～49	49～60	<60
D_9	I	II	III	IV	V
D_{10}	<40	40～50	50～60	60～70	>70
D_{11}	<0.6	0.6～2.04	2.04～4.02	4.02～6	>6
D_{12}	<5	5～20	20～35	35～50	>50
D_{13}	<0.03	0.03～0.12	0.12～0.21	0.21～0.3	>0.3
D_{14}	<0.67	0.67～2.68	2.68～4.69	4.69～6.7	>6.7

2. 评价指标权重的确定

评价指标权重的确定采用层次分析法，通过对国内 50 位生态水文相关领域专家进行咨询形成判断矩阵（表 5.5～表 5.13）。

表 5.5　　　　　　　　　$A - B$ 判断矩阵及层次单排序结果

A	B_1	B_2	权重
B_1	1	3	0.75
B_2	1/3	1	0.25

注　$CI=0$, $RI=0$, $CR=0<0.10$。

表 5.6　　　　　　　$B_1 - C_1$, C_2 判断矩阵及层次单排序结果

B_1	C_1	C_2	权重
C_1	1	1/3	0.25
C_2	3	1	0.75

注　$CI=0$, $RI=0$, $CR=0<0.10$。

表 5.7　　　　　　　$B_2 - C_3$, C_4 判断矩阵及层次单排序结果

B_2	C_3	C_4	权重
C_3	1	1	0.5
C_4	1	1	0.5

注　$CI=0$, $RI=0$, $CR=0<0.10$。

表 5.8　　　$C_1 - D_1$, D_2, D_3, D_4 判断矩阵及层次单排序结果

C_1	D_1	D_2	D_3	D_4	权重
D_1	1	4	4	6	0.5941
D_2	1/4	1	1	2	0.1598
D_3	1/4	1	1	2	0.1598
D_4	1/6	1/2	1/2	1	0.0862

注　$CI=0.0035$, $RI=0.90$, $CR=0.0038<0.10$。

表 5.9　　$C_2 - D_5$, D_6, D_7, D_8, D_9, D_{10} 判断矩阵及层次单排序结果

C_2	D_5	D_6	D_7	D_8	D_9	D_{10}	权重
D_5	1	2	1	2	1/2	1/2	0.1486
D_6	1/2	1	1/2	1	1/3	1/3	0.0819
D_7	1	2	1	2	1/2	1/2	0.1486
D_8	1/2	1	1/2	1	1/3	1/3	0.0819
D_9	2	3	2	3	1	1	0.2695
D_9	2	3	2	3	1	1	0.2695

注　$CI=0.0037$, $RI=1.24$, $CR=0.0030<0.10$。

表 5.10 $C_3 - D_{11}$，D_{12} 判断矩阵及层次单排序结果

C_3	D_{11}	D_{12}	权重
D_{11}	1	3	0.75
D_{12}	1/3	1	0.25

注 $CI=0$，$RI=0$，$CR=0<0.10$。

表 5.11 $C_4 - D_{13}$，D_{14} 判断矩阵及层次单排序结果

C_4	D_{13}	D_{14}	权重
D_{13}	1	2	0.6667
D_{14}	1/2	1	0.3333

注 $CI=0$，$RI=0$，$CR=0<0.10$。

表 5.12 $B-C$ 层次总排序结果

系统层 / 准则层	B_1 (0.75)	B_2 (0.25)	权重	排序
C_1	0.25		0.1875	2
C_2	0.75		0.5625	1
C_3		0.5	0.1250	3
C_4		0.5	0.1250	3

注 $CI=0$，$RI=0$，$CR=0<0.10$。

表 5.13 各因子的层次总排序结果

准则层 / 指标	C_1 (0.1875)	C_2 (0.5625)	C_3 (0.1250)	C_4 (0.1250)	权重	排序
D_1	0.5941				0.111	3
D_2	0.1598				0.030	12
D_3	0.1598				0.030	12
D_4	0.0862				0.016	14
D_5		0.1486			0.084	5
D_6		0.0819			0.046	8
D_7		0.1486			0.084	5
D_8		0.0819			0.046	8
D_9		0.2695			0.152	1
D_{10}		0.2695			0.152	1
D_{11}			0.7500		0.094	4
D_{12}			0.2500		0.031	11
D_{13}				0.6667	0.083	7
D_{14}				0.3333	0.042	10

注 $CI=0.002738$，$RI=0.86625$，$CR=0.00316<0.10$。

3. 计算隶属度函数建立 R 矩阵

隶属度函数是用来刻画模糊集合的，是模糊综合评判方法的应用基础。构建正确的隶属度函数是能否进行模糊综合评判的关键，直接影响到评价结果的好坏。为确保定量评价指标的隶属度函数在各级平滑过渡，消除由于一些评价指标值相差不大，而评价等级相差一级的模糊现象。为此，本书将评判集合划分为 5 个评价等级 $V=\{V_1, V_2, V_3, V_4, V_5\}$，对应于 4 个临界值（$k_1$，$k_3$，$k_5$，$k_7$）和 3 个临界值的中点值（$k_2$，$k_4$，$k_6$）；根据相对隶属度函数原理，结合实际值与 k_i 及 k_{i-1} 的对应关系（k_i 为各等级的临界值，k_{i-1} 为各相邻临界值的中点值），针对 5 个评价等级分别构建隶属度计算式（5.1）～式（5.5）来实现上述模糊化要求。

$$U_1 = \begin{cases} 0.5\left(1+\dfrac{k_1-U_i}{k_2-U_i}\right), & U_i < k_1 \\[2mm] 0.5\left(1-\dfrac{U_i-k_1}{k_2-k_1}\right), & k_1 \leqslant U_i < k_2 \\[2mm] 0, & U_i \geqslant k_2 \end{cases} \tag{5.1}$$

$$U_2 = \begin{cases} 0.5\left(1-\dfrac{k_1-U_i}{k_2-U_i}\right), & U_i < k_1 \\[2mm] 0.5\left(1+\dfrac{k_1-U_i}{k_1-k_2}\right), & k_1 \leqslant U_i < k_2 \\[2mm] 0.5\left(1+\dfrac{k_3-U_i}{k_3-k_2}\right), & k_2 \leqslant U_i < k_3 \\[2mm] 0.5\left(1-\dfrac{k_3-U_i}{k_3-k_4}\right), & k_3 \leqslant U_i < k_4 \\[2mm] 0, & U_i \geqslant k_4 \end{cases} \tag{5.2}$$

$$U_3 = \begin{cases} 0, & U_i \leqslant k_2 \\[2mm] 0.5\left(1-\dfrac{k_3-U_i}{k_3-k_2}\right), & k_2 \leqslant U_i < k_3 \\[2mm] 0.5\left(1+\dfrac{k_3-U_i}{k_3-k_4}\right), & k_3 \leqslant U_i < k_4 \\[2mm] 0.5\left(1+\dfrac{k_5-U_i}{k_5-k_4}\right), & k_4 \leqslant U_i < k_5 \\[2mm] 0.5\left(1-\dfrac{k_5-U_i}{k_5-k_6}\right), & k_5 \leqslant U_i < k_6 \\[2mm] 0, & U_i \geqslant k_6 \end{cases} \tag{5.3}$$

$$U_4 = \begin{cases} 0, & U_i \leqslant k_4 \\ 0.5\left(1 - \dfrac{k_5 - U_i}{k_5 - k_4}\right), & k_4 \leqslant U_i < k_5 \\ 0.5\left(1 + \dfrac{k_5 - U_i}{k_5 - k_6}\right), & k_5 \leqslant U_i < k_6 \\ 0.5\left(1 + \dfrac{k_7 - U_i}{k_7 - k_6}\right), & k_6 \leqslant U_i < k_7 \\ 0.5\left(1 - \dfrac{k_7 - U_i}{k_6 - U_i}\right), & U_i \geqslant k_7 \end{cases} \tag{5.4}$$

$$U_5 = \begin{cases} 0, & U_i \leqslant k_6 \\ 0.5\left(1 + \dfrac{k_6 - U_i}{k_6 - k_7}\right), & k_6 \leqslant U_i < k_7 \\ 0.5\left(1 + \dfrac{k_7 - U_i}{k_6 - U_i}\right), & U_i \geqslant k_7 \end{cases} \tag{5.5}$$

对于定性指标,首先用自然语言进行描述,即进行定量赋值,其次采用矩形分布的隶属度函数进行评价:

$$U(x) = \begin{cases} 1, & k_i < U \leqslant k_{i+1} \\ 0, & U \leqslant k_i, U > k_{i+1} \end{cases} \tag{5.6}$$

将松华坝水库水源地脆弱性评价指标数值代入所构建的模型,得到隶属度矩阵 $\boldsymbol{R}$:

$$\boldsymbol{R} = \begin{bmatrix} 0.000 & 0.000 & 0.980 & 0.020 & 0.000 \\ 0.000 & 0.000 & 0.920 & 0.080 & 0.000 \\ 0.000 & 0.000 & 0.088 & 0.912 & 0.000 \\ 0.000 & 0.000 & 0.000 & 0.500 & 0.500 \\ 0.000 & 0.823 & 0.177 & 0.000 & 0.000 \\ 0.000 & 0.000 & 0.000 & 0.861 & 0.139 \\ 0.000 & 0.000 & 0.550 & 0.450 & 0.000 \\ 0.000 & 0.400 & 0.600 & 0.000 & 0.000 \\ 0.000 & 0.000 & 1.000 & 0.000 & 0.000 \\ 0.000 & 0.000 & 0.238 & 0.762 & 0.000 \\ 0.000 & 0.000 & 0.326 & 0.674 & 0.000 \\ 0.000 & 0.000 & 0.193 & 0.807 & 0.000 \\ 1.000 & 0.000 & 0.000 & 0.000 & 0.000 \\ 1.000 & 0.000 & 0.000 & 0.000 & 0.000 \end{bmatrix}$$

根据已确定的权重分配集 $\boldsymbol{A}$ 和由隶属度函数得到的模糊关系矩阵 $\boldsymbol{R}$,利用

模糊综合评价模型 $B=A\cdot R$，选用加权平均法计算各准则层和目标层评价集，结果为

$$B_1=A_1\cdot R_1=(0.594,0.160,0.160,0.086)\cdot\begin{bmatrix}0.000 & 0.000 & 0.980 & 0.020 & 0.000\\0.000 & 0.000 & 0.920 & 0.080 & 0.000\\0.000 & 0.000 & 0.088 & 0.912 & 0.000\\0.000 & 0.000 & 0.000 & 0.500 & 0.500\end{bmatrix}$$

$$=(0.000,0.000,0.743,0.214,0.043)$$

$$B_2=A_2\cdot R_2=(0.149,0.082,0.149,0.082,0.270,0.270)\cdot$$

$$\begin{bmatrix}0.000 & 0.823 & 0.177 & 0.000 & 0.000\\0.000 & 0.000 & 0.000 & 0.861 & 0.139\\0.000 & 0.000 & 0.550 & 0.450 & 0.000\\0.000 & 0.400 & 0.600 & 0.000 & 0.000\\0.000 & 0.000 & 1.000 & 0.000 & 0.000\\0.000 & 0.000 & 0.193 & 0.807 & 0.000\end{bmatrix}$$

$$=(0.000,0.155,0.491,0.343,0.011)$$

$$B_3=A_3\cdot R_3=(0.750,0.250)\cdot\begin{bmatrix}0.000 & 0.000 & 0.326 & 0.674 & 0.000\\0.000 & 0.000 & 0.238 & 0.762 & 0.000\end{bmatrix}$$

$$=(0.000,0.000,0.293,0.707,0.000)$$

$$B_4=A_4\cdot R_4=(0.667,0.333)\cdot\begin{bmatrix}1.000 & 0.000 & 0.000 & 0.000 & 0.000\\1.000 & 0.000 & 0.000 & 0.000 & 0.000\end{bmatrix}$$

$$=(1.000,0.000,0.000,0.000,0.000)$$

$$B=A\cdot R=(0.188,0.563,0.125,0.125)\cdot\begin{bmatrix}0.000 & 0.000 & 0.743 & 0.214 & 0.043\\0.000 & 0.155 & 0.491 & 0.343 & 0.011\\0.000 & 0.000 & 0.293 & 0.707 & 0.000\\1.000 & 0.000 & 0.000 & 0.000 & 0.000\end{bmatrix}$$

$$=(0.125,0.087,0.452,0.321,0.015)$$

其综合评判向量为（0.125，0.087，0.452，0.321，0.015），根据最大隶属度原则，松华坝水库水源地对应于 V_3 级，属于中度脆弱。

5.5.2　基于物元可拓模型的松华坝水库水源地脆弱性诊断

对评价指标体系已经有了研究，利用已有的研究成果（高原盆地城市水源

地脆弱性指标体系）结合物元可拓模型对松华坝水库水源地脆弱性进行诊断。将评判集合 N 分为 5 个等级，即 $N = \{N_1$（不脆弱），N_2（轻度脆弱），N_3（中度脆弱），N_4（高度脆弱），N_5（极度脆弱）$\}$；c_i 表示第 i 个评价指标（$i=1, 2, 3, \cdots, 14$）；k 代表联系度。

建立经典域和节域：

$$
R = \begin{bmatrix}
n & n_1 & n_2 & n_3 & n_4 & n_5 \\
c_1 & [910,100] & [820,910] & [730,820] & [640,730] & [550,640] \\
c_2 & [0.3,0.38] & [0.38,0.46] & [0.46,0.54] & [0.54,0.62] & [0.62,0.7] \\
c_3 & [0.7,0.8] & [0.6,0.7] & [0.5,0.6] & [0.4,0.5] & [0.3,0.4] \\
c_4 & [0,0.12] & [0.12,0.24] & [0.24,0.36] & [0.36,0.48] & [0.48,0.6] \\
c_5 & [10,28] & [28,46] & [46,64] & [64,82] & [82,100] \\
c_6 & [500,1400] & [1400,2300] & [2300,3200] & [3200,4100] & [4100,5000] \\
c_7 & [68,80] & [56,68] & [44,56] & [32,44] & [20,32] \\
c_8 & [25,32] & [32,39] & [39,46] & [46,53] & [53,60] \\
c_9 & [0,20] & [20,40] & [40,60] & [60,80] & [80,100] \\
c_{10} & [40,46] & [46,52] & [52,58] & [58,64] & [64,70] \\
c_{11} & [0.6,1.7] & [1.7,2.8] & [2.8,3.9] & [3.9,5.0] & [5.0,6.0] \\
c_{12} & [5,14] & [14,23] & [23,32] & [32,41] & [41,50] \\
c_{13} & [0.03,0.08] & [0.08,0.13] & [0.13,0.18] & [0.18,0.23] & [0.23,0.3] \\
c_{14} & [0.67,1.87] & [1.87,3.07] & [3.07,4.27] & [4.27,5.47] & [5.47,6.7]
\end{bmatrix}
$$

用层次分析法确定各评价指标的权重。通过 Matlab 求得各个矩阵的最大特征根，并通过一致性检验后，得出各层评价指标的权重。计算步骤可见相关文献，各指标权重为

$$
W_i = \begin{bmatrix}
c_1 & c_2 & c_3 & c_4 & c_5 & c_6 & c_7 & c_8 & c_9 & c_{10} & c_{11} & c_{12} & c_{13} & c_{14} \\
W_i & 0.104 & 0.035 & 0.029 & 0.014 & 0.102 & 0.022 & 0.073 & 0.026 & 0.152 & 0.143 & 0.102 & 0.029 & 0.108 & 0.062
\end{bmatrix}
$$

将待评价的松华坝水库水源地脆弱性各评价指标实际数据代入模型，并利用关联函数 $k_j(x)$ 计算得到各项指标对应各等级的关联度及失态环境脆弱性级别。

关联函数表达式为

$$
k_j(x) = \begin{cases}
-\dfrac{\rho(x, x_0)}{|x_0|}, & x \in x_0 \\[2mm]
\dfrac{\rho(x, x_0)}{\rho(x, x_1) - \rho(x, x_0)}, & x \notin x_0
\end{cases}
$$

其中，$\rho(x, x_0)$ 为点到区间 $[a, b]$ 的距离，定义为

$$
\rho(x, x_0) = \left| x - \frac{1}{2}(a+b) \right| - \frac{1}{2}|b-a|
$$

由表 5.14 可知,松华坝水库水源地的气温变化速率、建设用地面积比例、耕地面积比例处于不脆弱状态;土壤侵蚀模数、土壤饱和含水量、单位面积废污水排放量、单位面积固体污染物负荷处于轻度脆弱状态;多年平均年降水量、降水年际变差系数、水文地质条件、森林覆盖率、水质类别、综合营养状态指数处于中度脆弱状态;降水年内分配均匀度处于高度脆弱状态。

表 5.14   松华坝水库水源地各指标对应各等级的关联度及生态环境脆弱性级别

关联度	V_1	V_2	V_3	V_4	V_5	脆弱级别
k_j (C_1)	-0.201	-0.043	0.026	-0.161	-0.362	中度
k_j (C_2)	-0.307	-0.109	0.104	-0.105	-0.304	中度
k_j (C_3)	-0.606	-0.405	-0.204	0	-0.204	高度
k_j (C_4)	0.034	-0.034	-0.233	-0.436	-0.639	不脆弱
k_j (C_5)	-0.593	-0.181	0.181	-0.231	-0.642	中度
k_j (C_6)	-0.083	0.083	-0.283	-0.483	-0.683	轻度
k_j (C_7)	-0.130	-0.071	0.071	-0.274	-0.474	中度
k_j (C_8)	-0.170	0.037	-0.037	-0.230	-0.430	轻度
k_j (C_9)	-1.000	-0.500	0	-0.500	-0.500	中度
k_j (C_{10})	-0.312	-0.177	0.177	-0.177	-0.312	中度
k_j (C_{11})	-0.151	0.062	-0.062	-0.262	-0.463	轻度
k_j (C_{12})	-0.028	0.028	-0.187	-0.389	-0.580	轻度
k_j (C_{13})	0	-0.185	-0.370	-0.555	-0.740	不脆弱
k_j (C_{14})	0	-0.199	-0.398	-0.597	-0.796	不脆弱

关联度的值表征了评价指标属于某一个等级的程度,据此可以计算各等级的关联度及权重,通过加权求和计算出所有指标对应各评价等级的综合关联度。由表 5.15 可知,松华坝水库水源地属于中度脆弱。其中,水文气象因子、生态环境因子处于中度脆弱状态;水源污染因子处于轻度脆弱状态;地表扰动因子处于不脆弱状态。

表 5.15   松华坝水库水源地对应各评价等级的综合关联度

指标	V_1	V_2	V_3	V_4	V_5	脆弱级别
$K_{水文气象}$	-0.260	-0.106	-0.024	-0.148	-0.316	中度
$K_{生态环境}$	-0.466	-0.153	0.018	-0.159	-0.472	中度
$K_{水源污染}$	-0.118	0.052	-0.091	-0.292	-0.494	轻度
$K_{地表扰动}$	0.000	-0.188	-0.379	-0.569	-0.759	不脆弱
$K_{综合状况}$	-0.326	-0.093	0.022	-0.083	-0.293	中度

5.5.3 基于综合评价模型的松华坝水库水源地脆弱性诊断

1. 水源地脆弱度分级标准

将高原盆地城市水源地的脆弱度划分为 5 级，即不脆弱（0～20 分）、轻度脆弱（20～40 分）、中度脆弱（40～60 分）、较重脆弱（60～80 分）和极度脆弱（80～100 分）。

2. 基于边际效益的水源地脆弱性指标评价方法

从指标数值变化对指标评价值的影响规律入手，尝试借鉴"边际效益递减"原理，对两者关系做出更为客观与符合实际的刻画（表 5.16）。

表 5.16 评价指标得分计算模型

指 标 代 号	最差值	最优值	拉格朗日插值得分计算模型	边际效益得分计算模型
多年平均年降雨量 越大越优型 D_1/mm	550	1000	$P(x)=$ $(x-500)/450$	$\begin{cases}0, x<550 \\ -2.7803+0.1223x^{1/2}, 550\leqslant x\leqslant 1000 \\ 1, x>1000\end{cases}$
降水年际变差系数 越小越优型 D_2（无量纲）	0.7	0.3	$P(x)=$ $-(x-0.7)/0.4$	$\begin{cases}0, x>0.7 \\ 1.225-2.5x^2, 0.3\leqslant x\leqslant 0.7 \\ 1, x<0.3\end{cases}$
降水年内分配均匀度 越大越优型 D_3（无量纲）	0.3	0.8	$P(x)=$ $(x-0.3)/0.5$	$\begin{cases}0, x<0.3 \\ -1.5795+2.8843x^{1/2}, 0.3\leqslant x\leqslant 0.8 \\ 1, x>0.8\end{cases}$
气温变化速率 越小越优型 $D_4/(\mathrm{℃}/10\mathrm{a})$	0.6	0	$P(x)=$ $-(x-0.6)/0.6$	$\begin{cases}0, x>0.6 \\ 0+2.778x^2, 0\leqslant x\leqslant 0.6\end{cases}$
土壤侵蚀模数 越小越优型 $D_6/[\mathrm{t}/(\mathrm{km^2 \cdot a})]$	5000	500	$P(x)=$ $(x-500)/4500$	$\begin{cases}0, x>5000 \\ 1.225-2.5x^2, 500\leqslant x\leqslant 5000 \\ 1, x<500\end{cases}$
森林覆盖率 越大越优型 $D_7/\%$	55	80	$P(x)=$ $(x-500)/25$	$\begin{cases}0, x<55 \\ -4.8562+0.6544x^{1/2}, 55\leqslant x\leqslant 80 \\ 1, x>80\end{cases}$
土壤饱和含水量 越大越优型 $D_8/(\mathrm{万\ m^3/km^2})$	32	55	$P(x)=$ $(x-32)/23$	$\begin{cases}0, x<32 \\ -3.2170+0.5684x^{1/2}, 32\leqslant x\leqslant 55 \\ 1, x>55\end{cases}$
综合营养状态指数 越小越优型 D_{10}（无量纲）	70	40	$P(x)=$ $-(x-70)/30$	$\begin{cases}0, x>70 \\ 1.4848-3.0303x^2, 40\leqslant x\leqslant 70 \\ 1, x<40\end{cases}$

续表

指 标 代 号	最差值	最优值	拉格朗日插值得分计算模型	边际效益得分计算模型
单位面积废污水排放量 越小越优型 $D_{11}/[\mathrm{m^3/(km^2 \cdot a)}]$	60	0.6	$P(x)=$ $-(x-60)/59.4$	$\begin{cases} 0, x>60 \\ 1.0101-2.7781\times10^{-4}x^2, 0.6\leqslant x\leqslant60 \\ 1, x<0.6 \end{cases}$
单位面积固体污染物负荷 越小越优型 $D_{12}/[\mathrm{t/(km^2 \cdot a)}]$	50	5	$P(x)=$ $-(x-50)/45$	$\begin{cases} 0, x>50 \\ 1.0101-4.0404\times10^{-4}x^2, 5\leqslant x\leqslant50 \\ 1, x<50 \end{cases}$
建设用地面积比例 越小越优型 $D_{13}/\%$	0.3	0.03	$P(x)=$ $-(x-0.3)/0.27$	$\begin{cases} 0, x>0.3 \\ 1.0101-11.2233x^2, 0.03\leqslant x\leqslant0.3 \\ 1, x<0.03 \end{cases}$
耕地面积比例 越小越优型 $D_{14}/\%$	6.7	0.67	$P(x)=$ $-(x-6.7)/6.03$	$\begin{cases} 0, x>6.7 \\ 1.0101-0.0225x^2, 0.67\leqslant x\leqslant6.7 \\ 1, x<6.7 \end{cases}$

3. 水源地脆弱度的计算

确定高原盆地城市水源地的脆弱度,首先需要将研究区域的水源地脆弱性划分为不同的脆弱性等级。其次确定不同等级中各个指标的等级标准,按照各个指标实际值的大小,对比标准值,给每个指标实际值赋予不同的分值 f_i;各指标的权重 w_i 的计算采用综合权重法。最后由各个指标的得分和权重按照加权计算每个地区的水源地脆弱度,从而可以得到各个地区的高原盆地城市水源地脆弱度的大小。

将各指标数值代入指标得分评价模型便可求出松华坝水库水源地的脆弱度 R:

$$R = \sum_{i=1}^{14} r = \sum_{i=1}^{14} W_i V_i$$

式中: W_i 为高原盆地城市水源地各指标权重; V_i 为各评价指标脆弱度得分; r 为指标权重(W_i)和评价指标脆弱度得分(V_i)的乘积。

由拉格朗日差值模型和边际效益得分模型计算的 V_i 值,结合权重 W_i ,可计算具体某一时间段的水源地脆弱度,本书对 2012 年松华坝水库水源地进行了脆弱度评价,评价结果表明,松华坝水库水源地的脆弱度综合得分为 59.89,为中度脆弱。

5.5.4　高原盆地城市水源地脆弱性诊断模型优劣分析

通过 3 种高原盆地城市水源地脆弱性诊断模型在松华坝水库水源地脆弱性

评价中的应用，可以看出：物元可拓方法可以描述高原盆地城市水源地脆弱性综合状况及单指标关联度所属的脆弱性等级，但对评价指标数据的要求严格，操作性差，运算复杂；综合评价法计算简便，可操作性强，便于推广使用，但评价指标的权重对评价结果的影响明显，当权重系数预先给定时，该方法所得的评价结果对于各评价对象之间的差异表现不敏感，且评价指标的趋势分析及公式模型的分析相对繁杂；模糊综合评判能够对具有多种不确定性影响因素的高原盆地城市水源地脆弱性进行定量评价，结合主客观法确定各评价指标权重，可减小由于人为主观因素而形成的偏差，最后通过建立符合实际的隶属函数确定模糊综合评价模型，形成最终的评价结果。总之，在 3 种脆弱性诊断模型中，模糊综合评判法在处理各种难以用精确数学方法描述的复杂系统问题方面，表现出了独特的优越性，且可操作强、运算简便，得到的结果也较为客观合理。因此，本书选用模糊综合评判法对其余 8 个典型高原盆地城市水源地脆弱性进行评价。

5.6　小结

水源地健康是保障城市水安全的基础。脆弱的地理环境和不断加剧的人类活动使得高原盆地城市水源地问题日益凸显，水源地功能逐渐衰退。脆弱性研究是全球变化及可持续发展研究领域出现的一个新的研究范式，高原盆地城市水源地是一个典型的人-环境耦合系统，其脆弱性研究需要在相关研究成果借鉴的基础上，结合自身特点进行理论和方法创新与集成。高原盆地城市水源地脆弱性包含原生脆弱性和胁迫脆弱性两个方面，且由水源地自然属性、脆弱性表现形式和脆弱性外部驱动力三者相互反馈作用而形成。本章通过高原盆地城市水源地脆弱性的概念、内涵分析、诊断模型构建及比选，为定量评价及揭示其脆弱性形成机理奠定了基础。

（1）在梳理脆弱性研究进展的基础上，结合高原盆地城市水源地地理环境特征，提出高原盆地城市水源地脆弱性的概念，并从水源地自然属性、脆弱性表现形式和脆弱性外部驱动力 3 个方面分析了水源地脆弱性的内涵，构建了水源地脆弱性评价指标体系。高原盆地城市水源地脆弱性评价指标体系按照从属关系由上到下确定为 4 个层次：目标层、系统层、准则层和指标层。目标层为"高原盆地城市水源地脆弱度"；系统层分为"原生脆弱度"和"胁迫脆弱度"两个子系统；"原生脆弱度"子系统中设立"水文气象因子"和"生态环境因子"两个准则层，"胁迫脆弱度"子系统中设立"水源污染因子"和"地表扰动因子"两个准则层；在准则层设立的基础上筛选出 14 个具体评价指标。

（2）根据高原盆地城市水源地脆弱性评价指标层级结构和特点，采用层次分析法确定水源地脆弱性评价指标权重。层次分析法适合多层次、多因素、复杂的评价对象权重的确定，在高原盆地城市水源地脆弱性评价指标权重确定中应用效果较好。

参 考 文 献

[1] 严立冬，岳德军，孟慧君. 城市化进程中的水生态安全问题探讨 [J]. 中国地质大学学报（社会科学版），2007，7（1）：57-62.

[2] 夏军，左其亭. 国际水文科学研究的新进展 [J]. 地球科学进展，2006，21（3）：256-261.

[3] 翟浩辉. 把握重点，统筹规划，保障城市饮用水水源地安全 [J]. 南水北调与水利科技，2006，4（5）：1-3.

[4] 袁道先. 对南方岩溶石山地区地下水资源及生态环境地质调查的一些意见 [J]. 中国岩溶，2000，19（2）：103-108.

[5] 李阳兵，谢德体，魏朝富，等. 西南岩溶山地生态脆弱性研究 [J]. 中国岩溶，2002，21（1）：25-29.

[6] Cutter S L. The vulnerability of science and the science of vulnerability [J]. Annals of the Association of American Geographers，2003，93（1）：1-12.

[7] Bohle H G. Vulnerability and criticality: Perspectives from social geography [J]. IHDP Update 2/01，2001.

[8] Moran E，Ojima D，Buchman N，et al. Global land project: Science plan and implementation strategy [R]. IGBP Report No. 53/IHDP Report No. 19，2005.

[9] IPCC. The fourth assessment report [EB/OL]. http://ipcc-ddc.cnl.uea.ac.uk，2007.

[10] Birkmannn J. Measuring Vulnerability to Natural Hazards: Towards Disaster Resilient Societies [M]. Tokyo: United Nations University Press，2006.

[11] Adger W N. Vulnerability [J]. Global Environmental Change，2006，16（3）：268-281.

[12] 李鹤，张平宇，程叶青. 脆弱性的概念及其评价方法 [J]. 地理科学进展，2008，27（2）：18-25.

[13] 李鹤，张平宇. 全球变化背景下脆弱性研究进展与应用展望 [J]. 地理科学进展，2011，30（7）：920-929.

[14] 陈萍，陈晓玲. 全球环境变化下人—环境耦合系统的脆弱性研究综述 [J]. 地理科学进展，2010，29（4）：454-462.

[15] Gogu R C，Dassargues A. Current trends and future challenges in ground water vulnerability assessment using overlay and index methods [J]. Environment Geology，2000，39（6）：549-559.

[16] Houghton J T，Ding Y，Griggs D J，et al. The International Panel for Climate Change (IPCC) 2001: The Scientific Basis [M]. Cambridge，UK，New York: Cambridge University Press，2001：1-881.

[17] Brooks N，Adger W N，Kelly P M．The determinants of vulnerability and adaptive ca-
pacity at the national level and the implications for adaptation [J]．Global Environmen-
tal Change，2005，15 (2)：151 - 163.

[18] 姚健，艾南山，丁晶．中国生态环境脆弱性及其评价研究进展 [J]．兰州大学学报
(自然科学版)，2003，39 (3)：77 - 80.

[19] 胡宝清，金姝兰，曹少英，等．基于 GIS 技术的广西喀斯特生态环境脆弱性综合评
价 [J]．水土保持学报，2004，18 (1)：103 - 107.

[20] 乔青，高吉喜，王维，等．生态脆弱性综合评价方法与应用 [J]．环境科学研究，
2008，21 (5)：117 - 123.

[21] 张笑楠，王克林，张伟，等．桂西北喀斯特区域生态环境脆弱性 [J]．生态学报，
2009，29 (2)：749 - 757.

[22] 刘绿柳．水资源脆弱性及其定量评价 [J]．水土保持通报，2002，22 (2)：41 - 44.

[23] 邹君，杨玉蓉，谢小立．地表水资源脆弱性：概念、内涵及定量评价 [J]．水土保
持通报，2007，27 (2)：132 - 135.

[24] 冯少辉，李靖，朱振峰，等．云南省滇中地区水资源脆弱性评价 [J]．水资源保护，
2010，26 (1)：13 - 16.

[25] 袁道先．我国西南岩溶石山的环境地质问题 [J]．世界科技研究与发展，1997，19
(5)：41 - 43.

[26] 钟晓娟，孙保平，赵岩，等．基于主成分分析的云南省生态脆弱性评价 [J]．生态
环境学报，2011，20 (1)：109 - 113.

[27] 朱党生，张建永，程红光，等．城市饮用水水源地安全评价 (I)：评价指标和方法
[J]．水利学报，2010，41 (7)：778 - 785.

[28] Tunner B L，Kasperson R E，Matson P A，et al．A framework for vulnerability anal-
ysis in sustainability science [J]．PNAS，2003，100 (14)：8074 - 8079.

[29] 黄英，刘新有．水电开发对河流水沙年内分配的影响分析方法 [J]．水科学进展，
2010，21 (3)：385 - 391.

[30] 雷宏军，刘鑫，徐建新，等．郑州市水资源可持续利用的模糊综合评价 [J]．灌溉
排水学报，2008，27 (2)：77 - 81.

[31] 姜军，宋保维，潘光，等．基于集对分析的模糊综合评判 [J]．西北工业大学学报，
2007，25 (3)：421 - 424.

[32] 赵焕臣．层次分析法 [M]．北京：科学出版社，1986.

[33] 陆建红，丁立杰，徐建新，等．模糊综合评价模型在农村饮水安全评价中的作用
[J]．水电能源科学，2011，29 (2)：99 - 111.

[34] 陈守煜．工程模糊集理论与应用 [M]．北京：国防工业出版社，1998.

[35] 李祚泳，丁晶，彭荔红．环境质量评价原理与方法 [M]．北京：化学工业出版社
2004：317 - 320.

[36] 陈鸿起，汪妮，申毅荣，等．基于欧式贴近度的模糊物元模型在水安全评价中的应
用 [J]．西安理工大学学报，2007，23 (1)：37 - 42.

[37] 曾建军，史正涛，张华伟，等．滇中城市水源地不同林型水源涵养功能评价 [J]．
水土保持研究，2013，20 (6)：1 - 4.

[38] 曾建军，沈盈佳，史正涛，等．模糊物元方法在流域水资源可再生能力评价中应用

　　　　[J]. 环境科学与技术，2013，36（6L）：319 - 322.

[39]　龚雁冰，房道伟，张继国，等. 基于信息熵与 Theil 不等系数的水资源可再生能力
　　　综合评价 [J]. 水利经济，2009，18（6）：56 - 60.

[40]　潘竟虎，冯兆东. 基于熵权物元可拓模型的黑河中游生态环境脆弱性评价 [J]. 生
　　　态与农村环境学报，2008，24（1）：1 - 4，9.

[41]　徐存东，张硕，左罗，等. 基于可拓学理论的坝坡稳定性评价方法 [J]. 水电能源
　　　科学 2013，31（13）：146 - 149.

[42]　薛小杰，高凡，王慧. 基于博弈论的水库补偿效益可拓分析 [J]. 干旱区研究，
　　　2010，27（5）：669 - 674.

第6章　高原盆地城市水源地脆弱性诊断

以具有典型特点的云南高原盆地城市水源地——松华坝水库水源地为例，分别应用模糊综合评判模型、物元可拓评价模型、综合分析模型对松华坝水库水源地进行诊断，比较 3 种方法在高原盆地城市水源地脆弱性评价中的优劣，优选出一种最适合的方法应用于其他 8 个水源地脆弱性评价中，并结合 Arc-GIS 软件对各水源地分区脆弱度进行评价。

6.1　典型水源地脆弱性诊断

模糊综合评判（吴开亚，2009；孙正宝，2011）计算核心的实质是对权重的求解及对模糊关系矩阵的建立（楚文海，2008；马惠群，2008；王子茹，2011），由于在前文中已对水源地各评价指标的权重做了详实计算，因此在其他水源地中可直接运用结果进行运算。

6.1.1　云龙水库水源地脆弱性诊断

建立云龙水库水源地脆弱性评价指标模糊关系矩阵 R：

$$R=\begin{bmatrix} 0.000 & 0.000 & 0.977 & 0.023 & 0.000 \\ 0.000 & 0.000 & 0.909 & 0.091 & 0.000 \\ 0.000 & 0.000 & 0.607 & 0.393 & 0.000 \\ 0.000 & 0.000 & 0.000 & 0.500 & 0.500 \\ 0.000 & 0.691 & 0.309 & 0.000 & 0.000 \\ 0.000 & 0.000 & 0.000 & 0.643 & 0.357 \\ 0.000 & 0.000 & 0.450 & 0.550 & 0.000 \\ 0.000 & 0.360 & 0.640 & 0.000 & 0.000 \\ 0.000 & 0.000 & 1.000 & 0.000 & 0.000 \\ 0.000 & 0.000 & 0.231 & 0.769 & 0.000 \\ 0.000 & 0.000 & 0.313 & 0.687 & 0.000 \\ 0.000 & 0.000 & 0.156 & 0.844 & 0.000 \\ 1.000 & 0.000 & 0.000 & 0.000 & 0.000 \\ 1.000 & 0.000 & 0.000 & 0.000 & 0.000 \end{bmatrix}$$

根据已确定的权重分配集 A 和由隶属度函数得到的模糊关系矩阵 R，利用模糊综合评价模型 $B=A \cdot R$，选用加权平均法计算各准则层和目标层评价集，结果为

$$B_1 = A_1 \cdot R_1 = (0.594, 0.160, 0.160, 0.086) \cdot \begin{bmatrix} 0.000 & 0.000 & 0.977 & 0.023 & 0.000 \\ 0.000 & 0.000 & 0.909 & 0.091 & 0.000 \\ 0.000 & 0.000 & 0.607 & 0.393 & 0.000 \\ 0.000 & 0.000 & 0.000 & 0.500 & 0.500 \end{bmatrix}$$

$$= (0.000, 0.000, 0.823, 0.222, 0.043)$$

$$B_2 = A_2 \cdot R_2 = (0.149, 0.082, 0.149, 0.082, 0.270, 0.270) \cdot$$

$$\begin{bmatrix} 0.000 & 0.691 & 0.309 & 0.000 & 0.000 \\ 0.000 & 0.000 & 0.000 & 0.643 & 0.357 \\ 0.000 & 0.000 & 0.450 & 0.550 & 0.000 \\ 0.000 & 0.360 & 0.640 & 0.000 & 0.000 \\ 0.000 & 0.000 & 1.000 & 0.000 & 0.000 \\ 0.000 & 0.000 & 0.231 & 0.769 & 0.000 \end{bmatrix}$$

$$= (0.000, 0.132, 0.498, 0.342, 0.029)$$

$$B_3 = A_3 \cdot R_3 = (0.750, 0.250) \cdot \begin{bmatrix} 0.000 & 0.000 & 0.313 & 0.687 & 0.000 \\ 0.000 & 0.000 & 0.156 & 0.844 & 0.000 \end{bmatrix}$$

$$= (0.000, 0.000, 0.202, 0.818, 0.000)$$

$$B_4 = A_4 \cdot R_4 = (0.667, 0.333) \cdot \begin{bmatrix} 1.000 & 0.000 & 0.000 & 0.000 & 0.000 \\ 1.000 & 0.000 & 0.000 & 0.000 & 0.000 \end{bmatrix}$$

$$= (1.000, 0.000, 0.000, 0.000, 0.000)$$

$$B = A \cdot R = (0.188, 0.563, 0.125, 0.125) \cdot \begin{bmatrix} 0.000 & 0.000 & 0.823 & 0.222 & 0.043 \\ 0.000 & 0.132 & 0.498 & 0.342 & 0.029 \\ 0.000 & 0.000 & 0.202 & 0.818 & 0.000 \\ 1.000 & 0.000 & 0.000 & 0.000 & 0.000 \end{bmatrix}$$

$$= (0.188, 0.075, 0.460, 0.337, 0.025)$$

结合最大隶属度原则，得出云龙水库水源地脆弱性综合评判向量为 $(0.188, 0.075, 0.460, 0.337, 0.025)$，对应于 V_3 级，所以云龙水库水源地属于中度脆弱。

6.1.2　北庙水库水源地脆弱性诊断

建立北庙水库水源地脆弱性评价指标模糊关系矩阵 R：

$$R=\begin{bmatrix} 0.000 & 0.417 & 0.583 & 0.000 & 0.000 \\ 0.000 & 0.341 & 0.659 & 0.000 & 0.000 \\ 0.000 & 0.600 & 0.400 & 0.000 & 0.000 \\ 0.000 & 0.000 & 0.000 & 0.500 & 0.500 \\ 0.000 & 0.000 & 0.111 & 0.809 & 0.000 \\ 0.000 & 0.947 & 0.053 & 0.000 & 0.000 \\ 0.000 & 0.801 & 0.199 & 0.000 & 0.000 \\ 0.000 & 0.000 & 0.414 & 0.586 & 0.000 \\ 0.000 & 0.000 & 1.000 & 0.000 & 0.000 \\ 0.000 & 0.776 & 0.224 & 0.000 & 0.000 \\ 0.000 & 0.680 & 0.320 & 0.000 & 0.000 \\ 0.000 & 0.890 & 0.110 & 0.000 & 0.000 \\ 1.000 & 0.000 & 0.000 & 0.000 & 0.000 \\ 1.000 & 0.000 & 0.000 & 0.000 & 0.000 \end{bmatrix}$$

根据已确定的权重分配集 A 和由隶属度函数得到的模糊关系矩阵 R，利用模糊综合评价模型 $B=A \cdot R$，选用加权平均法计算各准则层和目标层评价集，结果为

$B_1 = A_1 \cdot R_1 = (0.594, 0.160, 0.160, 0.086) \cdot$

$$\begin{bmatrix} 0.000 & 0.417 & 0.583 & 0.000 & 0.000 \\ 0.000 & 0.341 & 0.659 & 0.000 & 0.000 \\ 0.000 & 0.600 & 0.400 & 0.000 & 0.000 \\ 0.000 & 0.000 & 0.000 & 0.500 & 0.500 \end{bmatrix}$$

$= (0.000, 0.398, 0.516, 0.043, 0.043)$

$B_2 = A_2 \cdot R_2 = (0.149, 0.082, 0.149, 0.082, 0.270, 0.270) \cdot$

$$\begin{bmatrix} 0.000 & 0.000 & 0.111 & 0.809 & 0.000 \\ 0.000 & 0.947 & 0.053 & 0.000 & 0.000 \\ 0.000 & 0.801 & 0.199 & 0.000 & 0.000 \\ 0.000 & 0.000 & 0.414 & 0.586 & 0.000 \\ 0.000 & 0.000 & 1.000 & 0.000 & 0.000 \\ 0.000 & 0.776 & 0.224 & 0.000 & 0.000 \end{bmatrix}$$

$= (0.000, 0.407, 0.415, 0.169, 0.000)$

$B_3 = A_3 \cdot R_3 = (0.750, 0.250) \cdot \begin{bmatrix} 0.000 & 0.683 & 0.317 & 0.000 & 0.000 \\ 0.000 & 0.890 & 0.110 & 0.000 & 0.000 \end{bmatrix}$

$= (0.000, 0.851, 0.169, 0.000, 0.000)$

$$\boldsymbol{B}_4 = \boldsymbol{A}_4 \cdot \boldsymbol{R}_4 = (0.667, 0.333) \cdot \begin{bmatrix} 1.000 & 0.000 & 0.000 & 0.000 & 0.000 \\ 1.000 & 0.000 & 0.000 & 0.000 & 0.000 \end{bmatrix}$$

$$= (1.000, 0.000, 0.000, 0.000, 0.000)$$

$$\boldsymbol{B} = \boldsymbol{A} \cdot \boldsymbol{R} = (0.188, 0.563, 0.125, 0.125) \cdot$$

$$\begin{bmatrix} 0.000 & 0.398 & 0.516 & 0.043 & 0.043 \\ 0.000 & 0.407 & 0.415 & 0.169 & 0.000 \\ 0.000 & 0.852 & 0.169 & 0.000 & 0.000 \\ 1.000 & 0.000 & 0.000 & 0.000 & 0.000 \end{bmatrix}$$

$$= (0.125, 0.410, 0.352, 0.103, 0.008)$$

结合最大隶属度原则，得出北庙水库水源地脆弱性综合评判向量为 (0.410，0.125，0.352，0.103，0.008)，对应于 V_1 级，所以北庙水库水源地属于轻度脆弱。

6.1.3　九龙甸水库水源地脆弱性诊断

建立九龙甸水库水源地脆弱性评价指标模糊关系矩阵 $\boldsymbol{R}$：

$$\boldsymbol{R} = \begin{bmatrix} 0.000 & 0.000 & 0.894 & 0.106 & 0.000 \\ 0.000 & 0.000 & 0.909 & 0.091 & 0.000 \\ 0.000 & 0.000 & 0.607 & 0.393 & 0.000 \\ 0.000 & 0.000 & 0.000 & 0.500 & 0.500 \\ 0.000 & 0.788 & 0.222 & 0.000 & 0.000 \\ 0.000 & 0.000 & 0.000 & 0.717 & 0.283 \\ 0.000 & 0.000 & 0.263 & 0.737 & 0.000 \\ 0.000 & 0.401 & 0.599 & 0.000 & 0.000 \\ 0.000 & 0.000 & 1.000 & 0.000 & 0.000 \\ 0.000 & 0.000 & 0.231 & 0.769 & 0.000 \\ 0.000 & 0.000 & 0.313 & 0.687 & 0.000 \\ 0.000 & 0.000 & 0.156 & 0.844 & 0.000 \\ 1.000 & 0.000 & 0.000 & 0.000 & 0.000 \\ 1.000 & 0.000 & 0.000 & 0.000 & 0.000 \end{bmatrix}$$

根据已确定的权重分配集 $\boldsymbol{A}$ 和由隶属度函数得到的模糊关系矩阵 $\boldsymbol{R}$，利用模糊综合评价模型 $\boldsymbol{B} = \boldsymbol{A} \cdot \boldsymbol{R}$，选用加权平均法计算各准则层和目标层评价集，结果为

$$\boldsymbol{B}_1 = \boldsymbol{A}_1 \cdot \boldsymbol{R}_1 = (0.594, 0.160, 0.160, 0.086) \cdot$$

$$\begin{bmatrix} 0.000 & 0.000 & 0.894 & 0.106 & 0.000 \\ 0.000 & 0.000 & 0.909 & 0.101 & 0.000 \\ 0.000 & 0.000 & 0.607 & 0.393 & 0.000 \\ 0.000 & 0.000 & 0.000 & 0.500 & 0.500 \end{bmatrix}$$

$$= (0.000, 0.000, 0.774, 0.185, 0.043)$$

$$\boldsymbol{B}_2 = \boldsymbol{A}_2 \cdot \boldsymbol{R}_2 = (0.149, 0.082, 0.149, 0.082, 0.270, 0.270) \cdot$$

$$\begin{bmatrix} 0.000 & 0.788 & 0.222 & 0.000 & 0.000 \\ 0.000 & 0.000 & 0.000 & 0.717 & 0.283 \\ 0.000 & 0.000 & 0.263 & 0.737 & 0.000 \\ 0.000 & 0.401 & 0.599 & 0.000 & 0.000 \\ 0.000 & 0.000 & 1.000 & 0.000 & 0.000 \\ 0.000 & 0.000 & 0.231 & 0.769 & 0.000 \end{bmatrix}$$

$$= (0.000, 0.150, 0.454, 0.376, 0.023)$$

$$\boldsymbol{B}_3 = \boldsymbol{A}_3 \cdot \boldsymbol{R}_3 = (0.750, 0.250) \cdot$$

$$\begin{bmatrix} 0.000 & 0.000 & 0.313 & 0.687 & 0.000 \\ 0.000 & 0.000 & 0.156 & 0.844 & 0.000 \end{bmatrix}$$

$$= (0.000, 0.000, 0.202, 0.818, 0.000)$$

$$\boldsymbol{B}_4 = \boldsymbol{A}_4 \cdot \boldsymbol{R}_4 = (0.667, 0.333) \cdot$$

$$\begin{bmatrix} 1.000 & 0.000 & 0.000 & 0.000 & 0.000 \\ 1.000 & 0.000 & 0.000 & 0.000 & 0.000 \end{bmatrix}$$

$$= (1.000, 0.000, 0.000, 0.000, 0.000)$$

$$\boldsymbol{B} = \boldsymbol{A} \cdot \boldsymbol{R} = (0.188, 0.563, 0.125, 0.125) \cdot$$

$$\begin{bmatrix} 0.000 & 0.000 & 0.774 & 0.271 & 0.043 \\ 0.000 & 0.150 & 0.454 & 0.376 & 0.023 \\ 0.000 & 0.000 & 0.202 & 0.818 & 0.000 \\ 1.000 & 0.000 & 0.000 & 0.000 & 0.000 \end{bmatrix}$$

$$= (0.188, 0.085, 0.426, 0.365, 0.021)$$

结合最大隶属度原则，得出九龙甸水库水源地脆弱性综合评判向量为 $(0.188, 0.085, 0.426, 0.365, 0.021)$，对应于 V_3 级，所以九龙甸水库水源地属于中度脆弱。

6.1.4 东风水库水源地脆弱性诊断

建立东风水库水源地脆弱性评价指标模糊关系矩阵 $\boldsymbol{R}$：

$$R = \begin{bmatrix} 0.000 & 0.000 & 0.666 & 0.334 & 0.000 \\ 0.000 & 0.000 & 0.796 & 0.204 & 0.000 \\ 0.000 & 0.000 & 0.573 & 0.437 & 0.000 \\ 0.000 & 0.000 & 0.000 & 0.500 & 0.500 \\ 0.000 & 0.881 & 0.119 & 0.000 & 0.000 \\ 0.000 & 0.000 & 0.000 & 0.932 & 0.068 \\ 0.000 & 0.000 & 0.265 & 0.735 & 0.000 \\ 0.000 & 0.511 & 0.489 & 0.000 & 0.000 \\ 0.000 & 0.000 & 1.000 & 0.000 & 0.000 \\ 0.000 & 0.000 & 0.273 & 0.737 & 0.000 \\ 0.000 & 0.000 & 0.363 & 0.637 & 0.000 \\ 0.000 & 0.000 & 0.116 & 0.884 & 0.000 \\ 1.000 & 0.000 & 0.000 & 0.000 & 0.000 \\ 1.000 & 0.000 & 0.000 & 0.000 & 0.000 \end{bmatrix}$$

根据已确定的权重分配集 A 和由隶属度函数得到的模糊关系矩阵 R，利用模糊综合评价模型 $B = A \cdot R$，选用加权平均法计算各准则层和目标层评价集，结果为

$$B_1 = A_1 \cdot R_1 = (0.594, 0.160, 0.160, 0.086) \cdot$$
$$\begin{bmatrix} 0.000 & 0.000 & 0.666 & 0.334 & 0.000 \\ 0.000 & 0.000 & 0.796 & 0.204 & 0.000 \\ 0.000 & 0.000 & 0.573 & 0.437 & 0.000 \\ 0.000 & 0.000 & 0.000 & 0.500 & 0.500 \end{bmatrix}$$
$$= (0.000, 0.000, 0.615, 0.344, 0.043)$$

$$B_2 = A_2 \cdot R_2 = (0.149, 0.082, 0.149, 0.082, 0.270, 0.270) \cdot$$
$$\begin{bmatrix} 0.000 & 0.881 & 0.119 & 0.000 & 0.000 \\ 0.000 & 0.000 & 0.000 & 0.932 & 0.068 \\ 0.000 & 0.000 & 0.265 & 0.735 & 0.000 \\ 0.000 & 0.511 & 0.489 & 0.000 & 0.000 \\ 0.000 & 0.000 & 1.000 & 0.000 & 0.000 \\ 0.000 & 0.000 & 0.273 & 0.737 & 0.000 \end{bmatrix}$$
$$= (0.000, 0.173, 0.441, 0.385, 0.006)$$

$$B_3 = A_3 \cdot R_3 = (0.750, 0.250) \cdot$$
$$\begin{bmatrix} 0.000 & 0.000 & 0.363 & 0.637 & 0.000 \\ 0.000 & 0.000 & 0.116 & 0.844 & 0.000 \end{bmatrix}$$
$$= (0.000, 0.000, 0.185, 0.835, 0.000)$$

$$B_4 = A_4 \cdot R_4 = (0.667, 0.333) \cdot$$

$$\begin{bmatrix} 1.000 & 0.000 & 0.000 & 0.000 & 0.000 \\ 1.000 & 0.000 & 0.000 & 0.000 & 0.000 \end{bmatrix}$$

$$= (1.000, 0.000, 0.000, 0.000, 0.000)$$

$$B = A \cdot R = (0.188, 0.563, 0.125, 0.125) \cdot$$

$$\begin{bmatrix} 0.000 & 0.000 & 0.615 & 0.344 & 0.043 \\ 0.000 & 0.173 & 0.441 & 0.385 & 0.006 \\ 0.000 & 0.000 & 0.185 & 0.835 & 0.000 \\ 1.000 & 0.000 & 0.000 & 0.000 & 0.000 \end{bmatrix}$$

$$= (0.188, 0.097, 0.387, 0.386, 0.011)$$

结合最大隶属度原则，得出东风水库水源地脆弱性综合评判向量为
$(0.188，0.097，0.387，0.386，0.011)$，对应于 V_3 级，所以东风水库水源
地属于中度脆弱。

6.1.5 菲白水库水源地脆弱性诊断

建立菲白水库水源地脆弱性评价指标模糊关系矩阵 R：

$$R = \begin{bmatrix} 0.000 & 0.000 & 0.589 & 0.401 & 0.000 \\ 0.000 & 0.000 & 0.593 & 0.407 & 0.000 \\ 0.000 & 0.000 & 0.444 & 0.556 & 0.000 \\ 0.000 & 0.000 & 0.000 & 0.500 & 0.500 \\ 0.000 & 0.772 & 0.228 & 0.000 & 0.000 \\ 0.000 & 0.000 & 0.000 & 0.936 & 0.064 \\ 0.000 & 0.000 & 0.211 & 0.789 & 0.000 \\ 0.000 & 0.555 & 0.455 & 0.000 & 0.000 \\ 0.000 & 0.000 & 1.000 & 0.000 & 0.000 \\ 0.000 & 0.000 & 0.291 & 0.709 & 0.000 \\ 0.000 & 0.000 & 0.313 & 0.687 & 0.000 \\ 0.000 & 0.000 & 0.120 & 0.880 & 0.000 \\ 1.000 & 0.000 & 0.000 & 0.000 & 0.000 \\ 1.000 & 0.000 & 0.000 & 0.000 & 0.000 \end{bmatrix}$$

根据已确定的权重分配集 A 和由隶属度函数得到的模糊关系矩阵 R，利用
模糊综合评价模型 $B = A \cdot R$，选用加权平均法计算各准则层和目标层评价集，
结果为

$$\boldsymbol{B}_1 = \boldsymbol{A}_1 \cdot \boldsymbol{R}_1 = (0.594, 0.160, 0.160, 0.086) \cdot$$

$$\begin{bmatrix} 0.000 & 0.000 & 0.589 & 0.401 & 0.000 \\ 0.000 & 0.000 & 0.593 & 0.407 & 0.000 \\ 0.000 & 0.000 & 0.444 & 0.556 & 0.000 \\ 0.000 & 0.000 & 0.000 & 0.500 & 0.500 \end{bmatrix}$$

$$= (0.000, 0.000, 0.516, 0.435, 0.043)$$

$$\boldsymbol{B}_2 = \boldsymbol{A}_2 \cdot \boldsymbol{R}_2 = (0.149, 0.082, 0.149, 0.082, 0.270, 0.270) \cdot$$

$$\begin{bmatrix} 0.000 & 0.772 & 0.228 & 0.000 & 0.000 \\ 0.000 & 0.000 & 0.000 & 0.936 & 0.064 \\ 0.000 & 0.000 & 0.211 & 0.789 & 0.000 \\ 0.000 & 0.555 & 0.455 & 0.000 & 0.000 \\ 0.000 & 0.000 & 1.000 & 0.000 & 0.000 \\ 0.000 & 0.000 & 0.291 & 0.709 & 0.000 \end{bmatrix}$$

$$= (0.000, 0.161, 0.451, 0.386, 0.005)$$

$$\boldsymbol{B}_3 = \boldsymbol{A}_3 \cdot \boldsymbol{R}_3 = (0.750, 0.250) \cdot$$

$$\begin{bmatrix} 0.000 & 0.000 & 0.313 & 0.687 & 0.000 \\ 0.000 & 0.000 & 0.107 & 0.893 & 0.000 \end{bmatrix}$$

$$= (0.000, 0.000, 0.175, 0.845, 0.000)$$

$$\boldsymbol{B}_4 = \boldsymbol{A}_4 \cdot \boldsymbol{R}_4 = (0.667, 0.333) \cdot$$

$$\begin{bmatrix} 1.000 & 0.000 & 0.000 & 0.000 & 0.000 \\ 1.000 & 0.000 & 0.000 & 0.000 & 0.000 \end{bmatrix}$$

$$= (1.000, 0.000, 0.000, 0.000, 0.000)$$

$$\boldsymbol{B} = \boldsymbol{A} \cdot \boldsymbol{R} = (0.188, 0.563, 0.125, 0.125) \cdot$$

$$\begin{bmatrix} 0.000 & 0.000 & 0.516 & 0.435 & 0.043 \\ 0.000 & 0.161 & 0.451 & 0.386 & 0.005 \\ 0.000 & 0.000 & 0.175 & 0.845 & 0.000 \\ 1.000 & 0.000 & 0.000 & 0.000 & 0.000 \end{bmatrix}$$

$$= (0.125, 0.090, 0.373, 0.405, 0.011)$$

结合最大隶属度原则，得出菲白水库水源地脆弱性综合评判向量为

(0.125，0.090，0.373，0.405，0.011)，对应于 V_4 级，所以菲白水库水源地属于高度脆弱。

6.1.6　潇湘水库水源地脆弱性诊断

建立潇湘水库水源地脆弱性评价指标模糊关系矩阵 $\boldsymbol{R}$：

$$\boldsymbol{R}=\begin{bmatrix} 0.000 & 0.000 & 0.776 & 0.224 & 0.000 \\ 0.000 & 0.000 & 0.810 & 0.190 & 0.000 \\ 0.000 & 0.000 & 0.673 & 0.367 & 0.000 \\ 0.000 & 0.000 & 0.000 & 0.500 & 0.500 \\ 0.000 & 0.777 & 0.223 & 0.000 & 0.000 \\ 0.000 & 0.000 & 0.000 & 0.742 & 0.258 \\ 0.000 & 0.000 & 0.270 & 0.730 & 0.000 \\ 0.000 & 0.477 & 0.523 & 0.000 & 0.000 \\ 0.000 & 0.000 & 1.000 & 0.000 & 0.000 \\ 0.000 & 0.000 & 0.266 & 0.734 & 0.000 \\ 0.000 & 0.000 & 0.313 & 0.687 & 0.000 \\ 0.000 & 0.000 & 0.156 & 0.844 & 0.000 \\ 1.000 & 0.000 & 0.000 & 0.000 & 0.000 \\ 1.000 & 0.000 & 0.000 & 0.000 & 0.000 \end{bmatrix}$$

根据已确定的权重分配集 $\boldsymbol{A}$ 和由隶属度函数得到的模糊关系矩阵 $\boldsymbol{R}$，利用模糊综合评价模型 $\boldsymbol{B}=\boldsymbol{A} \cdot \boldsymbol{R}$，选用加权平均法计算各准则层和目标层评价集，结果为

$$\boldsymbol{B}_1=\boldsymbol{A}_1 \cdot \boldsymbol{R}_1=(0.594,0.160,0.160,0.086) \cdot$$
$$\begin{bmatrix} 0.000 & 0.000 & 0.776 & 0.224 & 0.000 \\ 0.000 & 0.000 & 0.810 & 0.190 & 0.000 \\ 0.000 & 0.000 & 0.673 & 0.367 & 0.000 \\ 0.000 & 0.000 & 0.000 & 0.500 & 0.500 \end{bmatrix}$$
$$=(0.000,0.000,0.698,0.265,0.043)$$

$$\boldsymbol{B}_2=\boldsymbol{A}_2 \cdot \boldsymbol{R}_2=(0.149,0.082,0.149,0.082,0.270,0.270) \cdot$$
$$\begin{bmatrix} 0.000 & 0.777 & 0.223 & 0.000 & 0.000 \\ 0.000 & 0.000 & 0.000 & 0.742 & 0.258 \\ 0.000 & 0.000 & 0.270 & 0.730 & 0.000 \\ 0.000 & 0.477 & 0.523 & 0.000 & 0.000 \\ 0.000 & 0.000 & 1.000 & 0.000 & 0.000 \\ 0.000 & 0.000 & 0.266 & 0.734 & 0.000 \end{bmatrix}$$

$$=(0.000,0.155,0.458,0.368,0.021)$$

$$\boldsymbol{B}_3=\boldsymbol{A}_3 \cdot \boldsymbol{R}_3=(0.750,0.250) \cdot$$

$$\begin{bmatrix} 0.000 & 0.000 & 0.313 & 0.687 & 0.000 \\ 0.000 & 0.000 & 0.156 & 0.844 & 0.000 \end{bmatrix}$$

$$=(0.000,0.000,0.202,0.818,0.000)$$

$$\boldsymbol{B}_4=\boldsymbol{A}_4 \cdot \boldsymbol{R}_4=(0.667,0.333) \cdot$$

$$\begin{bmatrix} 1.000 & 0.000 & 0.000 & 0.000 & 0.000 \\ 1.000 & 0.000 & 0.000 & 0.000 & 0.000 \end{bmatrix}$$

$$=(1.000,0.000,0.000,0.000,0.000)$$

$$\boldsymbol{B}=\boldsymbol{A} \cdot \boldsymbol{R}=(0.188,0.563,0.125,0.125) \cdot$$

$$\begin{bmatrix} 0.000 & 0.000 & 0.698 & 0.265 & 0.043 \\ 0.000 & 0.155 & 0.458 & 0.368 & 0.021 \\ 0.000 & 0.000 & 0.202 & 0.818 & 0.000 \\ 1.000 & 0.000 & 0.000 & 0.000 & 0.000 \end{bmatrix}$$

$$=(0.125,0.087,0.414,0.359,0.019)$$

结合最大隶属度原则，得出潇湘水库水源地脆弱性综合评判向量为 $(0.125，0.087，0.414，0.359，0.019)$，对应于 V_3 级，所以潇湘水库水源地属于中度脆弱。

6.1.7　渔洞水库水源地脆弱性诊断

建立渔洞水库水源地脆弱性评价指标模糊关系矩阵 $\boldsymbol{R}$：

$$\boldsymbol{R}=\begin{bmatrix} 0.000 & 0.000 & 0.567 & 0.433 & 0.000 \\ 0.000 & 0.000 & 0.625 & 0.375 & 0.000 \\ 0.000 & 0.000 & 0.411 & 0.589 & 0.000 \\ 0.000 & 0.000 & 0.000 & 0.500 & 0.500 \\ 0.000 & 0.897 & 0.103 & 0.000 & 0.000 \\ 0.000 & 0.000 & 0.000 & 0.944 & 0.056 \\ 0.000 & 0.000 & 0.199 & 0.801 & 0.000 \\ 0.000 & 0.597 & 0.403 & 0.000 & 0.000 \\ 0.000 & 0.000 & 1.000 & 0.000 & 0.000 \\ 0.000 & 0.000 & 0.213 & 0.787 & 0.000 \\ 0.000 & 0.000 & 0.315 & 0.685 & 0.000 \\ 0.000 & 0.000 & 0.107 & 0.893 & 0.000 \\ 1.000 & 0.000 & 0.000 & 0.000 & 0.000 \\ 1.000 & 0.000 & 0.000 & 0.000 & 0.000 \end{bmatrix}$$

根据已确定的权重分配集 A 和由隶属度函数得到的模糊关系矩阵 R，利用模糊综合评价模型 $B=A \cdot R$，选用加权平均法计算各准则层和目标层评价集，结果为

$$B_1=A_1 \cdot R_1=(0.594, 0.160, 0.160, 0.086) \cdot$$

$$\begin{bmatrix} 0.000 & 0.000 & 0.567 & 0.433 & 0.000 \\ 0.000 & 0.000 & 0.625 & 0.375 & 0.000 \\ 0.000 & 0.000 & 0.411 & 0.589 & 0.000 \\ 0.000 & 0.000 & 0.000 & 0.500 & 0.500 \end{bmatrix}$$

$$=(0.000, 0.000, 0.503, 0.454, 0.043)$$

$$B_2=A_2 \cdot R_2=(0.149, 0.082, 0.149, 0.082, 0.270, 0.270) \cdot$$

$$\begin{bmatrix} 0.000 & 0.897 & 0.103 & 0.000 & 0.000 \\ 0.000 & 0.000 & 0.000 & 0.944 & 0.056 \\ 0.000 & 0.000 & 0.199 & 0.801 & 0.000 \\ 0.000 & 0.597 & 0.403 & 0.000 & 0.000 \\ 0.000 & 0.000 & 1.000 & 0.000 & 0.000 \\ 0.000 & 0.000 & 0.213 & 0.787 & 0.000 \end{bmatrix}$$

$$=(0.000, 0.183, 0.406, 0.409, 0.005)$$

$$B_3=A_3 \cdot R_3=(0.750, 0.250) \cdot$$

$$\begin{bmatrix} 0.000 & 0.000 & 0.315 & 0.685 & 0.000 \\ 0.000 & 0.000 & 0.107 & 0.893 & 0.000 \end{bmatrix}$$

$$=(0.000, 0.000, 0.165, 0.858, 0.000)$$

$$B_4=A_4 \cdot R_4=(0.667, 0.333) \cdot$$

$$\begin{bmatrix} 1.000 & 0.000 & 0.000 & 0.000 & 0.000 \\ 1.000 & 0.000 & 0.000 & 0.000 & 0.000 \end{bmatrix}$$

$$=(1.000, 0.000, 0.000, 0.000, 0.000)$$

$$B=A \cdot R=(0.188, 0.563, 0.125, 0.125) \cdot$$

$$\begin{bmatrix} 0.000 & 0.000 & 0.503 & 0.454 & 0.043 \\ 0.000 & 0.183 & 0.406 & 0.409 & 0.005 \\ 0.000 & 0.000 & 0.165 & 0.855 & 0.000 \\ 1.000 & 0.000 & 0.000 & 0.000 & 0.000 \end{bmatrix}$$

$$=(0.125, 0.103, 0.343, 0.423, 0.011)$$

结合最大隶属度原则，得出渔洞水库水源地脆弱性综合评判向量为 $(0.125, 0.103, 0.343, 0.423, 0.011)$，对应于 V_4 级，所以渔洞水库水源地属于高度脆弱。

6.1.8　信房水库水源地脆弱性诊断

建立信房水库水源地脆弱性评价指标模糊关系矩阵 R：

$$
R=
\begin{bmatrix}
0.000 & 0.442 & 0.558 & 0.000 & 0.000 \\
0.000 & 0.377 & 0.623 & 0.000 & 0.000 \\
0.000 & 0.593 & 0.407 & 0.000 & 0.000 \\
0.000 & 0.000 & 0.000 & 0.500 & 0.500 \\
0.000 & 0.000 & 0.103 & 0.897 & 0.000 \\
0.000 & 0.961 & 0.039 & 0.000 & 0.000 \\
0.000 & 0.801 & 0.199 & 0.000 & 0.000 \\
0.000 & 0.000 & 0.403 & 0.597 & 0.000 \\
0.000 & 0.000 & 1.000 & 0.000 & 0.000 \\
0.000 & 0.785 & 0.215 & 0.000 & 0.000 \\
0.000 & 0.683 & 0.317 & 0.000 & 0.000 \\
0.000 & 0.890 & 0.110 & 0.000 & 0.000 \\
1.000 & 0.000 & 0.000 & 0.000 & 0.000 \\
1.000 & 0.000 & 0.000 & 0.000 & 0.000
\end{bmatrix}
$$

根据已确定的权重分配集 A 和由隶属度函数得到的模糊关系矩阵 R，利用模糊综合评价模型 $B=A \cdot R$，选用加权平均法计算各准则层和目标层评价集，结果为

$$
B_1=A_1 \cdot R_1=(0.594,0.160,0.160,0.086) \cdot
$$
$$
\begin{bmatrix}
0.000 & 0.442 & 0.558 & 0.000 & 0.000 \\
0.000 & 0.377 & 0.623 & 0.000 & 0.000 \\
0.000 & 0.593 & 0.407 & 0.000 & 0.000 \\
0.000 & 0.000 & 0.000 & 0.500 & 0.500
\end{bmatrix}
$$
$$
=(0.000,0.418,0.496,0.043,0.043)
$$

$$
B_2=A_2 \cdot R_2=(0.149,0.082,0.149,0.082,0.270,0.270) \cdot
$$
$$
\begin{bmatrix}
0.000 & 0.000 & 0.103 & 0.897 & 0.000 \\
0.000 & 0.961 & 0.039 & 0.000 & 0.000 \\
0.000 & 0.801 & 0.199 & 0.000 & 0.000 \\
0.000 & 0.000 & 0.403 & 0.597 & 0.000 \\
0.000 & 0.000 & 1.000 & 0.000 & 0.000 \\
0.000 & 0.785 & 0.215 & 0.000 & 0.000
\end{bmatrix}
$$
$$
=(0.000,0.410,0.409,0.183,0.000)
$$

$$\boldsymbol{B}_3 = \boldsymbol{A}_3 \cdot \boldsymbol{R}_3 = (0.750, 0.250) \cdot$$

$$\begin{bmatrix} 0.000 & 0.683 & 0.317 & 0.000 & 0.000 \\ 0.000 & 0.890 & 0.110 & 0.000 & 0.000 \end{bmatrix}$$

$$= (0.000, 0.852, 0.168, 0.000, 0.000)$$

$$\boldsymbol{B}_4 = \boldsymbol{A}_4 \cdot \boldsymbol{R}_4 = (0.667, 0.333) \cdot$$

$$\begin{bmatrix} 1.000 & 0.000 & 0.000 & 0.000 & 0.000 \\ 1.000 & 0.000 & 0.000 & 0.000 & 0.000 \end{bmatrix}$$

$$= (1.000, 0.000, 0.000, 0.000, 0.000)$$

$$\boldsymbol{B} = \boldsymbol{A} \cdot \boldsymbol{R} = (0.188, 0.563, 0.125, 0.125) \cdot$$

$$\begin{bmatrix} 0.000 & 0.418 & 0.496 & 0.043 & 0.043 \\ 0.000 & 0.410 & 0.409 & 0.183 & 0.000 \\ 0.000 & 0.852 & 0.168 & 0.000 & 0.000 \\ 1.000 & 0.000 & 0.000 & 0.000 & 0.000 \end{bmatrix}$$

$$= (0.125, 0.416, 0.344, 0.111, 0.000)$$

结合最大隶属度原则，得出信房水库水源地脆弱性综合评判向量为 (0.125，0.416，0.344，0.111，0.008)，对应于 V_2 级，所以信房水库水源地地属于轻度脆弱。

6.2 水源地脆弱性等级评价与驱动因子分析

6.2.1 脆弱性等级评价

对云南省9个高原盆地城市水源地脆弱性进行评价可知，信房水库、北庙水库水源地处于轻度脆弱性状态；云龙水库、松华坝水库、潇湘水库、九龙甸水库、东风水库等水源地处于中度脆弱性状态；菲白水库、渔洞水库水源地处于高度脆弱性状态。其中，7个水源地处在中度或高度以上脆弱性状态，水源地健康状况不容乐观。9个水源地对评价指标的脆弱程度也各不相同，菲白水库、渔洞水库水源地生态环境和水源污染脆弱性压力极大，云龙水库、松华坝水库、潇湘水库、东风水库水源地生态环境脆弱性压力较为严重。

6.2.2 脆弱性驱动因子分析

各水源地脆弱性状态评价作为一种宏观评价，只能勾画出水源地脆弱性的概况，与各水源地单指标脆弱性评价结果进行对比，可以发现不少水源地单指标关联度所属的脆弱性等级超过了综合关联度所属的脆弱性等级。例如，楚雄州九龙甸水库水源地某些单指标（如多年平均年降水量、降水年际变差系数、降水年内分配均匀度、水文地质条件、森林覆盖率、综合营养状态指数）关联度所属的脆弱性等级都已等于或超过了综合关联度所属的脆弱性等级，说明水源地健康面临的压力较大。因此，在水源地保护和生态修复过程中，应针对脆弱性程度较高的因子采取措施，如控制水源地人口以减小人类活动对水源地的影响，通过建立植被缓冲区、提高森林覆盖率、集中处理生活污水与垃圾、提高水资源利用率等措施来进一步加强对水源地的保护。再如，松华坝水库水源地综合脆弱性评价等级为 3 级，即中度脆弱。其中，单指标的极度脆弱性主要表现在人为活动、降水年内分配均匀度、水污染 3 个方面。由于松华坝水库水源地是农业经济占主导地位的地区，人均收入低、人口密度大、耕地面积有限，近些年旅游业和各种不合理的社会经济活动的快速兴起，致使大量人口在水源区进行频繁活动；再加之西南地区连续几年季节性的干旱，降水年内分配不均匀，差异系数大；水源区自身又处于岩溶环境中，地表崎岖破碎、土层浅薄、植被生长条件差造成水源涵养差、生态系统抗干扰能力低。共同的作用使得松华坝水库水域萎缩，面积减小，引起水质恶化和污染（N、P、COD 等污染物超标使水质出现弱矿化度、低硬度、低氟水、中度营养化的特征），也改变了松华坝水库水源地的天然形态特征。因此，针对松华坝水库水源地的保护工作，可采取以下措施：①控制水源地人口；②健全水源区生态补偿机制；③建立植被缓冲区；④增强水源涵养功能；⑤加强坡耕地治理；⑥集中处理生活污水与垃圾；⑦水源区内沿线整治以及水域内清淤拓深等。因此，在水源地保护和生态修复过程中，应针对脆弱性程度较高的因子采取措施，以起到事半功倍的效果。同时，通过高原盆地城市水源地脆弱性评价，找出其主导影响因子，为进一步揭示城市水源地脆弱性的形成机制奠定基础。

6.3　水源地脆弱度分区

　　基于水源地流域完整性考虑，并结合行政区划因素，通过对研究区脆弱性指数的计算和分级，对水源地脆弱性进行分区。

6.3.1　水源地脆弱度分区方法

　　为进一步评价水源地内部各单元的分区脆弱度，对各水源地按土地利用类型进行单元划分和分区评价，并应用 ArcGIS10.0 软件绘制水源地脆弱性分区图。

　　各水源地脆弱度分区评价公式为

$$R = C_1 \sum_{i=1}^{4} W_{1i} V_{1i} + C_2 \sum_{i=1}^{4} W_{2i} V_{2i} + C_3 \sum_{i=1}^{4} W_{3i} V_{3i} + C_4 \sum_{i=1}^{4} W_{4i} V_{4i}$$

式中：R 为某水源地脆弱性分区综合指标值；C_1、C_2、C_3、C_4 为水文气象因子、生态环境因子、水源污染因子、地表扰动因子的权重；$W_{(1\sim4)i}$ 为某一影响因子中第 i 项指标的权值；$V_{(1\sim4)i}$ 为某一影响因子中第 i 项指标的分项指标值。

6.3.2 水源地脆弱度分区结果

由图 6.1～图 6.9 可以看出，松华坝水库、九龙甸水库、云龙水库、东风水库、潇湘水库 5 水源地中度脆弱的面积比例最大，菲白水库、渔洞水库水源

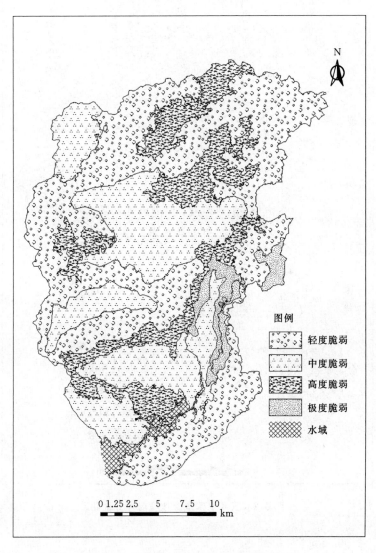

图 6.1 松华坝水库水源地脆弱性分区图

地高度脆弱的面积比例最大，信房水库、北庙水库水源地不脆弱面积比例最大，脆弱度分区评价结果与诊断模型评价结果基本相同，与水源地实际状态相吻合。

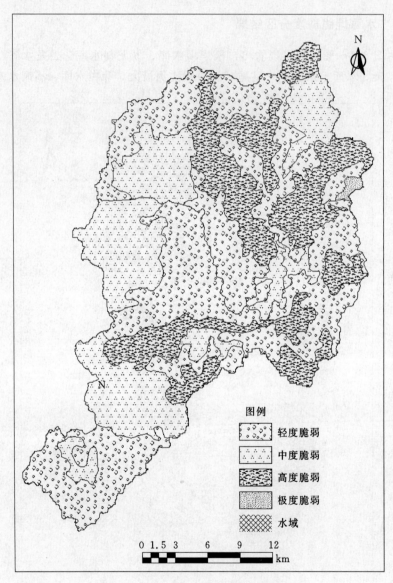

图 6.2　云龙水库水源地脆弱性分区图

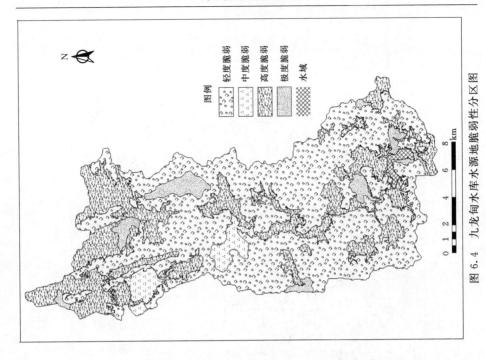

图 6.4 九龙甸水库水源地脆弱性分区图

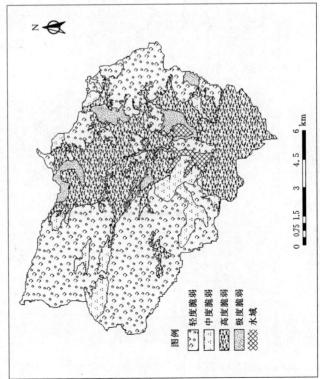

图 6.3 北庙水库水源地脆弱性分区图

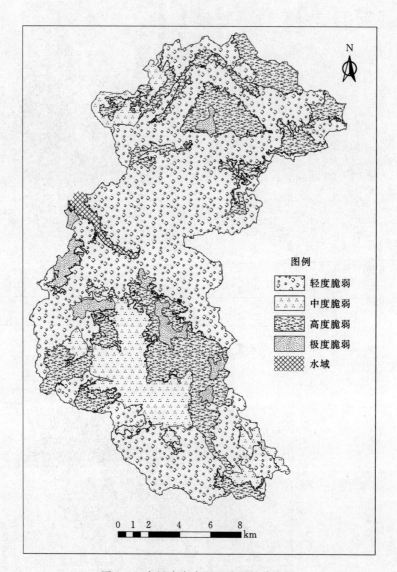

图 6.5   东风水库水源地脆弱性分区图

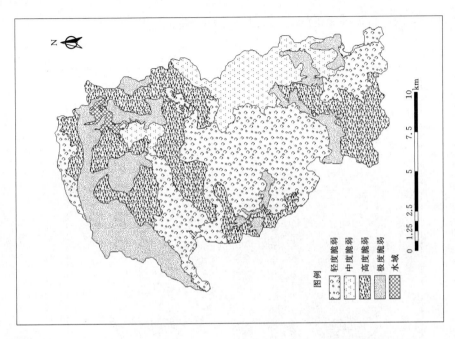

图 6.7　潇湘水库水源地脆弱性分区图

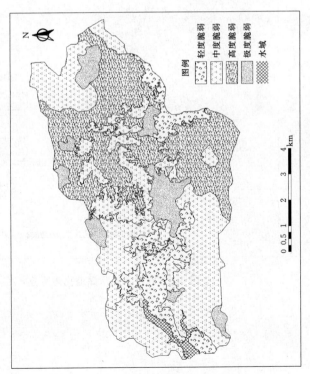

图 6.6　菲白水库水源地脆弱性分区图

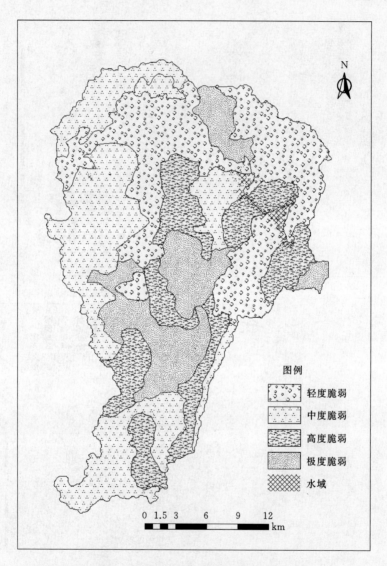

图 6.8　渔洞水库水源地脆弱性分区图

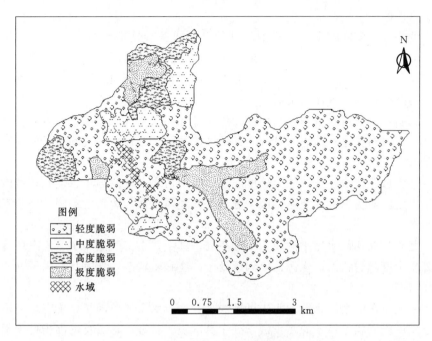

图 6.9 信房水库水源地脆弱性分区图

6.4 小结

（1）利用模糊综合评判模型、物元可拓模型及综合分析模型对松华坝水库水源地脆弱性进行诊断，对比分析 3 种模型在高原盆地城市水源地脆弱性评价中的适应性。虽然 3 种方法的脆弱性评价结果均为中度脆弱状态，但其评价方法和过程存在较大差异。模糊综合评判模型对具有随机、模糊、经验等不确定性的水源地脆弱性总体状况可进行定量评价，利用层次分析法确定各评价指标权重，并建立符合实际的隶属函数，由此经过一个低层次、小系统过渡到高层次、大系统的逐渐综合，形成最终的评价结果，由于这种方法在处理各种难以用精确数学方法描述的复杂系统问题方面，表现出可操作强、运算简便等特点，故适用性较强。物元可拓模型在使用物元可拓方法对高原盆地城市水源地脆弱性评价时，综合状况的评价作为一种宏观评价，可以描述高原盆地城市水源地脆弱性分区的概况，同时对单指标进行脆弱性分级，但计算过程复杂，不利于评价过程的控制和对具体指标评价的理解，在实际评价中操作性受限。综合分析模型以单指标定量评价为基础，通过指标权重实现综合评价，易于理解，但由于高原盆地城市水源地脆弱性评价指标状态具有一定的模糊性，完全对其进行定量评价时具体指标脆弱度评价模型建立具有一定难度，在具体操作时难以掌握。

（2）选用模糊综合评判模型对其他 8 个水源地脆弱性进行评价，结果表明：信房水库、北庙水库两水源地为轻微脆弱；云龙水库、松华坝水库、潇湘水库、九龙甸水库、东风水库 5 水源地为中度脆弱；菲白水库、渔洞水库两水源地为高度脆弱。具体情况如下。

昆明市云龙水库水源地为中度脆弱。其中，水文气象因子、生态环境因子处于中度脆弱状态；水源污染因子处于高度脆弱状态；地表扰动因子处于不脆弱状态。

保山市北庙水库水源地为轻度脆弱。其中，水文气象因子、生态环境因子处于中度脆弱状态；水源污染因子处于轻微脆弱状态；地表扰动因子处于不脆弱状态。

楚雄州九龙甸水库水源地为中度脆弱。其中，水文气象因子、生态环境因子处于中度脆弱状态；水源污染因子处于高度脆弱状态；地表扰动因子处于不脆弱状态。

玉溪市东风水库水源地为中度脆弱。其中，水文气象因子、生态环境因子处于中度脆弱状态；水源污染因子处于高度脆弱状态；地表扰动因子处于不脆弱状态。

红河州菲白水库水源地为高度脆弱。其中，水文气象因子、生态环境因子处于中度脆弱状态；水源污染因子处于高度脆弱状态；地表扰动因子处于高度脆弱状态。

曲靖市潇湘水库水源地为中度脆弱。其中，水文气象因子、生态环境因子处于中度脆弱状态；水源污染因子处于高度脆弱状态；地表扰动因子处于不脆弱状态。

昭通市渔洞水库水源地为高度脆弱。其中，水文气象因子处于中度脆弱状态；生态环境因子、水源污染因子处于高度脆弱状态；地表扰动因子处于不脆弱状态。

普洱市信房水库水源地为轻度脆弱。其中，水文气象因子处于中度脆弱状态；生态环境因子、水源污染因子处于轻度脆弱状态；地表扰动因子处于不脆弱状态。

（3）基于改进的模糊差优选模型对 9 个水源地脆弱性状态进行比较，避免了处于同一脆弱性状态而又无法相互比较的情况，用数值的大小精确和直观地反映高原盆地城市水源地评脆弱性的大小，从小到大的等级依次为：信房水库水源地，北庙水库水源地，云龙水库水源地，松华坝水库水源地，潇湘水库水源地，九龙甸水库水源地，东风水库水源地，菲白水库水源地，渔洞水库水源地。同时，对各水源地按土地利用类型进行单元划分和分区评价，并应用

ArcGIS10.0 软件绘制水源地脆弱性分区图，评价结果和分区图与水源地实际情况相吻合。

参 考 文 献

[1] 吴开亚，金菊良，魏一鸣. 流域水安全预警评价的智能集成模型 [J]. 水科学进展，2009 (4)：518-525.

[2] 孙正宝，陈治谏，廖晓勇，等. 侵蚀性降雨识别的模糊隶属度模型建立及应用 [J]. 水科学进展，2011，22 (6)：801-806.

[3] 楚文海，吴晓微，韩慧波，等. 西南岩溶地区水资源可持续利用评价 [J]. 资源科学，2008，30 (3)，468-474.

[4] 马慧群，刘凌，陈涛，等. 模糊差优选模型在水环境安全评价中的作用 [J]. 水电能源科学，2008，26 (3)：32-34.

[5] 王子茄. 基于可变模糊集对立统一定理的水安全评价研究 [J]. 人民长江，2011，42 (9)：1-3.

第 7 章 高原盆地城市水源地脆弱性调控对策

全球变暖以及人类活动对水资源系统的影响已成为不争的事实，在这些外界因素的干扰下，水资源系统的脆弱性表现为自身结构和功能的相应变化与调整以及适应外界干扰的能力。这种能力的强弱不仅和水资源系统本身资源禀赋有关，还与系统内部自我调整以及管理水平有关。经过本书的研究，认为降水、废污水排放量、固体污染物负荷、建设用地面积比例、林地覆盖率和耕地面积是影响高原盆地城市水源地脆弱性的主要因素。其中，降水量是不受人为所控制的，因此本章内容仅从土地利用、面源污染、固废物排放和水源地管理等方面提出高原盆地城市水源地脆弱性调控对策，从而为高原盆地城市水源地保护、规划提供支撑。

7.1 农业面源污染调控措施

由于地理位置的特殊性，高原盆地城市水源地的供水水库多为山间人工水库；且均为湖库型水源地，水体流动性较差，易发生富营养化现象。除玉溪市东风水库和昆明市松华坝水库，外其他各水库均无工矿企业，水源区内人口以农业人口为主，库区内种植结构不尽合理，生长期短而复种指数高的花卉和规模化蔬菜种植比例以及化肥、农药的施用量较大，农业面源污染成为湖库型水源地最常见和最突出的污染源，是导致湖库型水库水源地总氮、总磷超标的主要原因。为此，构建合理的生态农业工程以减少和控制面源污染，是高原盆地城市水源地脆弱性调控的重要措施之一。

7.1.1 优化农业种植结构

在调查的典型水源地中，作物种植主要以花卉、蔬菜、烤烟、玉米、水稻、马铃薯为主。在保护优先的前提下，应逐步减少高投入作物种植规模，增加低投入作物种植面积。如控制压缩需肥较多的花卉、蔬菜和烤烟的种植规模，稳定水稻、马铃薯、小杂粮的种植。调整经济作物结构向适宜区和最适宜区集中，扩大施肥较少的牧草、豆类、瓜类、雪莲果、菱瓜种植面积，积极发展蔬菜、花卉无公害—绿色—有机食品基地建设和中药材基地建设。同时，充分利用水源地的林下优势，发展林下产业，把资源环境优势转化为经济优势，从根本上解决水源地环境保护与资源利用之间的矛盾，促进城市水源地保护与农业生态系统的良性发展。

7.1.2 大力发展生态农业模式

通过发展循环型生态农业，有助于扭转传统农业模式中"高投入—高产出—高废物—高污染"的落后局面，提高生产过程中资源（包括生产废物）利用率，减少生产废物排放，降低生产成本，生产优质、优价农产品和林产品；也有助于缓解水源保护区环境保护和区域经济发展的矛盾，维护高原盆地城市水源区生态与经济和谐稳定发展。云南高原盆地城市水源区具有优良的农业种植自然条件，除滇东北的昭通渔洞水库外，大多处于亚热带—暖温带气候区，气候适宜、土壤肥沃，水源区内几乎没有工业污染，空气质量和灌溉水质良好；加之具有距离城市较近的区位优势，城乡公路交通便捷，城市水源区特别适合推广对农业生产环境要求高、以无公害—绿色—有机农产品为主的生产模式，大力发展生态农业，既可控制和降低农业面源污染，改善生态环境、保护水库水质，同时又可满足城市居民对无公害绿色有机食品日益增长的需求，从而带动水源区农民增效增收。

7.2 生态保护与恢复建设

在典型城市水源地的调查中，大多水源区内农村环境整治工作较为薄弱，相应的治理工程投入不到位，除少数人口集中的村镇有固定垃圾堆放点外，垃圾乱堆乱放、生活废污水随意排放的现象较为普遍，有机废物利用率低，人畜污染问题突出；同时水源保护区内陡坡耕地的现象依然存在。针对以上问题，本节从生态保护与恢复方面提出具体调控措施。

7.2.1 水源区生态乡村建设

1. 沼气池建设

图 7.1 为各典型水源地保护区内牲畜（主要包括牛、羊、猪、骡、马）养殖情况调查结果。总体来说，各水源区内牲畜户均养殖数在 4 头以上，且以猪和牛为主。据调查，猪的日均粪便排泄量为 5kg，牛的日均粪便排泄量为 10kg，人的日均粪便排泄量为 1.2kg。可见水源区内人畜排泄物来源充足，适宜推广沼气池建设。由此既可解决农户日常生活的燃料需求，又可缓解农村环境卫生问题，同时提高了农家肥腐熟性，是较好的农用有机肥料。

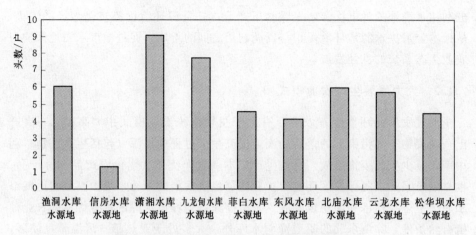

图 7.1　典型水源地保护区内牲畜养殖情况柱状图

2. 生活污水及垃圾处理

水源区人均日用水量在 $120 \sim 150 L/d$，约 80% 的生活用水以污水的形式排放，生活污水成为高原盆地城市水源地的潜在污染源之一。据实地调查，各水源地保护区内，仅松华坝水库和北庙水库水源地有生活污水收集处理措施（图 7.2）；而大多数的水源地保护区内农村生活垃圾乱堆乱放、废污水随意排放的现象比较突出（图 7.3），部分水源区内几乎没有垃圾固定堆放点，"白色污染"较为严重。为此，应加大水源地环境保护的宣传教育及其保护措施的建设投入，加快制定水源地保护区村民（居民）"门前三包"责任管理制度，逐步建立村寨环境日常卫生保洁制度，加强农村生活垃圾分类收集和处理设施的配套建设；大力推广节水器具的使用，宣传和倡导良好的生活卫生习惯，减少生活废污水的排放。同时，采取人工强化湿地净化工程、污水处理工程、无害

图 7.2　典型水源地径流区生活污水处理措施

化处置＋回灌农田等多种处置方式，有效控制和处理生活废污水排放，以促进水源区人居环境的根本好转及生态环境的有效保护。

图 7.3　典型水源地生活垃圾收集堆放现状

7.2.2　水源涵养林建设

　　水源涵养林对改善水源数量和质量、调节坡面径流、减少水土流失起到非常重要的作用，水源涵养林建设是保证水源地水资源系统良性循环的关键环节，也是水源地生态脆弱性调控的关键措施。目前，高原盆地城市水源地普遍存在森林覆盖率较高（东风水库水源地 49.47%、潇湘水库水源地 66.89%、信房水库水源地 66.53%、渔洞水库水源地 36.84%、菲白水库水源地 35.88%、北庙水库水源地 66.82%、九龙甸水库水源地 68.42%、云龙水库水源地 61.72%），但林种结构不合理，水源涵养林面积小，陆地生态系统的水源涵养功能不高，水源区生态系统建设和维护压力较大的问题。例如，松华坝水库水源地保护区内，森林覆盖率高达 63.8%，但针叶纯林面积过大，且林种结构不合理，保护区内水源涵养林面积仅占林地总面积的 33.4%。因此，要按照保护分区进行科学合理的水源涵养林保护与建设。水源涵养保护区建设按照三级区划进行，具体如图7.4所示。

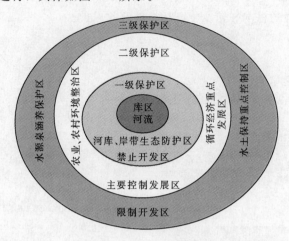

图7.4　高原盆地城市水源地水源涵养保护分区图

一级保护区为水库正常水位线沿地表外延200m以内的水域或陆域和主要入库干流沿河岸线外延100m以内的区域。在该区域内要严格实行"止耕禁养"，全面完成用地功能向生态用地功能转变；强化现有林的保护和恢复，禁止任何形式的采伐和破坏，落实保护区管护人员，开展网围栏建设，树立封禁标牌，对于现有疏林地进行育苗补植；对于次生林、混交林区和一些灌木林，在加强保护的同时，应当尽量减少人为干预，让其依靠大自然的力量自行恢复；开展水生植被建设，选择针叶、阔叶并重树种，建立环库周防护林带。

二级保护区为一级保护区外延1500m以内的区域。该区域内禁止规模化蔬菜种植，适度发展有机种植业，实施"农改林"；重点发展以板栗、核桃、柑橘、银杏、油桃等品种为主的经果林，营造以栎类、柏树、松树、杨树和槐树等为主的水土保持功能较强的水源涵养林，做到多品种搭配、乔灌结合；同时开展以小流域为单元的综合治理，突出坡面配套工程，采取等高植物篱，促进陡坡耕地退耕还林还草；建立生态保护区，保护河道及库周的湿地，采取工程措施和植物措施进行沟道防护，在泥沙直接入库的小流域，以修建拦沙坝、谷坊等工程措施，减少入库泥沙。

三级保护区为一级、二级保护区以外的径流区域。对该区域内的退耕农地、疏林地、荒山荒地，要禁止毁林开荒，因地制宜积极造林植草；对已经发生的毁林开荒，限期退耕还林还草。在造林的同时还应注意树种的选择，尽量选择本地树种、与保护区原有林种相同或相近的树种、涵养能力强的树种，避免营造单一树种人工林，尽量种植混交林，并减少桉树的种植，而且要做好幼林抚育工作，保证成活率。

7.2.3 退田外迁工程

人类活动是扰动水源地的主要外部因素，水源地人口越多，其农业生产活动和养殖活动等产生的污染物可能就越多，对水源地的破坏越大，水源地的自我恢复能力可能越弱，从而导致水源地脆弱性加剧。就典型水源地的人口数和人口密度（图 7.5）来看，渔洞水库水源地绝对人口数最大，达 116091 人，

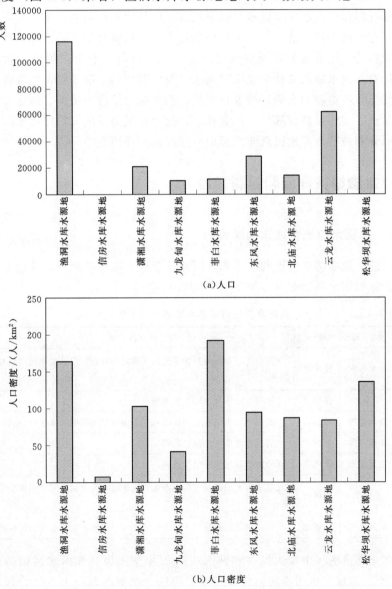

(a) 人口

(b) 人口密度

图 7.5 典型水源地人口与人口密度柱状图

而信房水库水源地人口数最小，仅为 169 人。就人口密度来看，信房水库水源地人口密度为 7.72 人/km²，属于人口稀少区域；渔洞水库、潇湘水库、菲白水库和松华坝水库水源地人口密度均大于 100 人/km²，属于人口密集区；其他水源地人口密度均在 40～100 人/km² 之间，人口密度属于中度区。总体来看，高原盆地水源地人口密度相对较大，农民生活水平大都低于周边区域的人民生活水平，如果相应的补偿措施得不到落实，将促使他们会大力开发水源地。如红河州菲白水库水源地林权下放后，已经遭到严重的破坏，水源地大量种植三七、烤烟等经济作物，坡耕地数量大，使得本身处于岩溶区的水源地显得十分脆弱，按现在的发展和管理思路，完全有可能丧失水源地的功能。因此，针对不同水源地的社会经济发展水平及可利用的资源条件，结合各地区的实际情况，严格控制水源区的人口数量，积极探索结合小城镇、园区建设和新村庄建设，实施以教育移民、产业移民、就业移民为主的人口转移工程，有计划地引导和鼓励水源地民众向水源地外迁移，向城镇集中。

7.3　水源地管理体制机制建设

7.3.1　加强水源地管理体制建设

目前，除曲靖市的潇湘水库和红河州的菲白水库水源地外，其他 7 个典型高原盆地城市水源地现有保护条例见表 7.1。

表 7.1　　　　　　　典型高原盆地城市水源地现有保护条例

序号	名　称	地理位置	现有保护条例
1	云龙水库	昆明市	《昆明市云龙水库保护条例》、《禄劝彝族苗族自治县掌鸠河流域环境保护条例》
2	松华坝水库	昆明市	《昆明市松华坝水库保护条例》
3	渔洞水库	昭通市	《渔洞水库水资源管理办法》、《云南省昭通渔洞水库保护条例》
4	北庙水库	保山市	《云南省北庙水库保护条例》
5	信房水库	普洱市	《云南省信房水库保护条例》
6	九龙甸水库	楚雄州	《楚雄市九龙甸水库保护条例》、《楚雄市九龙甸水库饮用水安全实施方案》
7	东风水库	玉溪市	《东风水库水源保护区管理规定》、《东风水库饮用水水源地保护规划》

在全面落实《中华人民共和国水法》、《中华人民共和国水污染防治法》、《饮用水水源保护区污染防治管理规定》等法律法规的基础上，结合高原盆地城市水源地的实际，完善相应的管理保护条例等法规；加强水源地管理体制机

制建设，建立健全城市水源地保护和管理体系；水利、环保、林业、卫生、国土等行政主管部门要切实加大水源地保护的执法力度，严厉查处各类违法违规行为，积极推进水源地管理有章可循、依法保护。

7.3.2 完善水源地监控体系

城市水源区水量和水质监测预测是水库安全运行、管理保护的重要基础工作。9个典型高原盆地城市水源地中，除云龙水库、松华坝水库、北庙水库和渔洞水库外，其他水库的水量和水质监测工作还相对薄弱。因此，各级政府部门及水源地管理机构要重视和加强城市水源地水资源监测体系的建设，提高水环境监测的机动能力、快速反应能力，增强对突发性水污染事故的预警预报和防范能力，在各水源地逐步建立起布局合理、功能齐全的水资源水环境及水土保持监控体系。

1. 水资源监控

通过水源区水雨情的监测预报，实现对水库蓄水、供水状况的实时监控，提高防洪抗旱风险管理能力。具体要求和措施包括：建立和完善水源区水资源监测体系，加强对特殊水雨情的监控和预报；加快完善径流区雨量站、水文站站网基础设施建设，以及水情自动测报系统建设；加强对水库监测人员的专业化培训，确保水情信息监测及时、准确，在水库的运行管理中发挥应有的作用。

2. 水环境监控

通过水源区水环境质量监测，实现对水库供水水质安全的有效监控，为城乡居民用水安全保驾护航。具体要求和措施包括：重视和加强水源地水环境监测能力建设，积极开展水源区水质水量的同步监测，加强对入库水源、库区蓄水、输水干线源头水质的重点监测，不断提高水质自动监测和机动监测的技术水平；加强水环境预测预警能力建设，编制水源地突发性水污染应急预案，建立健全水源地安全监控体系、水污染防治应急机制，为水源地供水安全和生态环境保护提供有力的科技保障。

3. 水土保持监测

通过水土保持监测，摸清水土流失类型、强度与分布特征及其影响情况、发生发展趋势，为水土流失综合治理规划以及实施水土保持各项措施提供科学依据。具体要求和措施包括：对水土流失影响因子、水土流失状况及水土保持措施和效益开展长期的调查、监测工作，以群测群防为主，对水土流失严重、可能造成较大危害的地方，应加强监测预警工作；通过对水源地水文气象、地貌及地面组成物质、植被类型与覆盖度、水土流失状况（类型、面积、强度和流失量）、河流泥沙、洪涝灾害等水土流失主要影响因子现状的调查分析，开展水土流失相关影响因子及指标的监测，同时开展对水土保持及各类防治工程措施和效益、生态环境的改善效果等进行监测和评价，逐步建立健全科学、有效的水源地水土保持监控体系。

总的来说，要进一步增强对城市水源地安全监控工作的责任意识，切实重视和加强水源区水资源水环境信息监测等基础工作，加大相关资金的投入力度。在完善现有监测设施设备的基础上，加强监测站网的统筹规划、合理布局，加快构建科学、完善的城市水源地监测站网及安全监控体系；充分应用现代高新技术，提高信息采集、分析处理及预警预报的技术水平，促进水库运行管理的信息化和现代化，为城市水源地的安全监控提供高效、及时、科学、准确的信息保障。同时，要切实加强对水源地相关管理人员的业务技能培训，提高其业务技术水平和工作能力，为水库运行管理提供必需的人力资源和技术保障。

7.3.3　创新水源地保护补偿模式

发展水源涵养林、控制点源和面源污染等措施都将对水源地的经济发展产生一定程度的影响，为了更好地保护好水源地，同时又不损害水源地当地居民的利益，应该在水源地影响范围内逐步建立和完善合理的补偿机制。水源区的生态补偿指向保护水源区内生态环境的主体提供利益补偿措施，从而达到保护水资源和水源区生态环境的目的。生态补偿作为一种水源地保护的经济手段，可以有效地调动水源保护者的积极性，把水源区群众从阻碍保护的群体变为水源区生态保护的建设者和生力军。对于高原盆地城市水源地保护区的生态补偿可以从多途径、多渠道展开，主要有以下几种补偿方式。

1. 资金补偿

（1）水费反哺。水费反哺是实现对水源区生态补偿的主要方式之一。与全国、全省其他城市自来水价格相比，根据城市民众的月平均可支配收入水平及承受能力，分析自来水价格与水资源费上调的空间，通过调整自来水价格、调整原水价格占自来水综合价格的比例、水资源费占原水价格的比例，将水费反哺用于水源区生态保护及改善民众生活水平。以昆明市松华坝水库水源地为例，2008 年松华坝水库全年供水量约 1.66 亿 m³，若以水价中的原水费全部反哺到松华坝水库水源地作为补偿计，通过计算可得，用于水源区生态补偿的原水费为 7153 万元/a，占松华坝水库水源地生态补偿每年需要的最低额度 13227 万元的 54.08%。因此，仅靠水费反哺一项进行水源区的生态补偿是不够的，还需要其他方法来筹集补偿资金。

（2）政府财政专项资金投入。每年从省、市、水源地所辖的区（县）财政中按一定的比例安排专项资金，对水源地保护区进行资金补偿，包括建设和保护水源区生态环境的工程项目投入、各部门日常维护管理费用、各种补贴和实物补助等，是水源区生态补偿资金的主要来源。

（3）设立水源区生态补偿基金。在水费反哺和政府财政筹集水源区生态补偿资金的同时，在严格遵守相关法律法规的前提下，按照有关程序，设立水源区生态补偿基金，动员全社会的力量，多渠道筹资，形成"市场不足政府补充，政府不足社会弥补"的水源区生态补偿筹资格局，包括各种形式的民间组织、金融机构、企业集体、环保社团以及个人对水源区生态保护建设的资助。同时，应加大对生态补偿的宣传，提高公众参与的意识，让全社会更加关注和支持水源区的生态保护建设。条件具备时，可以通过发售生态保护彩票，筹集社会资金投入到水源区的生态保护建设和补偿中。筹集所得的资金用于水源区的生态保护和补偿，起到政府示范、公共参与、社会推动的作用。

2. 实物补偿

补偿者运用物质、劳力和土地等进行补偿，解决受补偿者部分的生产要素和生活要素，改善受补偿者的生活状况，增强生产能力。实物补偿有利于提高物质使用效率，是一种直接补偿。如有些地区以粮食补偿作为退耕还林补偿的主要途径。

3. 政策补偿

政策补偿是上级政府对下级政府的权力和机会补偿，属于间接补偿。受补偿者在授权的权限内，利用制订政策的优先权和优惠待遇，制定一系列创新性的政策，促进发展并筹集资金。利用制度资源和政策资源进行补偿十分重要，尤其是在资金十分贫乏、经济十分薄弱情形中更为重要。例如，对水源保护区实行享有无污染、绿色生态项目的优先支持权；对水源区适当减免税收或退税；对水源区剩余农村劳动力给予技术培训，使其到水源区外工作就业。

4. 智力补偿

对水源区民众开展智力服务，提供无偿技术咨询和指导，培养（训）受补偿地区和群体的技术人才和管理人才，输送各类专业人才，提高受补偿者生产技能、技术含量和管理组织水平。如各级政府可以通过给予补贴、技术服务等多种方式引导水源区农民进一步加大无公害、有机农产品的种植规模。同时，积极为农户联系有机农产品的销售渠道，这样不仅保护了水源区生态环境，也促进了当地经济发展，达到"双赢"的效果。

5. 教育补偿制度

对于城市水源地保护区而言，教育补偿是政府或者其他社会组织为保护和恢复水源地生态环境，实现供水安全、居民生产与水源区和谐发展，而对水源区青少年学生的基本教育所采取的经济补救制度和教育补救行为的总称；对水源区的学龄青少年实施教育补偿政策，不失为长远之计。对城市水源地保护区实行教育补偿不仅是教育平等的要求，也是促进水源区生态环境保护的有效手段。通过教育补偿协调了城市水源地保护区和当地经济社会发展的关系，弥补了水源区生态环境保护承受的损失，并间接地引导水源区民众向水源区外迁移，避免了巨大的移民成本投入。因此，可以从以下几个方面入手对高原盆地城市水源地保护区的青少年进行教育补偿。

一是对水源区学生合理的资金补偿。资金补偿能帮助水源区学生克服生活标准较低的制约，解决他们接受优质教育的后顾之忧，增强接受良好教育的积极性与自信心。根据水源区实际情况，对学生的资金补偿可以通过教育基础设施建设、日常生活补助和适当减免择校费等方式来完成。

二是对水源区教育的人力资源补偿。人力资源补偿是对水源区学生无偿提供传道授业服务，提高他们的学习能力和素质水平，使其能够考入更好的城区学校就读，为日后考大学、迁出水源区奠定基础。同时，动员和鼓励一批具有奉献精神的学科带头人、模范教师、教学名师、优秀管理人员以及示范院校毕业的优秀大学生到水源区支教，不但能使水源区教育质量得到显著提高，也能促进当地教育理念的转变以及教育水平的提升。

三是对水源区教育的政策补偿。当地政府对城市水源区学生制定一些优先权和优惠待遇。如鼓励水源区学生上城区的示范中学，在此过程中给予学生适当的优惠政策和相应的加分设置；在水源区普及高中和中等职业教育，为水源区居民后代的未来生活与就业奠定基础。

总之，通过逐步建立和完善水源区补偿机制，对水源区实行多渠道、多途径的补偿，调动水源区广大人民群众保护水生态环境的积极性，保障水源区生态环境的良性循环。

7.4　小结

在高原盆地城市水源地水源涵养、变化环境下水文响应和脆弱性诊断研究的基础上，结合典型水源地的调研和高原盆地城市水源地存在的问题，提出了相应的调控对策，主要内容如下。

（1）农业面源污染、人畜生活垃圾与废污水、人口密度大是当前高原盆地城市水源地面临的主要问题。

（2）调整农业种植结构，发展生态农业，依据作物需肥规律、土壤供肥特性，合理确定施肥用量和比例，是控制和减少水源地面源污染的主要举措。

（3）推进生态乡村建设，加大水源涵养林的保护力度，因地制宜进行退田外迁和水源涵养保护建设，是控制生活污染和水土流失，提高水源地抗外部干扰能力的主要措施。

（4）完善现有水源地管理保护法规政策，提高管理能力和技术水平，完善并落实生态补偿、教育补偿、就业培训补偿等"造血"型补偿措施，加强对水源地保护的宣传教育，对降低水源地脆弱性，维持水源地功能、保障水资源的可持续利用有着重要的作用。

参 考 文 献

[1] 云南省水利厅. 松华坝重要城市饮用水水源地安全保障规划实施方案 [R]. 2010.
[2] 云南省水利厅. 云南省地下水利用与保护规划 [R]. 2009.
[3] 云南省水利厅. 云南省地下水功能区划 [R]. 2008.
[4] 刘满平. 水资源利用与水环境保护工程 [M]. 北京：中国建材工业出版社，2005.